物联网环境下的管理理论与方法研究丛书

基于物联网应用的价值共创模式与运营

马永开　潘景铭　艾兴政　晏鹏宇

倪得兵　慕银平　李仕明

著

科学出版社

北　京

内 容 简 介

本书基于物联网应用背景，综合运用经济学和管理学的相关理论和知识，系统研究物联网环境下的价值共创模式及运营机制设计。本书共6章，在构建价值思考逻辑架构和工业互联网价值共创模式的基础上，分别基于顾客互动、零售商联动、企业内部联动以及平台联动等物联网应用场景，通过建立各互动主体间的博弈模型，揭示物联网环境下的价值共创机理，给出最优的运营决策策略，并设计相应的价值共创机制。本书的研究成果不仅丰富和发展了物联网环境下的运营管理理论，而且对于指导企业有效开展价值共创活动，提升企业运营绩效具有重要的现实意义。本书兼具前沿性、创新性、实践性和指导性。

本书适合于管理学、经济学等专业的师生与科研工作者使用，也可以供从事消费互联网、工业物联网企业管理的相关人员参考阅读。

图书在版编目(CIP)数据

基于物联网应用的价值共创模式与运营 / 马永开等著. — 北京：科学出版社，2021.6

(物联网环境下的管理理论与方法研究丛书)

ISBN 978-7-03-067282-7

Ⅰ.①基… Ⅱ.①马… Ⅲ.①物联网–研究 Ⅳ.①TP393.4 ②TP18

中国版本图书馆 CIP 数据核字 (2020) 第 263551 号

责任编辑：张展 陈丽华 / 责任校对：彭 映
责任印制：罗 科 / 封面设计：墨创文化

科 学 出 版 社 出版

北京东黄城根北街16号
邮政编码：100717
http://www.sciencep.com

四川煤田地质制图印刷厂 印刷

科学出版社发行 各地新华书店经销

*

2021 年 6 月第 一 版 开本：B5 (720×1000)
2021 年 6 月第一次印刷 印张：16 3/4
字数：338 000

定价：186.00 元
(如有印装质量问题，我社负责调换)

"物联网环境下的管理理论与方法研究丛书"
编委会成员名单

主　任：

胡祥培　　　教　授　　大连理工大学经济管理学院

副主任（按姓氏拼音排序）：

胡　斌　　　教　授　　华中科技大学管理学院
蒋　炜　　　教　授　　上海交通大学安泰经济与管理学院
马永开　　　教　授　　电子科技大学经济与管理学院
吴俊杰　　　教　授　　北京航空航天大学经济管理学院

委　员（按姓氏拼音排序）：

艾兴政　　　教　授　　电子科技大学经济与管理学院
李四杰　　　副教授　　东南大学经济管理学院
刘冠男　　　副教授　　北京航空航天大学经济管理学院
罗　俊　　　副教授　　上海交通大学安泰经济与管理学院
潘景铭　　　教　授　　电子科技大学经济与管理学院
阮俊虎　　　教　授　　西北农林科技大学经济管理学院
孙丽君　　　教　授　　大连理工大学经济管理学院
王静远　　　副教授　　北京航空航天大学计算机学院
王　林　　　教　授　　华中科技大学管理学院
吴庆华　　　教　授　　华中科技大学管理学院

国家自然科学基金重点项目群
"物联网环境下的管理理论与方法"

专家指导组名单

盛昭瀚	教　授	南京大学
徐伟宣	研究员	中国科学院科技政策与管理科学研究所
陈晓红	院　士	湖南工商大学
华中生	教　授	浙江大学
赵晓波	教　授	清华大学

组　长：盛昭瀚　　教　授

项目专家组

胡　斌	教　授	华中科技大学
吴俊杰	教　授	北京航空航天大学
胡祥培	教　授	大连理工大学
蒋　炜	教　授	上海交通大学
马永开	教　授	电子科技大学

组　长：胡祥培　　教　授

前　言

人类已经进入网络时代。创新驱动成为时代发展的基本驱动。在网络时代，这种基本驱动呈现数字驱动的演进形态（表现为数据发掘需求、需求引导创新、创新驱动发展的逻辑演进）。在数字驱动型经济中，物联网和价值共创共享是最为重要的基石，其中物联网是数字驱动型经济的主要网络架构，价值共创共享则是数字驱动型经济的基本价值架构。

物联网（internet of things，IoT）的概念并不久远。1995 年，比尔·盖茨提出了物联网的设想；1998 年，美国麻省理工学院（MIT）试图以 EPC（electronic product code，产品电子编码）构建物联网的构想；1999 年，MIT 自动识别中心（auto-ID center）以网络无线射频识别（radio frequency identification，RFID）系统形成物联网基本轮廓；直到 2005 年，国际电信联盟（International Telecommunication Union，ITU）在突尼斯信息社会世界峰会（World Summit on the Information Society，WSIS）上发布的《ITU 互联网报告 2005：物联网》中正式提出了"物联网"的概念，物联网的定义日渐清晰，逐步被包括理论界、科技界、实业界与政府在内的社会各界所关注和聚焦。

2009 年 2 月 24 日，美国 IBM 论坛上提出"智慧地球"战略，美国奥巴马政府随即做出积极响应；欧盟也在 2009 年做出"物联网行动计划"。2009 年 8 月 7 日，国务院总理温家宝在视察无锡微纳传感网工程技术研发中心时要求加快推进传感网发展，实现"感知中国"。物联网被视为是继互联网之后的又一经济驱动器，在传统驱动日渐乏力的经济背景下，物联网被社会各界寄予厚望。然而，由于 3G 时代的网络尚不具备满足万物互联海量信息快速传播的属性，在物联网概念正式问世后的 10 多年间，物联网并没有出现预期的产业繁荣。

2019 年，被视为 5G 时代的元年。5G 的 eMBB（enhanced mobile broadband，增强型移动宽带），uRLLC（ultra-reliable and low-latency communication，高可靠、低时延通信）和 mMTC（massive machine type communication，海量机器类通信）三大应用场景，尤其是 uRLLC 和 mMTC，为物联网的应用构建了坚实的物理基础，物联网的时代真正来临，并为"价值共创共享"提供了实现平台。

在专业化、工业化、社会化的时代，价值共创是一个不争的事实。企业价值链的各个环节、机构和部门，供应链上的供应商、制造商和零售商，位于不同区域、国度的产业链上游、中游、下游企业共同创造价值，实现社会财富的积累。然而在工业化时代，价值分享则往往奉行"霸凌"规则。基于 SCP（structure-conduct-performance，结构-行为-绩效）范式，哈佛商学院教授迈克尔·波特构建了波特五力分析模型，这一分析模型的逻辑结论是：占据优势竞争地位的企业，在价值分享的博弈中，必将"霸凌"供应链和产业价值链上其他相对弱势的厂商，破坏产业价值的生态。在互联网时代，网络无时不在、无处不在，为构建共创共享价值生态提供了有效的路径和坚实的平台。

互联网时代，时间、空间与层级间以及学科专业技能阅历等之间的阻隔大大弱化，价值共创可以在更为广阔的行业、区域、领域与空间，在更为广泛的价值创造主体（如官、产、学、研、用户、金融机构、中介服务机构、社区以及利益相关者）之间，更为广博坚实、精准和丰富地展开。

互联网的本质是平等、聚集、共享。互联网，没有层级，顶层与低层相互联接。互联网赋予每一个人无限的可能，让个人力量增强、个人价值释放，让普通的个人获得平等而充分的展现机会，激发了人们参与价值共创的兴趣与智慧。平等了，自由，真正的自由从每个人的灵魂深处涌出；自由了，创造，真正的创造从每个人的基因内核中迸发。

互联网在唤醒和实现平等、自由和创造的同时，更为实现价值共创提供了聚集的无限平台，信息与网络技术创造了纵使地处天涯海角的绝对少数与无限微小也不会被忽略的可能，资源、资金、人才、技术、设备设施，抑或爱心、爱好、闲暇、创意、构思提议等，都可以在网络化、信息化和数字化的时代被聚集。碎片般的需求与碎片般的剩余得以自由地对接，瞬间聚集成为需求和供给的洪流，约等于无限小的稀少被巨大的网络无限多地汇聚在一起，意味着任何可能，几乎没有限制的个人和个人力量的汇聚释放出以往不曾有过的创造力与价值。

互联网，不仅仅唤醒和实现了平等，也广泛、快捷地聚集价值共创的人才、资源、智慧、技术、资金等，更是一个价值共创和价值共享的共同体，生产者、消费者为一体（prosumer，生产-消费者），众包、众筹、创客，人人参与、人人共创、共享和分享价值。在万能的网络平台上，价值共创与价值共享几乎是同步和自动实现的，且可以互动、互相促进，无数微小、平等个体的聚集与价值共创共享所创造的奇迹与成功，推进产业、行业的发展，驱动经济和社会的发展与繁荣，并构建出可持续的产业和经济社会的共创共享价值生态。

在数字驱动型经济中，物联网和价值共创共享既是最为重要的基石，也是当今社会发展的两大相互关联、促进的驱动力。研究并揭示两者之间的相互关联和促进，构成当今数字经济研究的重要领域，更是中国发展的重大而急迫的现实需求。本书凝聚了电子科技大学经济与管理学院马永开教授及其研究团队最新的研究成果，紧抓物联网应用和价值共创模式与运营两大关键主题，紧跟我国发展的重大现实需求，紧扣包括理论界、产业界和政府在内的社会各界的热烈期待并恰逢其时。

本书共 6 章，分别从工业互联网、共享平台、基于顾客互动、基于零售商联动、智能制造单元间联动等物联网应用场景，运用案例推演与模型推演，深入挖掘价值共创与运营的模式及机制，撷取有理论与现实价值的研究成果。

第 1 章是"价值理论与价值创造"。该章极为广泛地从"价""值""价值"的中外文词源、词义，挖掘价值的内在与实在，探寻中外、不同范畴的价值概念、观点与学说，从企业、市场的视野观察价值创造与价值实践，并基于战略视野梳理出不同时代的价值创新创造路径，建立本书的"价值观"，既构建了一条"价值词义—不同价值概念—价值创造—不同价值创新创造路径及演进"价值思考的逻辑架构，又为本书后续部分提供了一个"价值共创"的基本参照。

第 2 章是"工业互联网之价值共创模式"。工业互联网是最为重要且广泛的物联网应用场景，本章深入吸取中外工业互联网价值共创的理论研究与工业互联网应用和商业实践的成果，创造性地设计了一个工业互联网"三联"价值共创模式。"三联"价值共创模式中的"三联"是指工业互联网中价值共创主体通过"联结""联动"创造价值并最终构建为价值共创共享的"联合生态体"（简称"联体"），这一模式揭示了深藏于"三联"背后的是价值共创的"驱动力模式"及其动态演进，即基于"联结"的交易驱动价值共创模式、基于"联结"的业务驱动价值共创模式和基于"联结"的数据驱动价值共创模式。

第 3 章是"基于顾客互动的价值共创与运营机制"。本章研究基于供应链的物联网应用场景，在分别实施"促销策略"与"众包策略"情景下的顾客互动的供应链价值共创与运营机制。研究发现，"促销策略"和"众包策略"增强了消费者与供应链企业之间的互动，扩大了供应链节点企业间价值共创的空间，提高了供应链的共创价值；实施用户参与共创的模式，可以期待更高的企业利润和消费者价值剩余这一共创共享共赢。

第 4 章是"基于零售商联动的价值共创与运营机制"。本章研究基于供应链的物联网应用场景，分别实施"产品责任"与"延保服务"策略时零售商互动的供应链价值共创与运营机制。通过构建不同的博弈分析模型，本章的研究更加细微和深入，研究发现和揭示：责任成本分担与渠道权力结构对供应链企业运作决策和相应的业绩结果的影响机理；提供延保服务，尤其是低成本的延保服务，供应链能够实现更大的价值共创共享与更好的供应链协调；供应链的竞争性和竞争类型增加了价值共创共享的不确定性。

第 5 章是"智能制造单元间联动的价值共创与运营机制"。本章研究采用不同智能制造单元联动策略的生产调度情景下的价值共创与运营机制，针对随机干扰事件，提出的制造单元与物流单元联动启发式调整方法，保证了内部生产系统的稳定性；设计了同时考虑生产效率和能耗成本的智能启发式生产计划方法，提升了企业可持续性运营管理水平，实现了企业内部生产与物流的高效协同。

第6章是"共享平台价值共创与运营机制"。租车平台和网约车平台是最为典型的物联网应用场景，顾客行为、利益激励与平台收益相互关联。本章研究发现，针对租车情景，适当的补贴能够激发顾客良好的行为选择，有利于增加平台收益；网约车平台情景，面对不确定性需求，平台的最优策略是选择动态比例佣金合约，从而实现平台和参与者(司机和乘客)间的价值共创共享。

全书由马永开负责统稿，由潘景铭负责核对。其他参编人员具体分工如下：第1章，李仕明；第2章，马永开、李仕明、潘景铭；第3章，潘景铭、艾兴政；第4章，倪得兵、艾兴政；第5章，晏鹏宇；第6章，慕银平、潘景铭。

本书是"国家自然科学基金重点项目（编号 71531003）"的资助研究成果之一，在此感谢国家自然科学基金委员会的资助。同时，也特别感谢国家自然科学基金委员会管理科学部的领导和重点项目群的各位指导专家，他们在每一年的年度工作进展汇报与检查会上对我们的科研工作提出了很多宝贵的意见和建议，使我们受益匪浅。本书写作过程中，我们参考了众多国内外专家的研究成果，也在此表示衷心的感谢。

本书只是物联网应用环境下价值共创模式与运营机制研究的初步成果，自然称不上鸿篇巨著。相信本书定会让你开卷明目，掩卷润心。当然，本书的部分章节需要阅读者更多的关注——因为这是一本专著。

由于作者水平所限，书中难免存在疏漏之处，请广大读者批评指正。

目　　录

第 1 章　价值理论与价值创造

价值的概念广泛地运用于哲学、社会学、政治学、宗教、神学、心理学、法学、经济学、管理学、伦理学以及美术、艺术、建筑等学科领域，无疑已经成为一个最为重要和基础性的概念。正是因为在如此众多的领域活跃，价值也成为一个既古老又现代，既简单又深奥的概念。早在 19 世纪末，价值就已经成为一门系统的学说，然而迄今人们对于价值概念的认识，仍然极为模糊，且众说纷纭，莫衷一是。确实，价值的概念极为深邃、微妙，包容量极大并且含义极为模糊，其内涵和外延极难把握，其精神实质更是极难领悟，可以意会但难以言表。研究价值共创，辨析价值，无疑是最为基础，也最为重要的功课，需要从其本源、演变等视角进行深入的探析。

1.1　价值的词源与词义

1.1.1　价值的外文词源与词义

马克思对价值进行了全面深入的词源学考察，认为价值一词，相当于从古代梵文和拉丁文演化而成的 value（英文）、valeur（法文）、wert（德文）等（黄立勋，2001；胡仪元，2008）。

（1）value，-val- 价值 + ue。词根 val（vail）=worth（价值），strong（强壮的），来源于梵文的 wer、wal、wertis，拉丁语的 vallo、valere、virtus 等，词义被不断赋以新意，引申、转换出 worth（价值）、strong（强壮的）等词义。此外，来自拉丁语的 rob、fort/fore、firm、bil 等也有 strong 的意思，意为值得的、有力量的，原始意义是一件事物的价值。

（2）value（价值）一词源于古梵文 wer，意思是"护栏、掩盖、保护"，由此有尊敬、敬仰和喜爱、珍爱之意，从这个词派生的形容词 wertas 意为"优秀的、可敬的"；源于哥特文 waith，古德文 wert，盎克鲁撒克逊文 weorth、vordh、wurth，英文 worth、worthy，荷兰文 waard、waardig，德文 wert，立陶宛文 wertas（可敬的、有价值的、贵重的、受器重的）。

（3）value（价值）一词源于古梵文 wal，意思是"掩盖、加固"；拉丁文 vallo 意为用堤坝围住、加固、保护，valeo 意为成为有力的、坚固的、健康的；vallus 意为仪器掩护和保护作用的东西，valer 是力量的本身。由此有法文 valeur，英文 value。可见，从词源学上看，价值的意义就是"起掩护和保护作用的，珍贵的、可敬的、受重视的"。

（4）value（价值）一词源于古梵文 wertis、拉丁文 virtus（力量、优点、优秀的品质）、vallum（堤坝）、vallo（用堤坝加固、保护）、哥特文 wairthi、德文 wert 等。价值本意为保护、掩盖、加固之意，含有强健的、勇敢的等引申词义，后来逐渐向"对人有保护、对人有维护、对人有益"等含义的演变，演化成"珍贵的、受重视的"等。

（5）价值（value）：价值、估价、评价、价格、数值，确切涵义借用拉丁语动词 valere，它是一个在古法语中派生的 valoir 的阴性过去分词的名词用法。从词源学讲，这个词的词根意义十分模糊，其意义遍及所有方面，从是好的到具有体力或勇猛，具有强壮的（strong）和有效的（effective）含义，后来进一步引申为价值（be worth），意为值得的、有力量的等。

（6）德语中的价值写作 wert，德语中的尊严写作 würde，这两个词都和德语中的 werden 是同源词。werden 在德语中的原意为"转身、去向……"，在现代德语中，作为实义动词它的意思是"变成、成为"。这些德语词表明，价值 wert 和尊严 würde 的本质是和"可能性"（或者说"拒绝"或"拒绝的可能性"）联系在一起的，即现实的状况是否给出了这样的可能性：在自己的努力下，我们是否能成为我们理想中的形象，或者说我们是否能够拒绝违反我们意愿的东西。如果说无论如何努力，人们都不能改变自身目前的状况，也不能丝毫靠近自己的理想，或者说别人的"强加"，人们也丝毫无法拒绝，那么这样的生活是没有价值的，更是没有尊严的！因此，一个没有任何发展空间的社会，一个一切都被限定得很死的社会就是一个使人丧失价值和尊严的社会。

价值的外文词源与词义揭示，价值一词，原始意义是表示一件事物的价值，主要在经济学中使用。在今天的语境中，价值内含合意性、有用性、需求性、正向性、积极性等属性，一看到价值这个词，人们就往往会联想到作用、意义、效用、功能、效率等。实际上，这些属性属于价值的范畴，但并非价值。

1.1.2　价值的中文词源与词义

价值，繁体字为"價值"，和外文不同，中文"價值"是一个组合词，由"價"和"值"两个词组合而成，因此，需要追溯"價"和"值"的词源学意义。根据中国的造字法，"價"和"值"都是形声字。形声字的意符（义符，形旁）表示形声字所表现的某种意思的范围或事物的属类，但并不表示这个形声字的具体含义；形声字的声符（音符，声旁）除标声之外，往往兼有表意的作用。语词的声音反映词义或词义的来源，所以字义（实际是字符所记录的词义）也往往与字的读音有关。"價"从人从賈，"值"从人从直，"價"和"值"意符从人，"價"与"值"均以"亻"为意符，表示"價""值"和"價值"所代表的事物、种类、属性和活动等与人或者人类具有关系与联系（黄立勋，2001；胡仪元，2008）。

在古汉语中，"價"与"值"，"價"与"賈"，"值"与"直"均与"價值"相关，同义或者相当，"價"是"賈"的后起字，"值"是"直"的后起字，它们都与"交换"相关，是交换的产物。"價"同"賈"，一个"賈"字，在古代既可当商人讲，也可当商业（交换）行为讲，还可以当价值、价格讲。"值"同"直"，一个"直"，平直、平正、平等，引申为公平、公正、公开，古人把"直"这个字（词）用来表示价值，这是因为交换体现了一物与另一物的数量关系，在自愿条件下，这种关系天然地具有公平、平等的含义。中国的象形文字及其构字法，包含了字词丰富的历史进化信息。

1. "價"的词源与词义

"價"，形声，从人从賈。"價"，物直也，物直即物价（price）。"價"的更多意义，还需要从声符"賈"上去挖掘。

賈（gu），形声，本义为做买卖；賈，市也（买卖之所也），坐賈，坐卖，售也，泛指卖（sell）；賈者，凡买卖之侩也。賈，商人、买卖、市场。賈，與"價"同，售直也；引伸之凡买者之所得、賣者之所出皆曰賈。此外，从賈中还内含或者可以引申出，牟取、求取之意。

（1）事物所值的具体金钱数（price），如物～、市～、差～、定～、～钱、～格、涨～、调～、待～而沽等。

（2）表示物品、事物、现象等间的相互比较，如～值、代～、比～等。

（3）人、事、物所值的抽象地位或身份，如身～、声～、评～等。

综上所述，"價"与买卖相关的人或物有关，或表示人或物相互比较，或表示人或物相互比较的量，即价格、比值等。

2. "值"的词源与词义

"值"，形声，从人从直。

(1)值，本作直。在古汉语中，值同直。直，正视也，平直、平正，引申为公平、公正、不偏不倚。

(2)值，措也。值与置同，故《说文》训值为措，训措为置，互相转注，其音义并同，本意为措置、放置。

(3)值，相遇、遇到、碰上。

(4)值，持也；持，拿住(hold)、持有、握有、拥有、具有、占有，可以进一步理解为有、某物有。

(5)值，引申为当、相当、合算、划算，如价钱相当；合算：这东西买得～。东西好，价钱又便宜，～买(price)等。

(6)指这样去做有好的结果；有价值，有意义，值得：不～，～研究，～推广等。

综上所述，"值"具有持有、具有、值得、相当、合算等意。

3. "价值"的词性与词义

从词性结构上观察，"价值"的词性结构，可以分为并列结构、偏正结构、主谓结构、动宾结构等多种类型（黄立勋，2001）。

价值作为并列结构，是价、值两个词的并列表达，价和值分别有自己的含义，合在一起与它们分开表述的含义基本一致，都是表达一个数字、数量值。在汉语语言中，价值的原始意义是数字性存在。

作为"价""值"并列的"价值"，"价"与"值"在词义上相近、相似、相连，"价""值"相当，但仍有微小差异，"价"更多地表达事物"价值"的"数量"，因而有高价、讨价还价之说；"值"则更多地表达事物"价值"间的比值与程度，如物有所值、值得一搏等。

价值作为偏正结构，含义"价的值""价格的数值"，这一词性结构更直接地显示价值表示的是一个数字，是价格的数值、数字数量值，它的数字值、数字意义更明确了。

价值作为主谓结构，"价"为名词，表示所表述的事物的质、内容，比如"名声""地位""钱""物质""精力"等；"值"为动词，"持""有"是其本义，引申为不同事物相遇而比较；"价值"为名词，是主谓式结构的名词，其表示物、人、精神等在特定方面与它物(或人)相遇、相比较的情形(结果)。

价值作为动宾结构，有(无)价值/用处/意义/效用等。

严格意义上，在中国，价值是一个现代词汇。作为汉语言文字的价值，它的字面意义或者内核更多地具有一种市场、买卖、交换的含义，并没有包含更多的今天一般性价值概念中的"真善美""信念"等含义。纵使如此，基于现代的商品价值观点，价值实现于交换，没有交换就没有价值，因此，中国古汉语"價值"中的"交换""交换量"的本义，仍然具有巨大的价值。

1.2　价值概念与理论

价值一词最初的原始意义主要限于经济学领域。19世纪中后期，被西方人称为价值哲学之父的德国哲学家洛采将价值概念从政治经济学引入哲学。洛采之后，文德尔班及李凯尔特进一步推动了价值哲学的发展（韦朝烈，2001），价值成为表征和解释人自身及其生活的性质与重要性的概念，超越了政治经济学领域而指向人类全部生活活动，价值一词被人类用来表述事物与自己的关系、对自己的意义的概念，人的需要与事物属性的特定关系等。

1.2.1　价值的一般性概念与本质

价值的一般性概念属于哲学的范畴。康德（1975）认为，人是有目的的，人就是目的本身。在价值认识上，马克思吸收了康德的观点，马克思认为，价值的本质和根源就在"人本身"，把"人本身"看作是绝对价值、最高价值（马克思和恩格斯，1958）。价值哲学的代表性人物，世界著名的德国哲学家、新康德主义弗赖堡学派的创始人，洛采的弟子文德尔班指出："哲学的唯一的全部问题就是价值问题"（文德尔班，1993）。文德尔班的学生，新康德主义弗赖堡学派的代表人物李凯尔特认为哲学开始于价值问题出现的地方（李凯尔特，1994）。价值概念是价值研究，也是哲学探讨中的核心问题。价值哲学的兴起具有经济学和社会学的背景（韦朝烈，2003）。

关于价值的一般性概念，目前仍然处于莫衷一是的"战国时代"，距离"共识"仍然距离遥远。价值这一概念的内核，主要体现了人类社会生活事件中的一种普遍关系，就是客体满足主体需要时体现出来的客体对于主体的意义。价值源于客体、取决于主体，形成和实现于社会实践过程之中（张岱年，1990；袁贵仁，1988）。广义地讲，价值泛指人们认为是好的东西，某种因为其自身的缘故而值得估价的东西，这种东西具有人所欲求的、有用的、有兴趣的质，即人们向往的质（desirable quality）和对人们有用的质（useful quality）。价值也是主体主观欣赏的或主体投射到客体上的东西。

关于价值的本质，存在着多种彼此冲突的观点。美国心理学之父，美国本土第一位哲学家和心理学家，实用主义的倡导者威廉·詹姆斯认为，善的本质，简单地说就是满足需求（威廉·詹姆斯，1990）；文德尔班（1983）认为每种价值首先意味着满足某种需求或引起某种快感的东西；李凯尔特（1996）主张值的实质在于它的有效性等等。这些观点，大体可以归结为：实体说、需要说、意义说、属性说、劳动说、关系说、效应说或功能说、抽象说、主体性说、态度说、情感说、奥妙说、本性说、兴趣说、数值说、实践说、目的说、人本说，以及主观主义价值论、客观主义价值论、价值主体论、价值客体论、价值关系论、价值属性论，等等（刘进田，2014；蔡陈聪，1998），这些观点都具有其合理性，同时，它们也都有自身的缺陷。在上述观点中，价值实体说、价值需要说、价值关系说、价值效应说的影响相对较大（王玉樑，1993，2008；李德顺，2007；李卫斌，2012）。

价值实体说（主体说）。价值实体说坚持价值必须具有"实体"，将价值等同于事物本身所具有的价值。价值实体说中的实体，有唯物主义（客观主义、机械唯物主义）和唯心主义（主观主义、主观唯心主义）两种理解：唯客体的实体说与唯主体的实体说。唯物主义实体说坚持存在决定意识，把事物的价值等同于事物本身，其价值是一种客观存在，忽视主体的存在；唯心主义实体说抛开主体把人的精神实体视为价值之源而独立存在，把价值等同于人的主观评价强调主体意识而忽视了意识产生的客观存在。固有属性说把价值视为客体自身固有的属性，因而可以归属于机械唯物论的客观主义价值实体说。

价值需要说。价值需要说的核心是从主体的需要以及客体满足这种主体需要的相关性界定价值。需要，尤其是主体的需要是价值的内核，从而构成了价值需要说。价值需要说认为价值是一种关系范畴，表示客体对主体的意义，客体满足主体需要的关系。价值是一种主客体的关系，是客体满足主体需要的关系，价值不是人与对象之间的简单关系，而价值具有主体性的特征，离开了主体的需要及与需要对象的关系，就不存在价值。价值需要说对于现实的社会发展，尤其是对于实现"两个一百年"奋斗目标的中国，具有重要的现实价值，因而广泛获得中国主流学者的认同。然而，对于需要，有着诸多的不同认识，包括心理的色彩、主观的意识，并联系着理性与非理性的情感，难以把握。同时，坚持价值劳动说的东方学者认为价值满足需求说来自西方的主观价值论，是唯心主义的价值概念，不是马克思主义的价值学说。

价值关系说。由于价值实体（主体）说陷入主体与客体、主观与客观、唯心与唯物的争论，各自都有着许多的破绽，难以自圆其说，因而，人们试图跳出主体与客体的争论，构建价值关系说。价值关系说认为价值既不是主体，也不是客体；

既离不开主体，也离不开客体，价值是主客体(价值主体与价值客体)相互作用的产物。价值关系说超越了实体主义的思维，关注人的生活实践于主客体关系之上，认为价值是一种关系范畴，不是实体范畴，也不是事物的固有属性，价值表示客体与主体之间的相互联系，是主体作用于客体，并且客体对主体产生了反应的主客体的相互关系。确实，商品、价值体现或者表现了一种人与人、人与社会的关系，关系说既体现了价值的客观性，又体现了价值的主体性，扬弃了主观主义价值论和客观主义价值论，得到学术界的普遍认同。但是，价值关系说仍然受到质疑，尤其是来自东方的质疑。

价值属性说或者功能说。价值被视为客体的功能或者属性。它认为人们所认识到的价值是自然物属性的体现，自然物的这种满足人的需要的属性是一种不以人的意志而转移的客观存在。存在就是存在，不存在就是不存在，因而价值也是客观的。这种观点坚持价值的客观性，代表了西方的客观主义价值论，但是忽视了主体的存在及其意义。价值是客体对主体的效应，或者说价值是客体对主体的意义与作用，效应指作用、影响、功效、效用等。价值效应说与价值影响说、价值属性说、价值功能说具有共同的范畴。

人们已经为建设价值"理论大厦"，做出了不懈的努力。但是，建设价值"理论大厦"的工程，仍然十分巨大、艰巨。

1.2.2 价值意识与价值观

价值属于主客体间的关系范畴，是客体对于主体的意义、作用、影响、功效、效用、属性、态度、情感及客体对于主体状态的合目的性、合需要性、合意性、有用性等，以及主体对客体上述意义的认识，这种认识受主体状态、价值意识和价值尺度的影响，需要主体基于自身的价值尺度，对客体的属性做出价值评价和价值选择。

价值不能脱离客体而存在，也不能脱离主体而存在，客体不仅指客观存在的事实，也包含客观存在的主观意识。作为主客体之间的客观关系，价值是以主体的存在和需要为尺度的客体属性及意义的展现。价值主要从主体的需要和客体能否满足主体的需要，以及如何满足主体需要的角度，考察和评价各种物质的、精神的现象，以及主体行为对个人、群体、团队、组织、阶级、社会的意义。某种事物或现象具有价值，就是该事物或者现象成为人们需要、兴趣、目的所追求的对象。由于人的需要、兴趣、目的是随着社会环境的改变而改变的，因而，随着主体及其状态的不同，某种客体对于主体的价值具有不同的属性和值域。价值受主体价值意识支配，价值意识决定了主体的价值体系及其价值的选择和定位。价值意识外化为价值观,以信念或者理想等为外在表现。

价值观是在一定的社会条件下,个体对于自我、他人和社会所产生的意义的价值认识,它构成个体对人生的真谛、世界的本质、是非善恶、真伪美丑的基本认识,以及对社会态度、生活道路选择等的基本取向,每个主体都有着自身的价值取向或者价值选择,如有的人追求真善美,有的人则向往功名利禄。通常,价值观对社会的存在与发展提供动力功能、导向功能、评价功能、聚散功能和调节功能。人们对价值对象的不同价值认识或评价,都受自身价值观的规定,个体对不同事物(现象、状况等)的心理与行为的评价、判断以及态度、情感、亲疏选择,都受到自身价值观的影响。不仅个体有着自身的价值观,组织、社团、阶层、国家、社会也有着自己的价值观,包括核心价值观,如当今在中国大力培育和践行的社会主义核心价值观就分为国家目标(富强、民主、文明、和谐)、社会目标(自由、平等、公正、法治)、个人准则(爱国、敬业、诚信、友善)3个层面。

1.2.3　价值的实践学说

虽然国内外均有学者对劳动价值论提出质疑,现实的商品交换也并非完全基于商品生产中的劳动量,但是劳动价值论这一学说仍然价值巨大。这是因为基于这一理论,人们对于价值的思考从理论导向实践,从理想导向现实。

实践是检验真理的唯一标准,对于价值理论也是如此。传统的理论价值学说经常在主体与客体间顾此失彼,片面强调单方面的作用,漠视人类事件中的主体与客体之间的实践互动。实践的价值学说认为,价值产生于客体属性和主体价值尺度之间的统一(王玉樑,2013a)。实践是价值实现主客体间的纽带与桥梁。

在实践的价值学说看来,价值是一种主客体之间的相互关系,是在实践中建立起来的,以主体价值尺度评价客体存在和性质是否与主体的本性、目的和需要等相一致、相适应、相接近的关系。

价值的本质是价值理论的基本问题。从实践及实践结果中理解价值,能够更好地揭示价值的本质。坚持价值关系说和实践的价值理论,可以得出如下关于价值本质的结论:价值是主客体间相互作用的产物,是以实践为基础的主客体间的一种意义关系。人是价值主体,物为价值客体,人的实践活动是价值的源泉,实践就是价值的创造活动,实践结果作为一种事实是价值评价的对象。实效、公平、正义以及真善美是价值评价的基本原则,人的自由全面发展是终极价值追求。主客体相互作用包括实践、认识、价值3种形式,实践是认识价值的基础和源泉,认识是对价值的评价,价值是对实践的期许,认识和价值对实践有规范和指导意义。价值还是一种功能和效应范畴,一方面反映通过人的价值创造活动主体实际地创造、分享、同化一定客体的数量、质量和程度（表现为价值的"量"的部分）；同时也反映客体对于主体的生存与发展所具有的实际效能与作用，可分为正、负（表现为价值的"质"的部分）。

价值的关系说和实践论昭示价值是人类主体和价值客体相互作用的产物，而主客体间的相互作用是通过人类的实践活动来进行的，主体、客体、实践是价值的三大决定因素，彼此相互影响（王玉樑，2013b；李永胜，2014）。首先，作为价值实践主体的人对事物是否适合人类的需要的断定，没有评价选择问题也就没有价值问题，人类的主观选择和评价要受到实践活动和事实(实践结果)的制约，反过来实践活动又受到价值观的影响；其次，客观事物是人类实践活动的指向，是价值的载体，价值并非纯粹的精神现象；最后，实践活动在一定的时空条件下进行，受多种因素制约。总之，价值是主客体间相互性、动态性、共时性和历史性的统一，表现为包括价值选择、价值评价、价值创造和价值消费的相互作用过程，通过实践创造价值，又通过实践评价并消费价值，实现价值到价值的运动过程。

人类的价值实践、价值创造，在当今世界，企业是最重要的主体之一。

1.3　企业与价值创造

在当今世界，商品经济是市场经济的基本形态，企业是市场经济社会最为重要的经济主体，商品生产是最为基本的社会价值实践活动。企业是商品的经营者。研究价值活动、开展价值实践，创造价值，离不开商品生产，离不开企业。

1.3.1　商品价值

哲学范畴的价值概念，太一般、太综合、太抽象。同时，由于价值问题是如此广泛地涉及人类活动，因而除了一般性的哲学范畴的价值概念，还需要各个领域的价值概念，以认识不同的、具体的价值问题，因而存在政治学、社会学、经济学、宗教学、伦理学、艺术美学等学科领域的价值概念。这里仅仅涉及经济领域的价值概念。

经济是价值的生产、转化与实现，人类经济活动就是生产、转化、实现价值，经济学研究人类经济活动，以及价值的生产、转化与实现规律。因此，价值问题是经济、人类经济活动和经济学的核心问题。

经济学中的价值问题，主要是指商品的价值问题。关于商品价值，主要有两种对立的价值意识。一是作为意识形态范畴的，为社会主义国家所信奉的马克思主义的劳动价值学说；二是西方社会的主流观点的效用价值理论（包括边际效用价值理论）、供求价值理论（包括均衡价值或者垄断价值理论）。

在经济学中，价值是商品的一个重要性质，包括两个方面：一是表明商品的有用性与效用，是商品的使用价值，可视为是能够公正且适当反映商品、服务或金钱等值的总额；二是它代表该商品在交换中能够交换得到其他商品的多少，价值通常通过货币来衡量，称为价格。这种观点中的价值，其实是交换价值的表现。

严格意义上看，价值劳动说是一种特定范畴的价值概念，是有关商品价值的观点，归属于经济学范畴的价值观点。这种观点发源于亚当·斯密，成型于李嘉图，经马克思改造，成了经典的马克思劳动价值说。劳动价值说认为商品的价值就是商品的劳动价值，它由劳动者所付出的劳动量来决定。商品价值具有二重性，商品的这种二重性是由于生产商品的劳动的二重性所决定的，劳动的二重性构成对商品价值的质和量的规定性。马克思劳动价值说，基于无产者的视角或者需要，"剥夺"了土地和资本创造价值的"权利"，受到无产者的信奉和推崇，因而成了无产阶级的革命理论。

过去，在正统的社会主义经济学的教科书中，除马克思主义的劳动价值论外的所有经济学的价值理论，包括效用价值理论、供求价值理论等，都被斥之为"庸俗经济学"。在当今社会，劳动价值论面临现实价值实践的巨大挑战。社会主义正统的理论家对劳动价值论进行了"扩大化"或者修正：第一，将科技工作者、经营管理者的劳动纳入了劳动的范畴，使之成了价值的源泉之一；第二，构建了一个与价值论含义交叉重叠的社会财富论，将土地和资本等非劳动要素纳入社会财富的创造源泉，以解释中国改革开放和社会经济发展的实践价值。

1.3.2　企业价值创造

1. 企业是价值创造体

在管理领域，尤其是在工商企业管理领域研究价值问题，几乎是伴随着学科的发展而发展的。早期的研究集中在经济价值或者更为直接地说是集中在货币、资金、资本价值方面。到了20世纪80年代，在管理领域，多样化价值视野得到了发展。

价值问题是企业的全部经营活动，是创新活动的核心和目标。不同的企业固然有着不同的业务、运营活动，但是，从价值的视野观察企业，剥去这些业务或运营活动的"外衣"，其内核就是价值。企业的本质就是创造、追求和实现价值，或者说，企业就是一个通过运营活动或者业务活动创造价值的经济实体。

在竞争全球化的时代，对于企业的生存与发展而言，没有什么比竞争力和竞争优势更为重要。然而，竞争力或者竞争优势是与价值相联结的概念。所谓竞争力，就是一个公司在竞争中能够比竞争对手创造更多价值的能力。迈克尔·波特认为，竞争优势归根到底取决于企业所能为客户创造的价值。科利斯认为，所谓公司战略，就是公司通过协调、配置或构造其在多个市场上的活动来创造价值的方式。美国技术管理学者纳雷安安教授将技术管理定义为从创造价值出发，通过组织与管理进行技术选择，以保证和实现投资者价值创造的活动和过程，技术管理强调技术选择中的战略和组织原则，可为投资者创造价值。由此，我们再次看到了价值的"价值"。同时，我们也可以看到，对于价值的不同认识和理解，对于企业的经营而言，具有"毫厘千里"的巨大影响。

企业是一个经济体，这是对企业基本属性的一种认识。但是，对于企业经济性的具体认识，却因时代不同而动态变化。随着财务学理论的核心范畴从本金到资本、从资本到价值的逻辑演变，公司的经营目标也相应地经历了从产值最大化到利润最大化、从利润最大化到公司价值最大化的逻辑演变。显然，企业的经济性，也就从产值、利润、演变为价值。企业价值主体也从单一的所有者、股东演变为多元的利益相关者。

人们通常认为，企业是一个资源转换体，企业将输入各种资源(要素)转化为满足社会所需要的另一种形态的资源，并在转换过程中实现增值。实际上，关于企业性质的这一表述，包含着三层含义：第一，资源是有价值的，将一种资源转换为另一种资源的实质就是价值转换，因此，企业的本质就是一个价值转换体；第二，追求资源转换过程中的(价值)增值是企业从事资源转换的基本属性，因此，企业为追求价值而存在，企业是一个价值追求体；第三，企业是各种利益相关者的聚集体，企业承载着所有利益相关者的利益，因此，企业是一个利益或者价值承载体。综上所述，企业是价值追求体、价值转换体、价值承载体，概而言之，企业是一个价值体，成本、利润仅仅是价值的不同表现形式。

2. 企业价值链

企业是一个通过运营活动或者业务活动创造价值的经济实体。企业的每一项业务都是由设计、生产、营销、物流以及产品或服务支持等一系列活动组成的，正是这些活动创造了价值，这些创造价值的活动称之为业务价值活动(价值创造活动)。所有的业务价值活动有序联接，构成一条活动链，同时也是一条价值链。通过价值链的构筑，众多的企业、供应商、经销商、用户、员工、中介服务机构、社区等利益相关者，形成了一个价值、利益和命运共同体。因此，价值链中的价值，不仅仅是单一顾客的价值，也不仅仅是单一企业的价值，还不仅仅是企业和顾客的双重价值，而是指对于参与价值链各个价值创造环节的所有企业、组织、机构和人员的价值。同时，每一个利益主体的价值，也不是单一的价值，而是一种价值组合，从而使得价值链中的价值内涵更加复杂。一般而言，在价值链研究中，认为公司价值是一个包括投资者价值、顾客价值、员工价值、供应商价值、经销商价值、社区价值等在内的组合价值。因此，基于价值链，企业是一个价值创造体、价值共同体、价值组合体与价值综合体。

1.4　企业价值创造创新路径

企业是一个价值创造体。为了更加有效地创造价值，需要了解企业价值创造的过程和机理。

在企业创造价值的过程中，外部环境中的需求、文化与制度提供宏观的环境，企业组织的战略、组织结构与企业文化提供微观的环境，产业及其价值链提供中观的环境，资源则是价值创造的基础和前提。然而，如何提升创造过程的效率成为价值创造的关键。竞争优势理论为人们提供了抓手。

从经营管理的角度，竞争优势、创新是企业创造价值的利器。在战略管理的角度，竞争优势、创新的本质都是追求价值。竞争优势与创新之间互为因果。早期，竞争优势主要来自资源、所在产业的产业结构；在今天，竞争优势则与创新有了更为直接的联系。

构建竞争优势，尤其是构建基于竞争对手的、强大的、可持续的动态竞争优势，几乎成为企业、城市、区域和国家发展的利器。对于竞争优势的研究，成为一个极富前景和包容的领域。竞争优势是什么？世界著名的战略管理学者希特等定义竞争优势"是一个公司在竞争中能够比竞争对手创造更多价值，而竞争对手无法模仿或模仿代价太大"；希尔认为"竞争优势是企业在获利能力上超过竞争对手的能力，竞争优势是企业创造长期价值的关键"；迈克尔·波特认为"竞争优势归根到底取决于企业所能为客户创造的价值"。显然，竞争优势是与价值创造相关的概念。

构建可持续的竞争优势是公司战略的始终追求。有学者认为，公司战略就是公司创造价值的"艺术"。显然，公司战略被"价值"化。公司竞争优势则早已烙上了深深的价值"标识"，因此，能够获胜的战略必植根于公司的可持续竞争优势。

成功的战略必然增强公司的可持续竞争优势。战略和竞争优势互动，甚至互为因果。制定战略的唯一目的就是取得超过竞争对手的优势。

创造竞争优势有 3 条最为基本的途径：①基于资源/能力的竞争优势构建；②基于产业结构/定位的竞争优势构建；③基于共享网络的竞争优势构建。3 条构建竞争优势的基本途径有着不同的竞争优势构成基础。基于资源/能力的竞争优势立足于企业为社会、市场、用户与消费者提供的产品/或服务的创新；基于产业结构/定位的竞争优势是围绕产业结构、竞争规则及商业模式的变革与创新；基于共享网络的竞争优势依赖于信息与知识创新。它们的共同点都是创新。立足于创新，企业可以实现资源/能力模式、产业结构与竞争规则、共创共享网络三大变革，构建新的竞争优势，构筑价值，创造新的创新路径，创造新的、更大的价值，从而可以构建"创新—竞争优势—价值创造"的企业价值创造创新机理：以需求、文化、体制为宏观环境，以资源、行业、价值链为中观环境，以战略、结构、文化为微观环境，构建企业的价值创造空间；以创新为抓手，基于创新构建企业的可持续竞争优势，基于可持续竞争优势构建企业价值创造的可持续动力，即企业基于创新创造价值。这一机理如图 1-1 所示，我们称之为企业价值创造的创新机理。

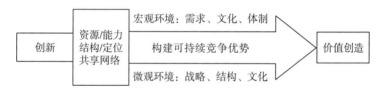

图 1-1　企业价值创造的创新机理示意图

基于"创新—竞争优势—价值创造"的价值创造创新机理和竞争优势构建的三大途径，可以构建 3 条企业价值创造的创新路径：①基于资源/能力的企业价值创造创新路径；②基于产业结构/定位的企业价值创造创新路径；③基于共享网络的企业价值创造创新路径。

1.4.1　基于资源/能力的企业价值创造创新路径

基于资源/能力创造价值，致力于提供商品与服务，这是传统、经典，也是最为基本的企业创造价值的路径，是其他价值创造路径的基础。传统的价值创造资源包括劳动力(人力资源)、土地、资本和技术等。决定社会价值创造方式的资源成为核心资源，不同的经济时代有着不同的核心资源，核心资源的拥有者成为价值的主宰者，原始经济时代的核心资源是劳动力，劳动力的拥有者——奴隶主成为时代的主人,农业经济时代的核心资源是土地资源,土地资源的拥有者——地主成了社会的主人;工业经济时代的核心资源是资本资源,其拥有者——资本家成了社会的主人。在工业经济时代的后期(后工业化时代),技术逐渐成为价值创造的核心要素,知识产权拥有者分享价值的份额也逐渐增大。

在基于资源/能力(产品与服务)的价值创造创新路径中,企业拥有大量低成本的熟练劳动力资源,大规模的制造加工与成本控制能力,供应链管理能力对于构建企业竞争优势和价值创造具有至关重要的作用。

基于竞争优势理论的资源/能力学派,为了获取或巩固竞争优势,企业要么应当具有独特的资源、能力以及竞争力;要么应当具有对资源、能力以及竞争力的独特组合;要么借助于技术与商业模式的创新,改变产业景框(价值创新)建立产业新的资源路径。

在当今社会,基于资源/能力构建竞争优势,致力于产品与服务的创新,创造企业价值的创新路径,正面临严峻的挑战,急剧变化,高度不确定性成为当代的基本特征。通常的观点认为,基于资源/能力构建竞争优势而创造企业价值的创新路径,更多地适应于短期的、稳定的产业与市场环境(当然也有许多有关基于核心资源,构建动态的可持续竞争优势的讨论);同时,基于资源/能力的竞争优势观可能导致企业过度关注内部的能力而陷入"路径依赖"。不仅如此,基于资源/能力构建竞争优势,创造企业价值的创新路径,还由于资源,尤其是核心资源的稀缺性,需要通过持续的创新,改变产业景框(价值创新)——价值创造的方式,才能够构建新的竞争优势,以更加有效地创造价值。

1.4.2　基于结构/定位的企业价值创造创新路径

基于竞争优势的产业结构学派或者定位学派理论,企业要建立和强固可持续竞争优势,需要不断地审视外部的产业环境,发现新的产业机会并迅速进入新的产业,并进行新的产业链、供应链、价值链定位——进入高端产业(新兴产业)或者占据产业高端(技术高端与价值高端),巩固和提升企业的产业竞争地位;要么借助于技术与商业模式的创新,颠覆或改变现有产业的结构与竞争规则,建立新的产业结构与竞争规则,构筑企业优势的产业竞争地位。以价值链为例,基于竞争优势的价值链理论,为了获取或巩固竞争优势,企业要么在价值链的各环节全面超越竞争对手,实现传统的"广度控制"(extensive control);要么实施价值链定位,占据价值链上最关键、企业最擅长的战略环节,在其上"深耕细作",实施"深度控制"(intensive control);要么借助于技术与商业模式的创新,实现价值链的变革、重整和重组。

人们普遍认为，基于产业结构/定位的竞争优势观是外生于企业的，有可能导致企业过度关注外部机会而陷入"机会陷阱"。

1.4.3　基于共享网络的企业价值创造创新路径

基于共享网络的企业价值创造创新路径，是信息时代（网络时代、数字时代）的企业价值创造创新路径。新一代信息技术、ICT、互联网、物联网、大数据、云计算、区块链、人工智能等的运用，信息时代有着与工业时代、后工业时代不同的时代特征。这些特征可以简要归纳为网络无时无处不在、资源跨界无限聚集（汇聚）、价值跨界共创共享。

正如价值的内涵从单边价值向双向、多向以及价值共同体、价值命运体演变，是一个演化的过程，价值共创，也经历了一个从二元共创到多元共创、价值链（共同体）共创、价值生态（命运体）共创以及跨界共创的演化。

价值跨界共创并不是网络时代独有的。但是在互联网没有得到广泛应用的年代，价值跨界共创往往需要一个规模庞大、实力雄厚的"盟主"，成为产业链、供应链和价值链的"主导者"或者"中心"，大量的中小企业，聚集在"盟主"周围，成为其供应商、服务商，或者成为其服务或者产品零件、部件甚至工艺的外包商，整个价值共同体的命运直接取决于"盟主"的竞争优势。价值共创并非一个平等的过程，大量的中小企业只能处于"从属"位置。

共享网络还带来了"平等"，世界是"平等"的，在共享网络上，每个节点都是平等的。人们跨越时空、产业专业、学科领域等自愿加入共享网络，平等地贡献、分享和获取价值，没有人或者组织高高在上，没有人发号施令。在共享网络这个公共的平台上，个体、组织都只是平等的一员，各个节点相互作用，共同创造价值，建造价值大厦，建构产业价值链、全球价值链、价值网络和价值生态。

共享网络不仅使得价值共创的深度和广度为非网络时代所不能比拟，而且为价值跨界共创带来巨大的密度和黏度。这是因为，物质的粒度越小，流动就越快速与自由，凝聚而成的聚集体就越紧密和强大。过去由于缺乏互联网这一巨大、坚实、全覆盖的平台，资源和要素的流动与聚集总是存在有形或者无形的障碍。价值共创和跨界创新往往是在企业或者机构的层面展开，难以实现价值跨界共创主体的"小粒度"化，价值跨界共创缺乏足够的广度和深度。

互联网在粉碎集中的同时为聚集提供了无限的平台。互联网构建了一个无处不在、无时不在的网络社会。资源跨界聚集、要素平等自由、价值共创共享，为价值跨界共创这一新时代的价值创造创新路径的孕育提供了自由宽广的"产房"，广度和深度都是其他任何时代所不可比拟的。同时，几乎"无限小"要素与资源及其价值跨界共创主体被无限多地聚集，为价值跨界共创带来巨大的密度和黏度。更为重要的是，在互联网时代，价值共创与跨界创新形成可持续互动。

基于上述的分析，可知共享网络、价值共创、跨界创新三者之间相互依存，构成新时代价值创造的三大基本要素，相互作用；价值共创共享是互联网时代价值创造的基本内核，基于互联网的、以共创共享价值生态为基本形态的跨界创新是互联网时代最为基本和重要的价值创造创新路径。

1.4.4　企业价值创造创新路径间的演进

企业是一个价值创造体、价值共同体和价值组合体，价值创造的 3 条创新路径具有层级上的逻辑关联与演进。

基于资源/能力的企业价值创造创新路径是价值创造创新路径 1.0。这一路径是传统、经典，也是最为基本的企业创造价值的路径，更是其他价值创造路径的基础。企业立足于自身拥有的资源/能力，为满足社会和消费者的需要，进行产品与服务创新，创造价值；没有产品与服务，则企业不存在、产业不存在，价值共同体也不存在；产品与服务创新这一"古老"的价值创新路径不会随着创新路径的演进而消失，而是包容于其他两种价值创新路径之中。

基于产业结构/定位的企业价值创造创新路径是价值创造创新路径 2.0。随着竞争的加剧，竞争由企业之间的"点"竞争，演变为产业链、供应链、价值链之间的"链"竞争，产业链、供应链、价值链的结构，以及产业竞争规则不断演变，竞争的制高点也逐渐由产业链、供应链、价值链的终端向高端演进，仅仅依赖企业拥有的资源/能力，仅仅关注产品与服务的创新已经难以有效地实现价值创造，基于资源/能力的企业价值创造演进为基于竞争规则/结构的企业价值创造。企业之间的竞争，由产品或服务层面上升到规则/结构，洞悉产业结构，在产业链、供应链、价值链上科学定位，熟悉并善于运用竞争规则，直至实现产业结构与竞争规则的变革，成为构建竞争优势，创造价值的关键。业界也有了三流企业拼产品(制造)，二流企业拼技术(研发)，一流企业拼标准(规则)的调侃。例如，在计算机产业，就经历了"硬件为王"(IBM 时代)、"软件为王"(Microsoft 时代)、"高端为王"(Intel 时代)、"价值生态"(Apple 时代)的产业结构和竞争规则的演变。

基于共享网络的企业价值创造创新路径是价值创造创新路径 3.0。网络时代的到来，使产品、服务、资源形态、产业形态、价值链的形态和内容都发生了前所未有的演变，价值生态、价值命运体成为价值创造最为现实和重要的考量，在移动互联网、物联网的平台上，可以、必须、必然是跨界创新和价值共创，基于共创共享的价值创造生态的跨界创新成为新时代创新的新途径。从基于企业之间的"点"竞争到产业链、供应链、价值链之间的"链"竞争，再到基于共享网络的价值创造体、价值共同体和价值组合体的"体"竞争，竞争的维度在增加，价值创造的路径更加多样化。

　　基于资源/能力的企业价值创造创新路径的基础是资源，基于产业结构/定位的企业价值创造创新路径的关键是规则，基于共享网络的企业价值创造创新路径的核心为价值跨界共创模式。资源、规则和模式也正是企业在不同时代实现价值创造的三大"重器"。资源是基础，规则是平台，模式是整合，后者是对前者的包容和整合，前者在后者中得到延续和融合。例如，基于产业结构/定位的企业价值时代，核心资源是客户关系；在基于共享网络的企业价值创造时代，竞争规则是价值生态，核心资源是共享网络，或者说是基于共享网络的信息——大数据；资源约等于无限小被共享网络无限多地汇聚在一起，意味着任何可能，这是互联网时代的资源公式。今天的世界，已经进入信息经济（知识经济、数字经济）时代，与过去的时代相比，创造价值的核心资源正在发生甚至已经发生了革命性的演进，信息正在成为价值创造的一种基础性、先导性、决定性核心资源，对信息的掌握（包括收集、加工、处理和分析运用），对于构建竞争优势，创造、分享价值，价值巨大。因此，如何立足于信息这一全球化、信息化时代的核心资源，构建企业基于资源/能力的竞争优势，更加有效地创造价值，成为当今企业经营的重大课题。

参 考 文 献

蔡陈聪, 1998. 试析西方哲学史中的价值主观论和客观论——兼论价值范畴的一般本质[J]. 社会科学辑刊, (1): 17-22.

胡仪元, 2008. 价值范畴的哲学探析[J]. 陕西理工学院学报（哲学社会版）, 26(1): 8-13.

黄立勋, 2001. 试论哲学意义的价值本质——从"价值"概念的起源谈起[J]. 西南民族大学学报（人文社科版）, 22(9): 187-189.

康德, 1975. 道德形而上学基础[M]. //李泽厚. 批判哲学的批判: 康德述评. 上海: 三联书店: 300, 445.

李德顺, 2007. 价值论（第 2 版）[M]. 北京: 中国人民大学出版社.

李凯尔特, 1994. 论哲学的概念[M]. //赵维义, 童世骏. 马克思恩格斯同时代的西方哲学. 上海: 华东师范大学出版社: 583.

李凯尔特, 1996. 文化科学和自然科学[M]. 涂纪亮译. 北京: 商务印书馆: 78.

李卫斌, 2012. 会计价值论——基于价值哲学的视角[D]. 大连: 东北财经大学.

李永胜, 2014. 实践价值哲学: 哲学价值研究的新突破[J]. 人文杂志, (5): 22-30.

刘进田, 2014. "人本身"与"满足需求"——关于价值本质的哲学思考[J]. 人文杂志, (5): 6-12.

马克思, 恩格斯, 1958. 神圣家族或对批判的批判所做的批判[M]. 北京: 人民出版社: 23-24.

王玉樑, 1993. 价值哲学新探[M]. 西安: 陕西人民出版社.

王玉樑, 2008. 关于价值本质的几个问题[J]. 学术研究, (8): 43-51.

王玉樑, 2013a. 实践价值哲学的兴起及其贡献[J]. 哲学动态, (10): 11-16.

王玉樑, 2013b. 从理论价值哲学到实践价值哲学[M]. 北京: 人民出版社.

文德尔班, 1993. 哲学史教程[M]. 罗达仁泽. 北京: 商务印书馆: 927.

文德尔班, 1983. 哲学概论(1914)[M]. //杜任之. 现代西方著名哲学家书评(续集)[M]. 北京: 三联书店: 35.

韦朝烈, 2001. 价值哲学的兴起——从洛采到尼采、文德尔班和李凯尔特的哲学思想之路[J]. 中山大学研究生学刊(社会科学版), 22(1): 6-11.

韦朝烈, 2003. "价值哲学"兴起的社会学和经济学背景[J]. 社会科学研究, (1): 59-64.

威廉·詹姆斯, 1990. 信仰的意志(1897)[M]. //张岱年. 论价值的层次. 中国社会科学, (3): 3-10.

袁贵仁, 1988. 人的主体性和价值的哲学本质[J]. 人文杂志, (2): 10-14, 18.

张岱年, 1990. 论价值的层次[J]. 中国社会科学, (3): 4-11.

第2章 工业互联网之价值共创模式

物联网主要解决物与物（thing to thing，T2T）、人与物（human to thing，H2T）、人与人（human to human，H2H）之间的互联①。十多年来，物联网技术助力消费互联网快速发展，催生了一批国际知名的消费互联网平台企业（如阿里巴巴、腾讯、Uber、滴滴等）。同时，以通用电气（GE）和西门子（Siemens）为代表的一批制造企业正在向数字工业转型，努力架构工业互联网。据麦肯锡咨询公司预测，2025年全球物联网将创造3.9万元~11.1万亿美元价值，其中工业互联网将贡献70%（李健和王莹，2019）。

物联网应用的本质是价值共同创造（价值共创）。消费互联网主要关注消费者体验；消费者体验往往具有一些共性特征（如共享单车解决"最后一公里"问题，共享出行解决"随时叫车到指定地点"问题等），而且消费者接入比较容易（连接成本低）；只要抓住共性特征和采用适宜的物联网技术（包括安全技术），就可以设计出恰当的消费者体验价值共创模式，迅速发挥规模效应做大做强消费互联网平台。就工业互联网发展而言，工业体系类目众多导致物联网应用场景碎片化现象十分严重，而且各应用场景之间的架构、原理、行业形态等差异极大。此外，工业体系（甚至同一行业）中企业工业互联网基础设施的发展水平差异极大，导致连接成本差异极大，这些因素迫使制造业巨头、网络科技平台公司、软件公司和工业解决方案提供者从自身在产业链中的位置出发，探索工业互联网价值共创模式。从当前的物联网应用实践来看，消费互联网发展速度和成熟度远高于工业互联网，工业互联网发展还处于初期阶段②。

21世纪以来，学术界从价值共创的概念与内涵、价值共创维度（环境、要素和结果等）及其关系概念模型、消费互联网价值共创和价值共创管理等方面不断丰

---

① 2005年11月17日，在突尼斯举行的信息社会世界峰会（WSIS）上，国际电信联盟（ITU）发布了《ITU互联网报告2005：物联网》，正式提出了"物联网"的概念。

② 搜狐. 从GE数字化业务大调整看工业互联网未来[EB/OL]. [2019-1-3]. https://www.sohu.com/a/286470739-283001.

富价值共创理论,但鲜见工业互联网价值共创研究文献。工业互联网先驱者通用电气的 Predix 平台发展受挫,说明工业互联网发展不能照搬消费互联网发展模式。因此,如何设计工业互联网价值共创模式,构建工业互联网生态系统,是业界和学者亟待解决的问题。

本书在对 50 多个国内外企业的工业互联网探索实践进行深入调查/调研,以及价值共创理论进行梳理和分析的基础上,剖析工业互联网发展进程和价值过程,研究其价值共创模式构建方法,提出工业互联网的"三联"价值共创模式:一方面,丰富价值共创理论;另一方面,为实现《中国制造 2025》之企业实践提供方法论。

2.1　价值共创与工业互联网

2.1.1　互联网发展赋能价值共创实践与研究

直到 20 世纪 80 年代,商品的供给还不丰富,消费者的需求也比较简单(主要是消费者选择空间小),厂商可以了解消费者的真实需求(Anderson,1983;Arndt,1985;Hunt,1976,1990;Zinkhan and Hirschheim,1992)。厂商通过生产过程将价值赋予商品,消费者购买并消费商品,是价值的消耗者。这种商业逻辑就是商品的主导逻辑(Vargo and Lusch,2004)。

20 世纪 90 年代以来,随着科学技术和互联网经济的发展,大宗商品市场得到极大的丰富。人们发现,消费者的选择空间越来越大,但满意度却越来越低;可供厂商选择的策略越来越多,但利润空间却越来越小(Prahalad and Ramaswamy,2000)。业界开始探索新的商业逻辑,如通用汽车为开发消费者满意的汽车产品,邀请供应商参与产品设计;微软在开发 Windows 2000 时,邀请用户参与产品测试。学界先驱者受这些商业实践启发,提出了共同生产(co-production)的概念(Ramirez,1999);指出价值创造焦点正在从公司的研发部门转向公司与客户之间的互动,即价值共创(Prahalad and Ramaswamy,2000),商业逻辑正转向服务主导逻辑(Vargo and Lusch,2004)和客户主导逻辑(Prahalad and Ramaswamy,2004a),形成了价值共创的两个逻辑基础。这些学者的工作开创了价值共创研究的先河,引发了价值共创实践和研究热潮。

随着移动互联网的发展,客户可以通过智能手机低成本地接入企业网络平台,企业通过"共同生产"与客户进行价值共创的案例不断涌现。企业可以直接或间接地与客户合作或邀请客户参与产品/服务设计过程，客户参与可能表现为在企业流程外围的促进作用，或通过应用知识和与企业共享信息而发挥积极作用。例如，手机厂商邀请消费者参与设计(小米手机设计三分之一的创意来自消费者)，房地产开发企业邀请消费者参与房型设计和建造过程监管，消费者参与服装设计等。众多学者的案例研究发现，共同生产应该包括 3 个基本要素：知识共享、互动和公平。当客户在共同生产过程中投入资源(包括知识、经验和技能)时，它既被认为是一种快乐和满意的合作行为，也被认为是公司的利润最大化策略；虽然大多数共同生产案例的控制点在于企业(它定义了共同生产的性质和范围)，但它并不排除客户在心理上参与共同生产过程的可能性，互助、开放和非命令关系往往是影响共同生产成效的重要因素；同时，共同生产需要外部利益相关者的主人翁意识，这在某种程度上取决于公平(Ranjan and Read，2016)。

　　同时，消费者还可以通过智能手机将资产(如汽车、住房等)接入网络平台共创使用价值(value in use)，涌现出各类知名共享经济平台，如滴滴、Airbnb 等。针对共享经济平台这一价值共创场景，江积海和李琴(2016)探讨了(Airbnb)平台型商业模式创新中利益相关者的结构特征和连接属性对价值共创的影响机理；杨学成和涂科(2017)对用户参与优步(Uber)价值共创活动的机理进行案例研究，研究发现：用户连接阶段的价值创造方式是遵循用户主导逻辑的价值共创，用户接触阶段的价值创造方式是遵从用户主导逻辑的用户价值独创，用户分离阶段的价值创造方式是服从供应方主导逻辑的价值共创；Nadeem 等(2020)在社会支持理论、关系质量理论、价值共创和营销理论文献的基础上，提出了解释消费者参与共享经济平台价值共创意愿形成的理论模型，实证研究揭示出"社会支持""消费者伦理观"和"关系质量"对消费者参与共享经济平台价值共创意愿的影响机理。

　　结合物联网技术和移动互联网，企业可以将其产品或服务接入企业网络平台与其用户共创使用价值，典型案例有特斯拉的车联网平台、通用电气的设备健康维护平台、沈阳机床的 i5 智能共享机床平台和三一重工的 EVI 工业互联网平台等。使用价值来源于用户的使用情景和过程，包括体验、关系和个性化；体验是用户对产品或服务主张的经验评估，超出了其功能属性，并符合其动机、专门能力、行动、过程和绩效；用户的网络关系强化了他们自己的信念和认同，并与丰富用户的主张相关联。此外，用户依据其心理模式将其感知价值依附于使用过程，而这些心理模式具有特殊性和独特性，即个性化(Ranjan and Read，2016)。

　　价值共创理论中的价值特指终端消费者的价值，价值共创的理想状态是满足所有消费者的个性化需求。为此，我们必须颠覆传统工业时代的 B2C 模式，基于互联网重构整个商务的全链路，从传统的供应链管理走向网络协同的商业范式革命，即 C2B 模式（企业按消费者的需求提供个性化的产品和服务）（曾鸣和宋菲，2012）。然而，就目前的商业现状而言，完成这个革命依然任重而道远。一个可能的发展路径是 S2B2C 模式，即一个强大的供应链（网络）平台（S），与千万个直接服务客户的商家（B），结合人的创造性和系统网络的创造力培育出一个全新的赋能平台，服务消费者（C）的个性化需求，迎接大规模 C2B 的到来（曾鸣和宋菲，2012）。

无论选择什么样的新商业发展路径，C2B 模式能否大规模实施均高度依赖于消费互联网和工业互联网各自的发展水平以及融合程度。从前文可知，以"移动互联网+智能终端"为特征的消费互联网发展迅速，涌现出许多成功的价值共创模式，而工业互联网的发展还处于初级阶段。可以预见，工业互联网的发展，可以给我们提供更大的价值共创空间，产生更多的价值共创机会、案例和研究课题。

2.1.2　工业互联网发展需要新的价值共创模式推动

2000 年以来，依托"移动互联网+智能终端"，商界出现了一批共创消费者体验价值的成功模式，如"工具+社群+电商"模式（如微商）、跨界模式（如余额宝）、免费模式（如百度地图）、O2O 模式（如阿里的全渠道模式）、共同生产模式（如小米）和平台商业模式（如滴滴）等。这些模式快速地释放了巨大的流量经济红利，推动了消费互联网的蓬勃发展，改变了人们的生活方式和思维，形成了平等、开放、互动、迭代、共享等互联网思维。

随着工业物联网技术的发展，人们将互联网思维和消费互联网的价值共创模式引入工业界，出现了诸如共享生产设备模式（如沈阳机床的 i5 智能共享机床平台）、共享产能模式（如阿里巴巴的淘工厂）、工业物流服务平台模式（如返空汇）和生产设备健康维护平台模式（如通用电气的 Predix）等与工业用户共创价值的模式。然而，这些模式并没有快速发挥出规模经济效应和范围经济效应，导致工业互联网发展远低于人们的预期。

一方面，在消费互联网中，消费者消费体验的同质性可以体现出流量优势，带来流量红利，实现（体验经济的）规模经济效应，但在工业互联网中，行业、设备和应用差异很大，流量优势被这些异质性消解得无影无踪，只能通过价值经济来推动。另一方面，智能手机的平民化，使得消费端数字化成本低，但工业互联网需要制造生产全过程（甚至还包括产品）数字化，与消费互联网相比需要极大的投资成本，而且该成本具有行业差异（甚至在同一个行业中，不同企业的数字化发展水平不同，也会导致这种成本的差异）。因此，工业互联网发展必须要有新的价值共创模式来推动。

在价值共创理论中，有两个核心概念可以帮助人们构建工业互联网的价值共创模式。一个是"共同生产"，它强调工业互联网参与者应该共同参与生产过程，协同为用户创造价值。另一个是"使用价值"，它强调价值是在用户使用过程中实现的。使用价值包括两部分：一是产品/服务的功能属性带来的价值；二是体验价值。虽然共同生产和使用价值两者地结合在价值共创理论上是必要的，但接近 80%的研究文献只考虑其中一个（Ranjan and Read，2016）。在考虑共同生产和使用价值两者结合的文献中，没有澄清研究场景何时涉及学术界和何时涉及业界（Hansen，2019）。

价值共创理论中关于价值共创管理的文献对工业互联网的价值共创模式设计有借鉴意义。许多学者从各自观察到的价值共创场景、现象或案例出发，按照各自的视角，探索价值共创机理、方法和架构。

Prahalad 和 Ramaswamy（2004b）最早提出价值共创管理 DART 模型，它包括：①对话（dialogue），是指双方的互动、接触和行动倾向，不仅要倾听客户的意见，还需要在问题解决者之间进行平等的共享学习和交流，创造并维持一个忠诚的社区；②接入（access），包括接入工具（渠道）和信息共享；③风险评估（risk assessment），是指各利益相关方受到伤害的概率；④透明（transparency），是指各参与方不能利用自己拥有的不对称信息从事机会主义活动。

在价值网络视角下，杨学成和陶晓波（2015）在传统价值链理论的基础上提出了柔性价值网络的概念，指出因重构、链接和互动而形成的柔性价值网络是社会化商务环境中价值共创的最终结果，并基于此总结提出社会化商务背景下企业价值共创亟须关注的研究命题，旨在提高企业进行动态、可持续价值创造的能力；武柏宇和彭本红（2018）以动态能力为中介变量，构建服务主导逻辑、网络嵌入影响网络平台价值共创的概念模型，探讨网络平台多行动者视角下的服务主导逻辑、网络嵌入影响参与者的动态能力进而影响价值共创的微观机理，在问卷调查的基础上利用结构方程模型对四者之间的关系进行实证分析；余义勇和杨忠（2019）首先对价值共创的研究现状进行梳理，厘清价值共创的概念及发展历程，其次基于生产领域、消费领域和网络环境 3 个视角对价值共创的内涵进行论述，最后分别阐述不同视角下价值共创的前因—过程—结果等内在作用机理。

在价值共创管理系统架构方面，Corsaro（2018）基于对不同行业的客户和供应商公司经理的 86 次访谈，构建了一个考虑 4 个相互关联的价值过程（即价值沟通、价值分配、价值度量和价值表述）的价值共创模型，指出价值共创管理需要考虑与其他价值过程的复杂相互联系模式，揭示价值分配对价值共创的中心作用，以及价值表述对协调各种想法和发现未来价值共创机会的重要性。

目前，虽然越来越多的学者从事价值共创研究工作，试图构建价值共创理论体系，但还存在如下不足。

（1）理论研究滞后于管理实践。例如，自 2012 年美国通用电气公司提出并探索实施工业互联网以来，已经出现很多基于工业互联网的价值共创成功或失败的案例，如通用电气的 Predix 和西门子的 MindSphere 等（李会成和康英楠，2018），但鲜见关于工业互联网价值共创管理的研究文献。

（2）理论研究脱离于管理实践。学者致力于构建具有一般意义的价值共创理论体系，使得这些理论很难被实践者理解和实施（Holtgrave et al.，2016）。此外，价值共创实践需要成功的价值共创模式指导，但在已有文献中，鲜见关于价值共创模式的研究文献。

（3）价值共创理论体系呈现碎片化。除前文中提到的学者主要研究成功的价值共创案例外，还有一些学者研究价值共创失败（价值共毁）的案例（如 Grayson and Ambler，1999；Erin et al.，2005；Chowdhury et al.，2016；Vafeas et al.，2016；Jarvi et al.，2018；Dolan et al.，2019；Yin et al.，2019），他们大都是从价值共创系统某个局部或某些方面展开研究，没有考虑整个价值共创全局系统。此外，价值共创过程中互动性、相互依存性和动态性是学者和实践者都必须面临的一个特别具有挑战性的问题（Corsaro，2018；Darbi and Knott，2016），目前，鲜见关于价值共创过程演进路径的研究文献。

2.2　工业互联网发展阶段的划分与价值过程分析

2.2.1　工业互联网发展阶段的划分

工业互联网的概念提出不久，一些业界人士从短期和长期两个方面对工业互联网的发展演化进行了展望，给出了工业互联网的采纳和影响路径（图 2-1）（O' Halloran and Kvochko，2015）。

从短期来看，工业互联网发展可以分为两个阶段：运营效率提升阶段（第一阶段）和新产品/服务提供阶段（第二阶段）。当时受访的大多数制造商、能源公司、农业生产者和医疗保健提供者认为，采用工业互联网的商业初衷是增加收入或节约成本。例如，工业互联网最广泛的应用是预测维护和远程资产管理，它可以根据现有的操作数据减少设备故障或意外停机时间；工业互联网的早期价值机会是改善工人的安全和工作条件，以及提高工人生产率；它们是运营效率提升阶段的价值来源。新产品/服务提供阶段的主要价值机会有产品和服务、软件和服务以及数据货币化等，即不卖产品和软件给用户，而是卖产品和软件提供的服务，对用户采用按使用收费模式；在工业互联网运行过程中，必然会产生大量数据，要使用这些数据开发新的业务。

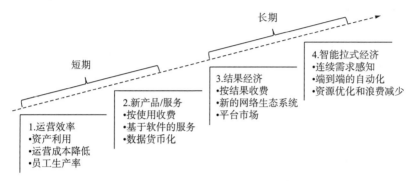

图 2-1　工业互联网的采纳和影响路径

从长期来看，工业互联网发展也分为两个阶段：结果经济阶段(第三阶段)和智能拉式经济阶段(第四阶段)。结果经济就是在工业互联网平台生态系统支撑下的按结果收费模式。例如，有一家喜剧剧场 Teatreneu(位于巴塞罗那)无需观众付入场费，而是按脸部辨识系统统计的笑容次数收费。另一个例子是，一家软件公司 Taleris(通用电气和埃森哲合资)在其工业物联网生态系统平台支持下，为航空公司提供故障担保，对所有引起航班延误和取消的设备故障负责。第四阶段是工业物联网发展的终极形态，工业互联网和消费互联网高度发展与融合，智能满足所有消费者的个性化需求。

从工业互联网发展现状来看，没有达到当时受访者的预期。除工业互联网技术发展水平外，可能的原因有两个。一是没有考虑工业互联网的建设成本。企业接入工业互联网(平台)的先决条件是数字化，而数字化成本往往较大。企业在进行是否接入工业互联网决策时，不但要考虑接入的增量收益，还要考虑接入的投入成本。二是跨行业知识壁垒和商业秘密保护(信任)。工业互联网需要对行业知识和工业机理建模，而工业界行业众多，不同行业的行业知识差异显著。此外，商业秘密保护动机也会削弱企业接入工业互联网的意愿。这些因素导致工业互联网发展很难发挥规模经济效应和范围经济效应。

工业互联网发展的第四阶段可以作为第三阶段自然演化的终极形态，因此，我们只需要考虑前三个阶段的发展模式，即在存在上述限制因素的情形下，如何设计动态的价值共创模式，推动工业互联网发展顺利地进入第一阶段(初级阶段)，然后从第一阶段演化到第二阶段(中级阶段)，再从第二阶段进化到第三阶段(高级阶段)。

2.2.2　工业互联网的价值过程分析

无论工业互联网发展到哪个阶段，都需要适当的价值共创模式推进。在价值共创模式构建过程中，管理者更为关注每一阶段的价值实现过程，即价值过程。根据价值共创管理文献和 50 多家企业工业互联网项目经理对于价值过程和价值共创活动的认知与理解，将价值过程划分为价值共创(价值形成与增值)、价值度量(测度与评价)、价值分配(包括交换分配与消费)、价值沟通(包括价值表述与沟通)4 个主要价值活动(环节)。

1. 各价值活动的构成

每一个价值活动都需要若干的价值行动(价值行为)来构成，并且呈现出一种基本的价值功能。

1)价值共创活动的基本价值行动

(1)顺应：顺应客户价值诉求，和客户一起解决客户问题，实现价值共创。在目前工业物联网发展的初始阶段，平台企业(数字化制造企业，如通用电气和西门子)，互联网企业(如亚马逊、阿里巴巴)，工业软件企业(如 PTC 公司、用友)和工业解决方案提供商(如 ABB 等)在价值网络中占据一个(或几个)节点，仅和部分节点有业务关系。而不同节点有不同的行业知识(往往包括商业机密)及不同的数字化水平。平台企业应该首先选择"垂直业务"策略推广其工业互联网平台应用，即在既有业务的基础上，顺应客户需求，提供数字化服务业务。例如，通用电气和西门子顺应其医疗设备用户的设备健康管理效率提升诉求，开发数字化医疗设备健康管理系统，提高了设备使用效率，降低了健康维护成本，实现了价值共创，建立了信任(数字化)联结。

(2)桥接：在客户的商业关系集合中寻找新的商业机会。通用电气于 2013 年率先推出工业互联网平台 Predix，期望其成为工业互联网的"安卓"系统。2018年，由于其平台发展规模低于市场预期，绩效得不到资本市场认可，导致其发展受挫。问题是，如何扩展工业互联网平台规模？除数字化成本因素外，工业互联网平台规模拓展的障碍主要表现在行业知识和信任，消除这种障碍的一种方法是，平台企业和平台客户一起在客户的商业关系集合中寻找价值共创机会(客户了解其关系企业的行业知识，同时，平台通过客户可以和其关系企业建立信任关系)，将其引入工业互联网平台，和平台成员联动共创价值，拓展平台规模。

(3)顾问：基于大数据精准了解客户需求，为客户提供精细化顾问(解决方案)服务。在消费互联网中，要满足消费者的个性化需求，需要基于大数据的感知、分析和行动 3 个环节，实施效果取决于每个环节的执行效率和精度，它依赖于平台生态系统的完善程度。如同消费互联网，当工业互联网网络流量具有一定规模时，平台服务(PaaS)商就会有足够的数据精准地了解平台客户的需求，吸引更多基础设施服务(IaaS)商、软件开发服务(SaaS)商和其他服务提供商参与，为客户提供更精细化的顾问服务；更精细化的顾问服务又会吸引更多客户加入工业互联网平台，形成价值共创联合生态体。这是工业互联网发展的高级形态。

上述 3 项基本价值行动实现的价值功能是达到价值共创活动的相互信任协同。

2)价值分配活动的基本价值行动

(1)公平：防止机会主义，努力实现公平公正。在笔者走访企业的过程中，大多数工业互联网项目管理者反映，如果合作者在价值共创中的贡献与其所占的价值不对等，可能会产生不平等、紧张、误解和挫折感，影响项目的可持续发展，甚至导致价值共毁。

(2)平等：努力实现双方从商业关系的"商业伙计"转型为"商业伙伴"的"一家人"。笔者参与某发电设备制造商设备健康维护平台的筹建工作，该项目最终流产。以前，该企业利用其市场地位对其中小用户的设备维护收取高费用(2~3 倍市场价格)，导致其用户除核心部件从该企业购买外，设备维护外包或自服务。因此，大多数用户认为该企业没有将它看作平等的商业伙伴，不信任该企业的设备健康维护平台，选择不接入。

(3)绑定：基于总体价值的共同绑定，将单个公司的业绩与参与共同创造过程的其他参与者的业绩联系起来。工业互联网发展缓慢，除行业知识差异化显著和信任两个障碍外，还有各企业的工业互联网基础设施发展水平差异大等障碍，在中国尤为明显，很多企业的发展水平低(几乎为零)。然而，工业互联网基础设施建设投资巨大，很多企业受财力约束，无法投资联网。基础设施厂商(如智能设备供应商)应该改"一次性卖出"为"定期按共创价值收取服务费"，减少建设企业的一次性投入，降低联入工业互联网的门槛，加快工业互联网发展速度。

以上 3 项基本价值行动实现的价值功能是达到价值分配活动生态可持续。

3)价值度量活动的基本价值行动

(1)一致性：各参与方从商务关系开始时就明确使用各自的关键绩效指标(KPI)，同时也承认合作方的 KPI，即价值度量指标的一致性。大汇物联完成国家能源大渡河流域水电开发科技有限公司数字化工程后，希望独立为第三方水电发电设备健康维护工业互联网平台，所有技术和架构都在大渡河水电数字化过程中成功开发和运用。但在推广过程中，遇到的最大问题是，假如联入你的平台，你能为水电站创造多少价值？这是一个非常重要而且非常棘手的问题。

(2)贡献度：价值度量活动还包括制定整个价值共创网络的网络化关键业绩指标，参与方个体业绩度量应附有反映整个网络业绩的价值度量标准，其中对协作做出更大贡献的参与方应得到更高比例的合作价值。笔者研究团队在企业调研过程中，发现某著名制造企业在推广其工业物联网平台时，以其高服务质量为由，设置高门槛并收取高价，没有考虑用户企业对其规模效益的贡献度。

（3）场景化：度量指标适度和恰当的场景化调整。在工业互联网价值网络中，每个节点处往往有不同的决策场景，管理者决策（如解决方案或关系选择）依赖不同的业绩指标。因此，工业物联网平台企业应该考虑设置适度业绩指标代理，使其适合每个节点企业的决策场景，使各参与方都能理解其业绩指标的内涵，达成整个价值共创网络协同优化。此外，工业互联网平台提供的服务也应该能够满足各节点客户的个性化需求。

上述 3 项基本价值行动实现的价值功能是使价值度量活动科学准确。

4）价值沟通活动的基本价值行动

（1）表述：清晰而具有前瞻与包容的价值表述，以利于建立价值共识。工业互联网中各种应用原理技术性强，没有相关技术背景的管理者很难理解其应用价值，应该用直观的方式展示其价值。笔者在考察 GE 数字集团（中国）和西门子数字化工厂（成都）时发现，它们用非常直观的可视化方式展示每个工业互联网应用项目的价值。此外，由于价值主张往往会随着各参与方交互的深入而发生变化，价值表述也应该随之演进。"返空汇"[①]是一家工业物流互联网企业，创办之初，其价值主张是降低货车"返空率"；企业通过和车主的深入交互，发现车主真正的痛点是"平均每辆货车运 1 天货要闲置 1.9 天"，随即修正了其价值主张，重构了商业模式和运营模式。

（2）越障：实现更加个性化的沟通，有效跨越文化障碍。GE 数字集团（中国）和西门子数字化工厂（成都）是通用电气和西门子在中国开展数字化业务的分支机构，其业务推广工作已融入中国情景。随着中国制造企业走出国门，中国企业主导的工业互联网也必将走出国门，必须具备价值表述越障能力。

（3）跨界：实施沟通的跨界和互动，发现新的价值创造机会与空间，驱动更大网络的价值共创。随着工业互联网平台生态系统逐渐形成，其跨界用户越来越多，他们的差异化场景之间日益相互关联，出现新的商业机会的可能性增大。平台应该为他们创造交流和互动的机会，倡导用最简单、最直截了当的方式交流各自的问题，将复杂的想法简化为跨界人士可以理解的有价值的见解。

上述 3 项基本价值行动实现的价值功能是实现价值沟通活动的共识与互动。

2. 各价值活动之间的关系

价值共创活动与价值分配活动构成价值过程的主体性架构。人们通常将价值

---

① "返空汇"即成都返空汇网络技术有限公司。

分配活动视为价值创造之后的一个环节,从时间上来看,价值分配确实位于价值创造之后,但从心理动力学来看,正是因为对于价值分配的期许驱动了价值创造——除了某种外力的"迫使",有意识的行为都是"三思而行":一思所为结果几何;二思结果价值几何;三思结果归己几何。欲实现价值共创,必须科学地设计价值分配活动。一个"理想"的价值分配必然有助于新的价值创造。因此,价值共创与价值共享必然互为因果。

价值度量与价值沟通是价值过程必不可缺的辅助环节。价值共创共享的基础是信任,信任是沟通的产物,因而在价值共创活动之中,沟通成为最为经常的活动。价值度量是公平公正的价值分配的前提,并以价值共创为前提。因此,价值沟通和价值度量则是有序、有效推进价值共创、价值分配必要的气氛、氛围或者环境。一个理想、期待与优化的价值过程,必然要求 4 个价值活动的"木板"匹配,没有短板,没有破板。一个全景式的价值过程(包括价值活动、价值行动和价值功能)如图 2-2 所示。

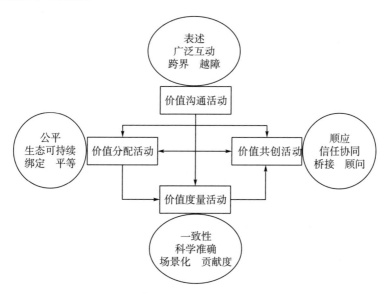

图 2-2 价值过程的 4 个价值活动及其关系

2.3 工业互联网的"三联"价值共创模式

"三联"价值共创模式中的"三联"是指工业互联网中价值共创主体通过"联

结""联动"创造价值并最终构建为价值共创共享的"联合生态体"(以下简称"联体")。"联结""联动"与"联体"仅仅是现象,深藏于"三联"背后的是价值共创的"驱动力模式"。

2.3.1 "三联"价值共创模式的 3 种基本架构

1. 基于"联结"的价值共创模式

在市场经济体系下,有着许许多多的市场主体,在一个简化的市场中,不考虑政府和竞争对手,有 4 类处于离散状态的参与主体:制造商、供应商、零售商、顾客。起初,它们是一种通过交易连接起的普通供应链关系。

随着物联网技术的出现,人们发现可以利用物联网技术对生产/交易的某些环节进行数字化,构建一个简易的工业互联网来帮助供应链/节点企业提高运营效率(如供应链协同效率、节点企业资产管理/健康维护效率和节点企业的生产率等)。制造商(为表达方便,这里用制造商指代任一节点企业或者独立第三方)可以"顺应"这一价值共创诉求,搭建一个以制造商为中心的简单工业互联网,将利益相关者联结起来,架构一个基于"联结"的交易驱动的价值共创模式,如图 2-3 所示。

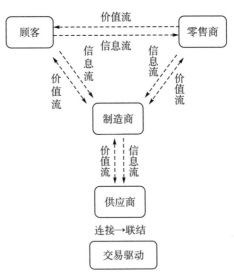

图 2-3 基于"联结"的价值共创模式

这是工业互联网价值共创模式的初级形态，对应工业互联网的初级阶段。它的价值过程中价值共创活动应该以"顺应"行动为主，即顺应交易伙伴提升运营效率的诉求。前文中已列举了一些西门子和通用电气主导的成功案例。本部分及后续内容将以"返空汇"为例，详细说明每种模式的价值共创活动。"返空汇"全称为"成都返空汇网络技术有限公司"，目前是一家"互联网+物联网"工业物流平台企业。"返空汇"的创始人在水泥行业的工作经历使其了解到采矿、冶炼、建筑和火力发电等产业的很多大宗物流都是由社会车辆完成的，而且效率低下。他瞄准"降低货运车辆的返空率"这一商机，于 2014 年创办了该企业。"返空汇"使用物联网技术对货主企业仓库进行数字化改造接入平台，货车通过智能终端接入平台，通过基于"互联网+物联网"的工业物流服务优化，提升物流服务效率，实现货主、车主和平台的联结。

价值共创活动能否成功还取决于价值过程的其他 3 个价值活动：价值度量、价值分配和价值沟通。在管理实践中，按照前文的要求进行设计，这里和后文不再赘述。

基于"联结"的价值共创模式，以前期交易建立的信任为基础，采用垂直发展工业互联网思路，"顺应"交易伙伴"提升运营效率"的诉求，采用物联网技术"联结"各利益相关方，搭建(初级版)工业互联网(平台)。

2. 基于"联动"的价值共创模式

(初级版)工业互联网平台成功运营后，接下来就要考虑工业互联网的迭代发展问题，即增加工业互联网平台的交易量。在此过程中，信任问题是最大的障碍。解决信任问题的一个思路是，在工业互联网已有用户的交易伙伴中发展新用户，实现"A 信任 B，B 信任 C，A 就信任 C"的信任传递。这种信任机制需要工业互联网平台(C)和老用户(B)进行"联动"，以"资源共聚—活动共力—价值共享"的运营逻辑为信任内核，通过"对话—接入—风险—透明"等活动实现信任演进。同时，考虑市场竞争关系，应将工业互联网平台企业独立为第三方，必要时，平台企业也可以与新用户直接"联动"，对新用户进行专用性数字化投资，以增强信任关系。

"联动"还体现在工业互联网平台、老用户和新用户互动等方面，设计接入增值业务。新用户的接入往往会提升老用户和新用户的数字化水平，新的数字化往往可以为工业互联网平台增加新业务。即使仅仅将老业务移植到新用户，也可以增加老业务的业务量。

按照上述思路，我们可以架构基于"联动"的业务驱动价值共创模式，如图 2-4 所示。在该模式的价值过程中，价值共创活动应该以"桥接"行动为主，即和老用户联动，在老用户的商务关系集合中发展新用户，开发新业务；配以适当的价值度量活动、价值分配活动和价值沟通活动，不断产生新的业务和业务量的增量。经过不断迭代，助力工业互联网从初级版升级为中级版。

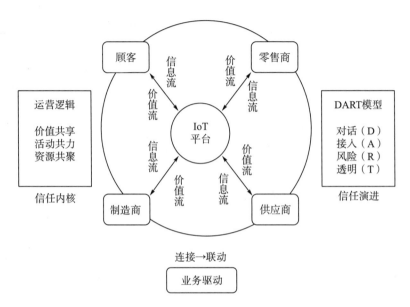

图 2-4 基于"联动"的业务驱动价值共创模式

"返空汇"最早在自己熟悉的水泥行业开展大宗工业物流(无车)承运服务，探索出基于"互联网+物联网"的大宗工业物流服务运营模式，该模式可以大大提高大宗工业物流服务效率。随着大量货车联结到平台，"返空汇"发现：车主真正的"痛点"不是"返空率"，而是"空闲率"；在"返空汇"的案例中，车主平均的"空闲率"为 60%，大体上是车主运货一天，就要空闲 1.9 天。亟须发展更多货主企业联结到平台，增加平台货源数量，使平台更具商业价值。他们与已联结到平台的建筑材料销售企业"联动"，在吸收更多水泥企业联结到平台的同时，不断发展钢铁企业及其上下游企业联结到平台，吸引钢材、水泥、煤炭、矿石等大宗产业物流货源入网，从而创造更多的联结和联动。随着大宗产业物流货源的不断融入，联结的密度和联动的强度不断提升，各主体间的信任增加，平台联结的货主、车主规模不断扩大。同时，平台与车主联动，将与其有商务关系的金融、保险和货车厂商等机构联结到平台，开展物流费用结算支付、加油加气、车辆与货品保险、车辆租赁、物流金融服务等众多新业务。目前，"返空汇"平台运营进入良性循环。2019 年平台运费交易额超 200 亿元。

3. 基于"联体"的价值共创模式

随着基于"联动"的价值共创模式的连续实施，在(中级版)工业互联网平台中，与平台联结的企业的数字化程度逐步提高，平台的价值创造能力随平台联结企业的数字化程度提高而厚积薄发，业务量和业务种类增长速度呈现先慢后快的态势；平台联结企业在价值共创中分享的价值增长速度加快，诱使企业自愿加快数字化进程，参与平台更多的价值共创业务。

同时，越来越多的企业加入，越来越多的业务开展，越来越多的数据产生，越来越多的价值共创机会形成，使得平台的吸引力不断增强，吸引其他数字化服务平台(可能是消费互联网平台，也可能是工业互联网平台，这里称为"联动者")主动接入平台，与平台智能协同，共创衍生业务。工业互联网平台的价值共创渐入自组织、自循环的佳境。经过不断循环进化，平台成为价值共创共享的"联合生态体"，呈现出基于"联体"的价值共创模式，如图 2-5 所示。

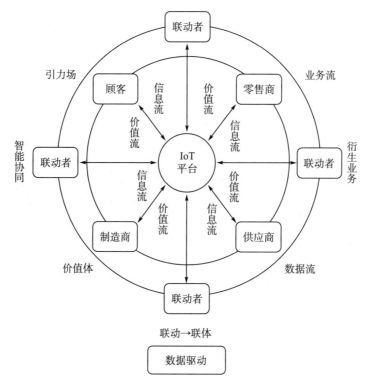

图 2-5　基于"联体"的价值共创模式

基于"联体"的价值共创模式的成功实施，会推动工业互联网平台从中级版升级为高级版。从价值过程来看，价值共创活动能否成功主要取决于"顾问"行动，即平台基于物联网、大数据、区块链、数据挖掘、云计算和人工智能等方法，进行数据驱动的运营优化与监控能力，以及为平台联结企业提供数据驱动的智能咨询服务能力。同时，还取决于数据驱动的价值度量活动、价值分配活动和价值沟通活动的设计。目前，还没有成功案例可循，这是全新的管理实践难题和学术研究课题。

2.3.2　"三联"价值共创模式的动态演进

"三联"价值共创模式是动态演进的、创新的模式，是一个由初创到不断完善的演变过程。

在演进过程中，早期、较低形态的价值共创模式并不是被消灭消失，而是被后续的、更高形态的价值共创模式吸纳和消融。在工业互联网发展的初级阶段，核心企业(平台)采用交易驱动策略，在自己的已有交易关系集合中，探索并实践基于"联结"的价值共创模式，开拓工业互联网服务业务。随着交易关系集合中大多数企业已联结到网络(平台)，基于"联结"的价值共创模式日趋成熟，开始考虑开疆拓土。

工业互联网发展进入中级阶段，平台开始实施业务驱动策略(寻求业务增量和新业务)，探索和实践基于"联动"的价值共创模式，在老用户的交易关系集合中发展新用户(从老用户层面来看，实际上是交易驱动)。为使新用户联结到平台，平台需和老用户一起联动，实施基于"联结"的价值共创。因此，基于"联动"的价值共创模式应该包括"基于'联结'的价值共创模式(相对于初级阶段版本来说，它可能是升级版)"模块。

当工业互联网平台出现自组织的价值共创活动时，标志平台发展开始进入高级阶段。组织者无论是在自己的交易关系集合中为平台发展新用户(新业务)，还是在平台其他用户的交易关系集合中为平台发展新用户(新业务)，都需要平台提供"基于'联结'/'联动'的价值共创模式"设计的顾问服务，因此，平台在探索和实践基于"联体"的价值共创模式时，必须考虑"基于'联结'/'联动'的价值共创模式"数字化模块。价值共创模式的这种演变如图 2-6 所示。

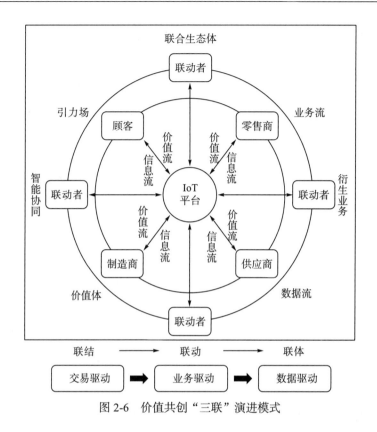

图 2-6　价值共创"三联"演进模式

2.4　结　束　语

2020 年 3 月，工业和信息化部发布了《工业和信息化部办公厅关于推动工业互联网加快发展的通知》，将工业互联网基础设施建设作为新基建的重要内容，主要包括工业互联网内外网、标识解析体系、工业互联网平台、安全态势感知平台、工业互联网大数据中心等。上述工业互联网基础设施方便企业将设备接入工业互联网平台，假如每台设备的维护费降低一点、使用效率提升一点、加工产品质量提高一点，所产生的效益将非常巨大。很多中小企业将从中受益，进而促进实体经济振兴，推动形成强大的国内市场。

为助力我国工业互联网的发展，本书在调研和分析价值共创研究文献和工业互联网的价值共创实践的基础上，从管理者视角，研究工业互联网的价值共创模式的构建方法。研究表明：

（1）工业互联网发展的终极形态是工业互联网平台生态系统支持下的拉式经济，即消费者的个性化需求都可以智能满足。但在此之前，工业互联网发展要经历 3 个阶段：运营效率提升（初级阶段）、新产品/服务（中级阶段）和结果经济（高级阶段）。

（2）工业互联网发展的每个阶段都需要适当的价值共创模式推动。价值共创模式设计必须关注价值实现过程，即价值过程。它由 4 个价值活动构成：价值共创活动（包括顺应、桥接和顾问 3 个价值行动）、价值度量活动（包括一致性、场景化和贡献度 3 个价值行动）、价值分配活动（包括公平、平等和绑定 3 个价值行动）、价值沟通活动（包括表述、跨界和越障 3 个价值行动）。每个价值活动设计既要考虑 4 种价值活动之间的关系，又要具体到价值基本行动的选择。

（3）"三联"价值共创模式包括 3 个构件：基于"联结"的价值共创模式、基于"联动"的价值共创模式和基于"联体"的价值共创模式，它们分别对应工业互联网发展的初级、中级和高级阶段。在这 3 个构件中，早期、较低形态的价值共创模式并没有被消灭消失，而是被后续的、更高形态的价值共创模式吸纳和消融，体现"三联"价值共创模式的动态演进过程。

本研究在文献梳理、工业互联网应用实践考察以及其他商业实践借鉴的基础上，提出了工业互联网价值共创模式的一种设计思路。由于工业互联网的发展还处在初级阶段，其中很多思路/思想还有待未来的实证研究和案例研究检验。同时，在基于"联体"的价值共创模式设计思路中，有些概念的落实还没有提供具体思路，如数据驱动的价值共创活动、数据驱动的价值度量活动、数据驱动的价值分配活动和数据驱动的价值沟通活动等，有待管理者和学者的进一步实践和探索。

参 考 文 献

江积海, 李琴, 2016. 平台型商业模式创新中连接属性影响价值共创的内在机理——Airbnb 的案例研究[J]. 管理评论, 28（7）: 252-260.

李健, 王莹, 2019. 工业物联网是物联网的主要价值体现, 我国应用潜力巨大——访中国工程院院士邬贺铨[J]. 电子产品世界, 26（7）: 1-5.

武柏宇, 彭本红, 2018. 服务主导逻辑、网络嵌入与网络平台的价值共创——动态能力的中介作用[J]. 研究与发展管理, 30（1）: 138-150.

杨学成, 陶晓波, 2015. 社会化商务背景下的价值共创研究——柔性价值网的视角[J]. 管理世界, 18（8）: 170-171.

杨学成, 涂科, 2017. 出行共享中的用户价值共创机理——基于优步的案例研究[J]. 管理世界, （8）: 154-169.

余义勇, 杨忠, 2019. 价值共创的内涵及其内在作用机理研究述评[J]. 学海, (2)：165-172.

Anderson P F, 1983. Marketing, scientific progress and scientific method[J]. Journal of Marketing, 47(4)：18-31.

Arndt J, 1985. On making marketing science more scientific: Role of orientations, paradigms, metaphors, and puzzle solving[J]. Journal of Marketing, 49(3)：11-23.

Chowdhury I N, Gruber T, Zolkiewski J, 2016. Every cloud has a silver lining — Exploring the dark side of value co-creation in B2B service networks[J]. Industrial Marketing Management, 55(5)：97-109.

Corsaro D, 2018. Capturing the broader picture of value co-creation management[J]. European Management Journal, 37(1)：99-116.

Darbi W P K, Knott P, 2016. Strategising practices in an informal economy setting: A case of strategic networking[J]. European Management Journal, 34(4)：400-413.

Dolan R, Seo Y, Kemper J, 2019. Complaining practices on social media in tourism: A value co-creation and co-destruction perspective[J]. Tourism Management, 73(8)：35-45.

Erin, Anderson, Sandy, et al., 2005. The dark side of close relationships[J]. Mit Sloan Management Review, 46(3)：75-82.

Grayson K, Ambler T, 1999. The dark side of long-term relationships in marketing services[J]. Journal of Marketing Research, 36(1)：132-141.

Hansen A V, 2019. Value co-creation in service marketing: A critical (re)view[J]. International Journal of Innovation Studies, 3(4)：73-83.

Holtgrave M, Nienaber A M, Ferreira C, 2016. Untangling the trust-control nexus in international buyer-supplier exchange relationships: An investigation of the changing world regarding relationship length[J]. European Management Journal, 35(4)：523-537.

Hunt S D, 1976. The Nature and Scope of Marketing[J]. Journal of Marketing, 40(3)：17-28.

Hunt S D, 1990. Truth in Marketing Theory and Research[J]. Journal of Marketing, 54(3)：1-15.

Jarvi H, Kahkonen A K, Torvinen H, 2018. When value co-creation fails: Reasons that lead to value co-destruction[J]. Scandinavian Journal of Management, 34(1)：63-77.

Nadeem W, Juntunen M, Shirazi F, et al., 2020. Consumers' value co-creation in sharing economy: The role of social support, consumers' ethical perceptions and relationship quality[J]. Technological Forecasting and Social Change, 151: 1-13.

O' Halloran D, Kvochko E, 2015. Industrial internet of things: Unleashing the potential of connected products and services[J]. World Economic Forum. Switzerland: Davos-Klosters.

Prahalad C K, Ramaswamy V, 2000. Co-opting customer competence[J]. Harvard business review, 78(1)：79-88.

Prahalad C K, Ramaswamyv, et al., 2004a. Co-creating unique value with customers[J]. Strategy & Leadership, 32(3)：4-9.

Prahalad C K, Ramaswamy V, 2004b. Co-creation experiences: The next practice in value creation[J]. Journal of Interactive Marketing, 18(3)：5-14.

Ramirez R, 1999. Value co-production: Intellectual origins and implications for practice and research[J]. Strategic Management Journal, 20(1)：49-65.

Ranjan K R, Read S, 2016. Value co-creation: Concept and measurement[J]. Journal of the Academy of Marketing Science, 44(3): 290-315.

Vafeas M, Hughes T, Hilton T, et al., 2016. Antecedents to value diminution[J]. Marketing Theory, 16(4): 469-491.

Vargo S L, Lusch R F, 2004. Evolving to a new dominant logic for marketing[J]. Journal of Marketing, 68(1): 1-17.

Yin J, Qian L, Shen J, 2019. From value co-creation to value co-destruction? The case of dockless bike sharing in China[J]. Transportation Research Part D Transport and Environment, 71(6): 169-185.

Zinkhan G M, Hirschheim R, 1992. Truth in marketing theory and research: An alternative perspective[J]. Journal of Marketing, 56(2): 80-88.

第3章　基于顾客互动的价值共创与运营机制

3.1　促销策略下的供应链价值共创与运营机制

3.1.1　问题背景

随着消费互联网的迅速发展，零售企业之间的竞争变得越来越激烈。为了吸引消费者，许多零售商纷纷推出各式各样的促销活动，如京东商城推出的"购物满 200 返 50"、伊藤洋华堂推出的"满 300 返 200"、Best Buy 推出的"满 100 美元送 10 美元礼券"等。这类促销被称为返券促销。所谓返券促销，是指当消费者购买指定商品(促销产品)或者一次性购买商品的消费金额达到(或超过)某些阈值时，可以"免费"获得相应的不同金额的代金券，这些代金券可以在下次购买时使用(Khouja et al.，2011)。返券促销区别于价格折扣和优惠券等促销模式，具有以下特点：第一，返券这种方式并不是直接作用于产品的价格(区别于折扣)，从而避免了降低商品的原有价值(Folkes and Wheat，1995)；第二，返券需要在再次购买时才能使用，不能抵扣当期消费(区别于优惠券)；第三，并非所有持有返券的消费者都会兑换返券(Khouja et al.，2013)。由于返券促销的独有特性，使得近年来其被零售企业广泛使用。

由于促销活动会改变消费者的购买行为，进而导致供应链节点企业间决策行为发生实质性改变。首先，供应链环境下的促销策略与制造商和零售商的运作决策之间是相互关联、彼此影响的。实际中，零售商面临的市场环境瞬息万变。据报道，2016 年"双十一"优衣库天猫旗舰店商品不足半天就全部脱销，而"双十二"一天过后优衣库天猫旗舰店全部商品却库存充盈。因此，零售商开展促销活动时，不仅需要精心设计促销模式，而且也要对产品价格和库存进行科学决策。产品促销的效果是通过影响消费者对促销产品的价格感知而起作用的。尽管促销力度较大，但是可能由于产品价格偏高导致消费者无法感受到促销带来的实际收益的增加，从而导致促销效果不明显。另外，返券促销的特点也决定其通常会引发消费者的超量采购，因而，为了达到促销的效果，零售商必须事先为促销产品建立足够的库存。但是，如果库存过多，也可能会造成因产品过剩而导致价值损失。同时，任何企业都是供应链中的一个节点，节点企业间的决策相互影响。促销导致的消费者策略性行为，在供应链的环境下，必然导致零售商和制造商之间的策略互动发生实质性的变化。消费者购买行为对零售商运作决策的影响，会通过供应链传递给上游制造商，从而影响制造商的运作决策。其次，促销活动的开展需要供应链节点企业之间的密切配合与协调。由于促销的溢出效应，供应链环境下一方实施促销，另一方同样会受益，即所谓的搭便车现象。然而，促销的成本(或因不确定性带来的风险)则只有促销实施方承担。这种搭便车的现象在一定程度上会影响促销实施方的积极性，进而会损害供应链的整体收益。为解决这一问题，供应链上下游企业间需要建立必要的协调机制，以保证各节点企业的利益以及供应链收益的最大化。因此，考察零售商和消费者之间的策略互动对制造商和零售商之间的策略互动的影响，并设计相应的供应链协调机制，对供应链环境下有效开展促销决策至关重要。

本节将在分析返券促销情况下消费者策略性购买行为的基础上，建立制造商、零售商和消费者之间的两阶段动态博弈模型，考察零售商和消费者之间的策略互动对制造商和零售商之间的策略互动的影响，揭示返券促销对消费者策略性购买行为的影响机理，给出供应链环境下的最优返券促销策略和运作策略，最后设计促销情况下的价值共创机制。

3.1.2　模型基本假设

考虑由一个零售商和一个制造商组成的供应链系统，制造商作为Stackelberg博弈的领导者，零售商是博弈的跟随者。无返券促销情况下，制造商首先决策产品的批发价格w，零售商观察到制造商的决策行为后，决策产品的零售价格p。假设制造商的单位生产成本为c。假定市场中的消费者容量为n，每个消费者对该产品的保留价格为v_i，且在$[0,b]$上服从均匀分布，随机变量$v_1,v_2,\cdots,v_n$独立同分布(independently identically distribution，IID)。

在返券促销情况下，零售商针对该制造商的产品实施返券促销活动，承诺向购买产品的消费者提供一张面值为G的返券(购物券)，该返券可用于抵扣消费者再次购买零售商销售的任何商品的等额支付。但是，返券和同等面值的现金是不等值的，一般情况下，返券给消费者带来的实际效用小于其实际面值（Offenberg，2007），其主要原因是兑换返券可能会需要一定的成本，如交通费用等。一些销售礼品券（购物券）的网站显示，价值为 1 元的礼物券（购物券）其现金等值为 0.75～0.9 元。我们假设返券的折现率为 α（$0<\alpha<1$），则 αG 表示为消费者感知的返券实际价值。另外，拥有返券的消费者也存在不兑换的可能性，如返券不慎丢失，或者返券面值太小，或者其他原因等。另外，已有研究发现消费者在促销购买前后的决策行为存在不一致现象（Soman and Gourville，2006），消费者在购买促销产品时认为自己会兑换获得的返券，但事后却没有兑换。因此，我们假设消费者的返券兑换率为 r（$0<r<1$）。由于消费者使用返券时能够购买零售商销售的任意商品，我们假设零售商全部商品的平均利润率为 M（$0<M<1$），则消费者每兑换 1 元产品所产生的成本为 $(1-M)$ 元。这里，我们不考虑产品缺货或者过剩的问题。

首先，我们考虑无促销情形下的供应链运作决策，并把它作为参照标准；然后，考虑零售商实施返券促销情形下的供应链运作决策，并将其结果与无促销情形下的供应链运作决策结果进行比较。我们用下标 m 表示制造商、r 表示零售商、sc 表示供应链，上标则用于定义不同的促销情形。

3.1.3　无促销情形下供应链运作决策

当不采取返券促销时，只要消费者的期望保留价格大于产品的零售价格，即 $v \geqslant p$ 时，消费者就会购买此产品。我们把此情形下的供应链决策问题定义为 NG 问题。此时，产品的市场需求为

$$D^{\mathrm{NG}} = n\int_{p}^{b}\frac{1}{b}\mathrm{d}x = n\left(1-\frac{p}{b}\right) \tag{3-1}$$

零售商的利润函数为

$$\pi_{\mathrm{r}}^{\mathrm{NG}} = (p-w)D^{\mathrm{NG}} \tag{3-2}$$

制造商的利润函数为

$$\pi_{\mathrm{m}}^{\mathrm{NG}} = (w-c)D^{\mathrm{NG}} \tag{3-3}$$

此时，制造商作为博弈的领导者，先进行批发价格决策；零售商作为跟随者，随后根据制造商的决策结果来进行零售价格的决策。求解过程采用逆向求解。

命题 3-1　无促销情形下，制造商主导型供应链的最优策略如下：零售商的最优零售价格 $p^{\mathrm{NG*}} = \dfrac{3b+c}{4}$，制造商的最优批发价格 $w^{\mathrm{NG*}} = \dfrac{b+c}{2}$。

根据命题 3-1，我们可以得到产品的最优期望需求、零售商、制造商和供应链的最优期望利润，见命题 3-2。

命题 3-2 无促销情形下，制造商主导型供应链中，产品的最优期望需求 $D^{\text{NG*}} = \dfrac{n(b-c)}{4b}$ ，零售商的最优期望利润 $\pi_{\text{r}}^{\text{NG*}} = \dfrac{n(b-c)^2}{16b}$ ，制造商的最优期望利润 $\pi_{\text{m}}^{\text{NG*}} = \dfrac{n(b-c)^2}{8b}$ ，供应链的最优期望利润 $\pi_{\text{sc}}^{\text{NG*}} = \dfrac{3n(b-c)^2}{16b}$ 。

从命题 3-2 容易得出，在不采取促销时，由于制造商在博弈中处于领导地位，因此制造商的利润是零售商利润的两倍。

3.1.4　返券促销情形下的供应链运作决策

由于零售商采取返券促销，当消费者购买促销商品时即可获得面值为 G 的一张返券，并能够抵扣再次消费中的等额支付。根据假设，消费者的返券的实际感知价值为 αG ，因而返券促销时消费者购买产品所获得的消费者剩余为 $v - p + \alpha G$ 。只有当 $v - p + \alpha G \geq 0$ ，即 $v \geq p - \alpha G$ 时，消费者才发生购买行为。因此，返券促销时促销产品的市场需求为

$$D^G = n\int_{p-\alpha G}^{b} \frac{1}{b}\,\mathrm{d}x = n\left(1 - \frac{p-\alpha G}{b}\right) \tag{3-4}$$

此时，零售商的利润函数为

$$\pi_{\text{r}}^G = (p-w)D^G - (1-M)rGD^G \tag{3-5}$$

其中， $(p-w)D^G$ 表示促销产品的销售利润； $(1-M)rGD^G$ 表示消费者兑换返券给零售商带来的成本。

制造商的利润函数为

$$\pi_{\text{m}}^G = (w-c)D^G \tag{3-6}$$

返券促销情形下，由于消费者的返券兑换概率可能会受到返券面值的影响，如对于两张面值分别为 5 元和 50 元的返券，消费者兑换 50 元面值返券的概率会高于 5 元面值的返券，因此，接下来我们分两种情形来讨论。首先讨论消费者的返券兑换率不变的情形，然后讨论消费者返券兑换率随返券面值改变的情形。在每种情形下，我们还将考虑 3 种不同的制造商和零售商定价策略：一是，返券促销时制造商和零售商都不改变其原有价格，即产品的批发价格和零售价格都和无促销时的最优价格一致；二是，返券促销时制造商不改变产品的批发价格，零售商可以重新制定其零售价格；三是，返券促销时制造商和零售商都可以重新制定其批发价格和零售价格。

1. 返券兑换率不变情形下的供应链运作决策

假设消费者的返券兑换率 r 为常数。

1)策略一：批发价格和零售价格均固定

在此策略下，返券兑换率为常数，批发价格 $w = \dfrac{b+c}{2}$，零售价格 $p = \dfrac{3b+c}{4}$。我们把此情形下供应链的决策问题定义为 UAG 问题，这里的决策变量仅为返券面值 G。

命题 3-3　在零售商返券促销且消费者返券兑换率固定不变的情形下，当批发价格 $w = \dfrac{b+c}{2}$ 和零售价格 $p = \dfrac{3b+c}{4}$ 时，零售商的最优策略如下：当 $\alpha > (1-M)r$ 时，零售商的最优返券面值 $G^{\text{UAG}*} = \dfrac{(b-c)[\alpha-(1-M)r]}{8(1-M)r\alpha}$；当 $\alpha \leqslant (1-M)r$ 时，零售商的最优返券面值 $G^{\text{UAG}*} = 0$，即不发放返券。

命题 3-3 表明，消费者的返券折现率越高，或者返券兑换率相对较低时，零售商发放返券的可能性就越大，同时返券面值也就会越大。同时，该命题也表明，因零售价格不变，发放返券会增加消费者剩余，从而提升消费者福利。

根据命题 3-3，我们可以得到返券促销情形下，产品的最优期望需求及零售商、制造商和供应链的最优期望利润，见命题 3-4。

命题 3-4　在零售商返券促销且消费者返券兑换率固定不变的情形下，当批发价格 $w = \dfrac{b+c}{2}$ 和零售价格 $p = \dfrac{3b+c}{4}$ 时，如果 $\alpha > (1-M)r$，则促销产品的最优期望需求

$$D^{\text{UAG}*} = \frac{n(b-c)[\alpha+(1-M)r]}{8(1-M)rb}$$

零售商的最优期望利润

$$\pi_{\text{r}}^{\text{UAG}*} = \frac{n(b-c)^2[\alpha+(1-M)r]^2}{64(1-M)r\alpha b}$$

制造商的最优期望利润

$$\pi_{\text{m}}^{\text{UAG}*} = \frac{n(b-c)^2[\alpha+(1-M)r]}{16(1-M)rb}$$

供应链的最优期望利润

$$\pi_{\text{sc}}^{\text{UAG}*} = \frac{n(b-c)^2[(1-M)^2r^2+6(1-M)r\alpha+5\alpha^2]}{64(1-M)r\alpha b}$$

对比命题 3-4 和命题 3-2，得到命题 3-5。

命题 3-5 与无促销时相比，当 $\alpha > (1-M)r$ 时，$D^{UAG*} > D^{NG*}$，$\pi_r^{UAG*} > \pi_r^{NG*}$，$\pi_m^{UAG*} > \pi_m^{NG*}$，$\pi_{sc}^{UAG*} > \pi_{sc}^{NG*}$。

命题 3-5 表明，一定条件下返券促销扩大了市场需求，从而也使得零售商、制造商和供应链的利润得到了提升。

2）策略二：批发价格固定、零售价格可变

在此策略下，返券兑换率为常数，批发价格 $w = \dfrac{b+c}{2}$。我们把此情形下供应链的决策问题定义为 UBG 问题，零售商同时决策零售价格 p 和返券面值 G。尽管零售商可以改变零售价格，但是考虑到消费者的产品保留价格介于 $[0,b]$，我们假设零售价格通常不超过消费者产品保留价格的上限，即 $p \leq b$。

命题 3-6 在零售商返券促销且消费者返券兑换率固定不变的情形下，当批发价格 $w = \dfrac{b+c}{2}$ 时，零售商的最优策略如下：当 $\alpha > (1-M)r$ 时，零售商的最优零售价格 $p^{UBG*} = b$，最优返券面值 $G^{UBG*} = \dfrac{b-c}{2[\alpha + (1-M)r]}$；当 $\alpha \leq (1-M)r$ 时，零售商的最优返券面值 $G^{UBG*} = 0$，即不发放返券。

命题 3-6 表明，消费者的返券折现率越高，或者返券兑换率相对较高时，零售商提供的返券面值则越小。同样，消费者的返券折现率越高，或者返券兑换率相对较低时，零售商发放返券的可能性就越大。同时，和无促销情形下的零售价格相比，返券促销时零售商提高了促销产品的零售价格。但是，消费者的实际购买价格会如何变化？

命题 3-7 与无促销时相比，$p^{UBG*} - G^{UBG*} < p^{NG*}$。

命题 3-7 表明，尽管返券促销时零售商将提升促销产品的零售价格，但消费者购买时的实际支付小于无促销时的实际支付。这也说明，在零售价格可变的情形下，返券促销依然使得消费者剩余得到增加，从而提高了消费者福利。

根据命题 3-6，我们可以得到返券促销情形下，产品的最优期望需求及零售商、制造商和供应链的最优期望利润，见命题 3-8。

命题 3-8 在零售商返券促销且消费者返券兑换率固定不变的情况下，当批发价格 $w = \dfrac{b+c}{2}$ 时，如果 $\alpha > (1-M)r$，则促销产品的最优期望需求

$$D^{UBG*} = \frac{n\alpha(b-c)}{2b[\alpha + (1-M)r]}$$

零售商的最优期望利润

$$\pi_r^{UBG*} = \frac{n(b-c)^2\alpha^2}{4b[\alpha + (1-M)r]^2}$$

制造商的最优期望利润

$$\pi_{\mathrm{m}}^{\mathrm{UBG}*} = \frac{n\alpha(b-c)^2}{4b[\alpha+(1-M)r]}$$

供应链的最优期望利润

$$\pi_{\mathrm{sc}}^{\mathrm{UBG}*} = \frac{n\alpha(b-c)^2[2\alpha+(1-M)r]}{4b[\alpha+(1-M)r]^2}$$

对比命题 3-8 和命题 3-2，得到命题 3-9。

命题 3-9　与无促销时相比，当 $\alpha>(1-M)r$ 时，$D^{\mathrm{UBG}*}>D^{\mathrm{NG}*}$，$\pi_{\mathrm{r}}^{\mathrm{UBG}*}>\pi_{\mathrm{r}}^{\mathrm{NG}*}$，$\pi_{\mathrm{m}}^{\mathrm{UBG}*}>\pi_{\mathrm{m}}^{\mathrm{NG}*}$，$\pi_{\mathrm{sc}}^{\mathrm{UBG}*}>\pi_{\mathrm{sc}}^{\mathrm{NG}*}$。

命题 3-9 表明，在零售价格可变的情形下，一定条件下发放返券对于零售商、制造商和供应链都是有利的。

3）策略三：批发价格和零售价格均可变

在此策略下，返券兑换率为常数，批发价格和零售价格均不固定。我们把此情形下供应链的决策问题定义为 URG 问题，制造商先决策批发价格 w，然后零售商同时决策零售价格 p 和返券面值 G。同样，我们假设零售价格通常不超过消费者产品保留价格的上限，即 $p \leqslant b$。

命题 3-10　在零售商返券促销且消费者返券兑换率固定不变的情形下，供应链的最优策略如下：当 $\alpha>(1-M)r$ 时，零售商的最优零售价格 $p^{\mathrm{URG}*}=b$，最优返券面值 $G^{\mathrm{URG}*} = \dfrac{(b-c)}{2[\alpha+(1-M)r]}$，制造商的最优批发价格 $w^{\mathrm{URG}*}=\dfrac{b+c}{2}$；当 $\alpha \leqslant (1-M)r$ 时，零售商的最优返券面值 $G^{\mathrm{URG}*}=0$，即不发放返券。

命题 3-10 表明，返券促销情形下，当我们限定零售价格的范围时，批发价格和零售价格均为可变策略下的供应链最优决策与批发价格固定零售价格可变策略下的最优决策结果一样。

2. 返券兑换率可变情形下的供应链运作决策

我们假设消费者的返券兑换率在一定范围内随着返券面值的增大而增大，当达到某一特定值 G_0 时返券兑换率为100%。具体假设满足如下条件：

$$r(G)=\begin{cases} \dfrac{G}{G_0}, & 0 \leqslant G < G_0 \\ 1, & G \geqslant G_0 \end{cases} \tag{3-7}$$

其中，G_0 表示消费者的返券面值感知阈值。

1）策略一：批发价格和零售价格均固定

在此策略下，返券兑换率随着返券面值的增大而增大，批发价格 $w=\dfrac{b+c}{2}$，

零售价格 $p = \dfrac{3b+c}{4}$ 。我们把此情景下供应链的决策问题定义为 CAG 问题，这里的决策变量仅为返券面值 G 。令 $B = (b-c)(1-M)$ 。

命题 3-11 在零售商返券促销且消费者返券兑换率随返券面值变化的情形下，当批发价格 $w = \dfrac{b+c}{2}$ 和零售价格 $p = \dfrac{3b+c}{4}$ 时，零售商的最优策略如下：

(1) 如果 $0 < \alpha \leqslant 2(1-M)$ 或者 $2(1-M) < \alpha \leqslant 1$ 且 $G_0 > \dfrac{(b-c)(\alpha - 2 + 2M)}{12\alpha(1-M)}$ ，则最优返券面值 $G^{\mathrm{CAG}*} = \dfrac{\sqrt{B(B+12\alpha^2 G_0)} - B}{12\alpha(1-M)}$ ；

(2) 当 $2(1-M) < \alpha \leqslant 1$ 且 $0 < G_0 \leqslant \dfrac{(b-c)(\alpha - 2 + 2M)}{12\alpha(1-M)}$ 时，最优返券面值 $G^{\mathrm{CAG}*} = G_0$ 。

命题 3-11 表明，当消费者返券折现率不是很高，或者消费者返券折现率及消费者的返券面值感知阈值均很高时，返券面值随着消费者返券折现率的升高而增加。当消费者返券折现率很高但消费者的返券面值感知阈值相对较低时，零售商发放的返券面值则为消费者的返券面值感知阈值。由于返券的发放，消费者福利得到了提升。

根据命题 3-11，我们可以得到在返券兑换率随返券面值变化的情形下，产品的最优期望需求及零售商、制造商和供应链的最优期望利润，见命题 3-12。

命题 3-12 在零售商返券促销且消费者返券兑换率随返券面值变化的情形下，当批发价格 $w = \dfrac{b+c}{2}$ 和零售价格 $p = \dfrac{3b+c}{4}$ 时：

(1) 如果 $0 < \alpha \leqslant 2(1-M)$ 或者 $2(1-M) < \alpha \leqslant 1$ 且 $G_0 > \dfrac{(b-c)(\alpha - 2 + 2M)}{12\alpha(1-M)}$ ，则促销产品的最优期望需求

$$D^{\mathrm{CAG}*} = \frac{n\left[\sqrt{B(B+12\alpha^2 G_0)} + 2B\right]}{12b(1-M)}$$

零售商的最优期望利润

$$\pi_{\mathrm{r}}^{\mathrm{CAG}*} = \frac{n(b-c)\left[\sqrt{B(B+12\alpha^2 G_0)} - B + 12G_0\alpha^2\right]\left[\sqrt{B(B+12\alpha^2 G_0)} + 2B\right]}{864bG_0(1-M)\alpha^2}$$

制造商的最优期望利润

$$\pi_{\mathrm{m}}^{\mathrm{CAG}*} = \frac{n(b-c)\left[\sqrt{B(B+12\alpha^2 G_0)} + 2B\right]}{24b(1-M)}$$

供应链的最优期望利润

$$\pi_{sc}^{CAG*} = \frac{n(b-c)\left[\sqrt{B(B+12\alpha^2 G_0)} - B + 48G_0\alpha^2\right]\left[\sqrt{B(B+12\alpha^2 G_0)} + 2B\right]}{864bG_0(1-M)\alpha^2}$$

(2) 如果 $2(1-M) < \alpha \leqslant 1$ 且 $0 < G_0 \leqslant \dfrac{(b-c)(\alpha - 2 + 2M)}{12\alpha(1-M)}$，则促销产品的最优

期望需求

$$D^{CAG*} = \frac{n(b - c + 4\alpha G_0)}{4b}$$

零售商的最优期望利润

$$\pi_r^{CAG*} = \frac{n[b - c - 4(1-M)G_0](b - c + 4\alpha G_0)}{16b}$$

制造商的最优期望利润

$$\pi_m^{CAG*} = \frac{n(b-c)(b - c + 4\alpha G_0)}{8b}$$

供应链的最优期望利润

$$\pi_{sc}^{CAG*} = \frac{n[3b - 3c - 4(1-M)G_0](b - c + 4\alpha G_0)}{16b}$$

对比命题 3-12 和命题 3-2，得到命题 3-13。

命题 3-13　与无促销时相比，$D^{CAG*} > D^{NG*}$，$\pi_r^{CAG*} > \pi_r^{NG*}$，$\pi_m^{CAG*} > \pi_m^{NG*}$，$\pi_{sc}^{CAG*} > \pi_{sc}^{NG*}$。

命题 3-13 表明，在零售价格和批发价格不变的情形下，当消费者返券兑换率随返券面值变化时发放返券对于零售商、制造商和供应链都是有利的。

2) 策略二：批发价格固定、零售价格可变

在此策略下，返券兑换率随着返券面值的增大而增大，批发价格 $w = \dfrac{b+c}{2}$。我们把此情形下供应链的决策问题定义为 CBG 问题，零售商同时决策零售价格 p 和返券面值 G。尽管零售商可以改变零售价格，但是考虑到消费者的产品保留价格介于 $[0, b]$，我们假设零售价格通常不超过消费者产品保留价格的上限，即 $p \leqslant b$。

命题 3-14　在零售商返券促销且消费者返券兑换率随返券面值变化的情形下，当批发价格 $w = \dfrac{b+c}{2}$ 时，零售商的最优策略如下：

(1) 如果 $0 < \alpha \leqslant 1 - M$ 且 $G_0 \leqslant \dfrac{2B}{3\alpha^2}$ 或者 $1 - M < \alpha \leqslant 2(1-M)$ 且 $\dfrac{2B(\alpha - 1 + M)}{(\alpha + 1 - M)^2} < G_0 \leqslant \dfrac{2B}{3\alpha^2}$，则最优返券面值 $G^{CBG*} = \dfrac{\alpha G_0}{2(1-M)}$，最优零售价格

$$p^{\text{CBG*}} = \frac{(6b+2c)(1-M)+3\alpha^2 G_0}{8(1-M)};$$

(2) 如果 $1-M<\alpha\leqslant 2(1-M)$ 且 $G_0\leqslant\dfrac{2B(\alpha-1+M)}{(\alpha+1-M)^2}$ 或者 $2(1-M)<\alpha\leqslant 1$ 且 $G_0\leqslant\dfrac{(b-c)}{2(\alpha+1-M)}$，则最优返券面值 $G^{\text{CBG*}}=\dfrac{b-c}{2(\alpha+1-M)}$，最优零售价格 $p^{\text{CBG*}}=b$；

(3) 如果 $0<\alpha\leqslant 2(1-M)$ 且 $G_0>\dfrac{2B}{3\alpha^2}$ 或者 $2(1-M)<\alpha\leqslant 1$ 且 $G_0>\dfrac{b-c}{2(\alpha+1-M)}$，则最优返券面值 $G^{\text{CBG*}}=\dfrac{\sqrt{G_0(2B+\alpha^2 G_0)}-\alpha G_0}{2(1-M)}$，最优零售价格 $p^{\text{CBG*}}=b$。

命题 3-14 表明，当允许零售商改变其零售价格时，促销情形下零售商一定会提高促销商品的零售价格。同时，命题 3-14 也表明，当消费者返券折现率偏低且消费者的返券面值感知阈值也相对较低时，返券面值随着返券折现率的增大而增大，而此时的零售价格也随着返券折现率的增大而增大；当消费者返券折现率较大或者消费者的返券面值感知阈值相对较高时，由于零售价格已经达到消费者保留价格的最高上限，所以此时返券面值反而会随着返券折现率的增大而减小。

命题 3-15 与无促销时相比，$p^{\text{CBG*}}-G^{\text{CBG*}}<p^{\text{NG*}}$。

命题 3-15 说明，在消费者返券兑换率随返券面值变化的情形下，尽管返券促销时零售商将提升促销产品的零售价格，但消费者购买时的实际支付小于无促销时的实际支付。这也说明，在零售价格可变的情形下，返券促销依然使得消费者剩余得到了增加，从而提高了消费者福利。

命题 3-16 在零售商返券促销且消费者返券兑换率随返券面值变化的情形下，当批发价格 $w=\dfrac{b+c}{2}$ 时：

(1) 如果 $0<\alpha\leqslant 1-M$ 且 $G_0\leqslant\dfrac{2B}{3\alpha^2}$ 或者 $1-M<\alpha\leqslant 2(1-M)$ 且 $\dfrac{2B(\alpha-1+M)}{(\alpha+1-M)^2}<G_0\leqslant\dfrac{2B}{3\alpha^2}$ 则促销产品的最优期望需求

$$D^{\text{CBG*}} = \frac{n(2B+\alpha^2 G_0)}{8b(1-M)}$$

零售商的最优期望利润

$$\pi_r^{CBG*} = \frac{n(2B + \alpha^2 G_0)^2}{64b(1-M)^2}$$

制造商的最优期望利润

$$\pi_m^{CBG*} = \frac{n(b-c)(2B + \alpha^2 G_0)}{16b(1-M)}$$

供应链的最优期望利润

$$\pi_{sc}^{CBG*} = \frac{n(6B + \alpha^2 G_0)(2B + \alpha^2 G_0)}{16b(1-M)^2}$$

(2) 如果 $1-M < \alpha \leqslant 2(1-M)$ 且 $G_0 \leqslant \dfrac{2B(\alpha-1+M)}{(\alpha+1-M)^2}$ 或者 $2(1-M) < \alpha \leqslant 1$ 且

$$G_0 \leqslant \frac{(b-c)}{2(\alpha+1-M)}$$

则促销产品的最优期望需求

$$D^{CBG*} = \frac{n\alpha(b-c)}{2b(\alpha+1-M)}$$

零售商的最优期望利润

$$\pi_r^{CBG*} = \frac{n\alpha^2(b-c)^2}{4b(\alpha+1-M)^2}$$

制造商的最优期望利润

$$\pi_m^{CBG*} = \frac{n(b-c)[b-c+2G_0(\alpha-1+M)]}{8b}$$

供应链的最优期望利润

$$\pi_{sc}^{CBG*} = \frac{n(b-c)\{2(b-c)\alpha^2 + [b-c+2G_0(\alpha-1+M)](\alpha+1-M)^2\}}{8b(\alpha+1-M)^2}$$

(3) 如果 $0 < \alpha \leqslant 2(1-M)$ 且 $G_0 > \dfrac{2B}{3\alpha^2}$ 或者 $2(1-M) < \alpha \leqslant 1$ 且

$$G_0 > \frac{(b-c)}{2(\alpha+1-M)}$$

则促销产品的最优期望需求

$$D^{CBG*} = \frac{n\alpha\left[\sqrt{G_0(2B + \alpha^2 G_0)} - \alpha G_0\right]}{2(1-M)}$$

零售商的最优期望利润

$$\pi_r^{CBG*} = \frac{n\alpha\left[\sqrt{G_0(2B + \alpha^2 G_0)} - \alpha G_0\right]^2}{4b(1-M)^2}$$

制造商的最优期望利润

$$\pi_{\mathrm{m}}^{\mathrm{CBG*}} = \frac{n(b-c)(2B+\alpha^2 G_0)}{16b(1-M)}$$

供应链的最优期望利润

$$\pi_{\mathrm{sc}}^{\mathrm{CBG*}} = \frac{n\left\{2B^2+9\alpha^2 G_0 B+8\alpha^3 G_0\left[\alpha G_0 - \sqrt{G_0(2B+\alpha^2 G_0)}\right]\right\}}{16b(1-M)^2}$$

对比命题 3-16 和命题 3-2，得到命题 3-17。

命题 3-17 与无促销时相比，$D^{\mathrm{CBG*}} > D^{\mathrm{NG*}}$，$\pi_{\mathrm{r}}^{\mathrm{CBG*}} > \pi_{\mathrm{r}}^{\mathrm{NG*}}$，$\pi_{\mathrm{m}}^{\mathrm{CBG*}} > \pi_{\mathrm{m}}^{\mathrm{NG*}}$，$\pi_{\mathrm{sc}}^{\mathrm{CBG*}} > \pi_{\mathrm{sc}}^{\mathrm{NG*}}$。

命题 3-17 表明，在只有批发价格不变的情形下，当消费者返券兑换率随返券面值变化时发放返券对于零售商、制造商和供应链都是有利的。

3) 策略三：批发价格和零售价格均可变

在此策略下，返券兑换率随着返券面值的增大而增大，批发价格和零售价格均不固定。我们把此情形下供应链的决策问题定义为 CRG 问题，制造商先决策批发价格 w，然后零售商同时决策零售价格 p 和返券面值 G。同样，我们假设零售价格通常不超过消费者产品保留价格的上限，即 $p \leqslant b$。

命题 3-18 在零售商返券促销且消费者返券兑换率随返券面值变化的情形下，供应链的最优策略如下：

(1) 如果 $0 < \alpha \leqslant 1 - M$ 且 $G_0 \leqslant \dfrac{4B}{7\alpha^2}$ 或者 $1 - M < \alpha \leqslant 2(1-M)$ 且

$$\frac{4B}{\alpha^2}\left(\sqrt{\frac{2\alpha}{\alpha+1-M}}-1\right) < G_0 \leqslant \frac{4B}{7\alpha^2}$$

则最优返券面值

$$G^{\mathrm{CRG*}} = \frac{\alpha G_0}{2(1-M)}$$

最优零售价格

$$p^{\mathrm{CRG*}} = \frac{4(3b+c)(1-M)+7\alpha^2 G_0}{16(1-M)}$$

最优批发价格

$$w^{\mathrm{CRG*}} = \frac{4B+\alpha^2 G_0}{8(1-M)}$$

(2) 如果 $1 - M < \alpha \leqslant 2(1-M)$ 且

$$0 < G_0 \leqslant \frac{4B}{\alpha^2}\left(\sqrt{\frac{2\alpha}{\alpha+1-M}}-1\right)$$

或者 $2(1-M)<\alpha\leqslant1$ 且

$$0<G_0\leqslant\frac{(b-c)}{4\alpha^2}\left[\sqrt{\frac{(\alpha+4-4M)^3}{\alpha+1-M}}-8+8M+\alpha\right]$$

则最优返券面值

$$G^{\mathrm{CRG*}}=\frac{b-c}{2(\alpha+1-M)}$$

最优零售价格 $p^{\mathrm{CRG*}}=b$,最优批发价格 $w^{\mathrm{CRG*}}=\dfrac{b+c}{2}$;

(3)如果 $0<\alpha\leqslant2(1-M)$ 且 $G_0>\dfrac{4B}{7\alpha^2}$ 或者 $2(1-M)<\alpha\leqslant1$ 且

$$G_0>\frac{(b-c)}{4\alpha^2}\left[\sqrt{\frac{(\alpha+4-4M)^3}{\alpha+1-M}}-8+8M+\alpha\right]$$

则最优返券面值

$$G^{\mathrm{CRG*}}=\frac{\tilde{G}-3\alpha G_0}{6(1-M)}$$

最优零售价格 $p^{\mathrm{CRG*}}=b$,最优批发价格

$$w^{\mathrm{CRG*}}=\frac{3(2b+c)(1-M)+\alpha^2G_0-\alpha\sqrt{G_0(3B+\alpha^2G_0)}}{9(1-M)}$$

其中 $\tilde{G}=\sqrt{G_0\left[12B+5\alpha^2G_0+4\alpha\sqrt{G_0(3B+\alpha^2G_0)}\right]}$ 。

命题 3-18 表明,当零售价格和批发价格均可变时,返券促销时零售商和批发商均会提高其相应的零售价格和批发价格。返券面值随消费者返券折现率变化的情况与命题 3-14 相同。

命题 3-19　与无促销时相比, $p^{\mathrm{CRG*}}-G^{\mathrm{CRG*}}<p^{\mathrm{NG*}}$ 。

命题 3-19 表明,尽管返券促销时零售商和批发商均会提高其相应的零售价格和批发价格,但是消费者的实际支付依然小于无促销时的实际支付,因而消费者福利得到了提升。

命题 3-20　在零售商返券促销且消费者返券兑换率随返券面值变化的情形下:

(1)如果 $0<\alpha\leqslant1-M$ 且 $G_0\leqslant\dfrac{4B}{7\alpha^2}$ 或者 $1-M<\alpha\leqslant2(1-M)$ 且

$$\frac{4B}{\alpha^2}\left(\sqrt{\frac{2\alpha}{\alpha+1-M}}-1\right)<G_0\leqslant\frac{4B}{7\alpha^2}$$

则促销产品的最优期望需求

$$D^{\mathrm{CRG*}}=\frac{n(4B+\alpha^2G_0)}{16b(1-M)}$$

零售商的最优期望利润

$$\pi_{\mathrm{r}}^{\mathrm{CBG}*} = \frac{n(4B + \alpha^2 G_0)^2}{256b(1-M)^2}$$

制造商的最优期望利润

$$\pi_{\mathrm{m}}^{\mathrm{CBG}*} = \frac{n(4B + \alpha^2 G_0)^2}{128b(1-M)^2}$$

供应链的最优期望利润

$$\pi_{\mathrm{sc}}^{\mathrm{CBG}*} = \frac{3n(4B + \alpha^2 G_0)^2}{256b(1-M)^2}$$

(2) 如果 $1-M < \alpha \leqslant 2(1-M)$ 且 $0 < G_0 \leqslant \frac{4B}{\alpha^2}\left(\sqrt{\frac{2\alpha}{\alpha+1-M}} - 1\right)$ 或者

$$2(1-M) < \alpha \leqslant 1$$

且

$$0 < G_0 \leqslant \frac{(b-c)}{4\alpha^2}\left[\sqrt{\frac{(\alpha+4-4M)^3}{\alpha+1-M}} - 8 + 8M + \alpha\right]$$

则促销产品的最优期望需求

$$D^{\mathrm{CRG}*} = \frac{n\alpha(b-c)}{2b(\alpha+1-M)}$$

零售商的最优期望利润

$$\pi_{\mathrm{r}}^{\mathrm{CRG}*} = \frac{n\alpha^2(b-c)}{4b(\alpha+1-M)^2}$$

制造商的最优期望利润

$$\pi_{\mathrm{m}}^{\mathrm{CRG}*} = \frac{n\alpha(b-c)}{4b(\alpha+1-M)}$$

供应链的最优期望利润

$$\pi_{\mathrm{sc}}^{\mathrm{CRG}*} = \frac{n\alpha(b-c)^2(2\alpha+1-M)}{4B(\alpha+1-M)^2}$$

(3) 当 $0 < \alpha \leqslant 2(1-M)$ 且 $G_0 > \frac{4B}{7\alpha^2}$ 或者 $2(1-M) < \alpha \leqslant 1$ 且

$$G_0 > \frac{(b-c)}{4\alpha^2}\left[\sqrt{\frac{(\alpha+4-4M)^3}{\alpha+1-M}} - 8 + 8M + \alpha\right]$$

时，促销产品的最优期望需求

$$D^{\mathrm{CRG}*} = \frac{n\alpha\left(\tilde{G} - 3\alpha G_0\right)}{6b(1-M)}$$

零售商的最优期望利润

$$\pi_{\mathrm{r}}^{\mathrm{CRG*}} = \frac{n\alpha^2\left(\tilde{G} - 3\alpha G_0\right)^2}{36b(1-M)^2}$$

制造商的最优期望利润

$$\pi_{\mathrm{m}}^{\mathrm{CRG*}} = \frac{n\alpha\left[6B + \alpha^2 G_0 - \alpha\sqrt{G_0(3B + \alpha^2 G_0)}\right]\left(\tilde{G} - 3\alpha G_0\right)}{54b(1-M)^2}$$

供应链的最优期望利润

$$\pi_{\mathrm{sc}}^{\mathrm{CRG*}} = \frac{n\alpha\left[12B - 7\alpha^2 G_0 - 2\alpha\sqrt{G_0(3B + \alpha^2 G_0)} + 3\tilde{G}\right]\left(\tilde{G} - 3\alpha G_0\right)}{108b(1-M)^2}$$

其中 $\tilde{G} = \sqrt{G_0\left[12B + 5\alpha^2 G_0 + 4\alpha\sqrt{G_0(3B + \alpha^2 G_0)}\right]}$。

对比命题 3-20 和命题 3-2，得到命题 3-21。

命题 3-21　$D^{\mathrm{CRG*}} > D^{\mathrm{NG*}}$，$\pi_{\mathrm{r}}^{\mathrm{CRG*}} > \pi_{\mathrm{r}}^{\mathrm{NG*}}$，$\pi_{\mathrm{m}}^{\mathrm{CRG*}} > \pi_{\mathrm{m}}^{\mathrm{NG*}}$，$\pi_{\mathrm{sc}}^{\mathrm{CRG*}} > \pi_{\mathrm{sc}}^{\mathrm{NG*}}$。

命题 3-21 表明，在批发价格和零售价格都可改变的情形下，当消费者返券兑换率随返券面值变化时发放返券对于零售商、制造商和供应链都是有利的。

3.1.5　价值共创机制设计

根据 3.1.4 节的命题 3-5、命题 3-9、命题 3-13、命题 3-17、命题 3-21，我们得到返券促销总是能够提高零售商、制造商和供应链的利润，实现供应链各节点企业的价值提升。零售商发放返券在提高自身利润的同时，也使制造商的利润得到提升，这也就是所谓的搭便车现象。但是，返券促销下零售商和制造商的利润提升幅度如何？接下来，我们以返券兑换率不变的情形为例进行分析。令 $\Delta\pi_i^{\mathrm{UAG*}} = \pi_i^{\mathrm{UAG*}} - \pi_i^{\mathrm{NG*}}$，$\Delta\pi_i^{\mathrm{UBG*}} = \pi_i^{\mathrm{UBG*}} - \pi_i^{\mathrm{NG*}}(i = \mathrm{r,m})$，得到命题 3-22。

命题 3-22　在返券兑换率不变的情形下，$\Delta\pi_{\mathrm{r}}^{\mathrm{UAG*}} < \Delta\pi_{\mathrm{m}}^{\mathrm{UAG*}}$ 和 $\Delta\pi_{\mathrm{r}}^{\mathrm{UBG*}} > \Delta\pi_{\mathrm{m}}^{\mathrm{UNG*}}$。

命题 3-22 表明，当零售价格和批发价格都不改变时，返券促销所带来的零售商的利润增加量比制造商的利润增加量要小；而当批发价格不变，零售价格可变时，返券促销所带来的零售商的利润增加量比制造商的利润增加量要大。当零售商发现返券促销给其带来的利润增加小于制造商的利润增加时，零售商发放返券的积极性势必会受到影响。因此，我们必须设计一种机制，进一步提升零售商的利润。首先，我们考察一种促销成本分担机制。

1. 促销成本分担机制

在目前这种促销方式下，促销成本（返券兑换成本）全部由零售商承担，如果制造商能够为零售商分担一部分促销成本，那么供应链的整体利润会不会提高呢？

我们设计一个促销成本分担机制来提升供应链的利润。在零售商实施返券促销的情形下，返券的兑换成本（即促销成本）为 $(1-M)rGD^G$。令 θ（$0 \leq \theta \leq 1$）为零售商的促销成本分担比例，则 $1-\theta$ 为制造商的促销成本分担比例。我们假设返券促销时零售价格和批发价格不改变，即批发价格 $w=\dfrac{b+c}{2}$，零售价格 $p=\dfrac{3b+c}{4}$，并且假设返券兑换率为常数。我们把此情景下供应链的决策问题定义为 USG 问题。

此时，零售商的利润函数为

$$\pi_r^{USG} = (p-w)D^G - \theta(1-M)rGD^G \tag{3-8}$$

制造商的利润函数为

$$\pi_m^{USG} = (w-c)D^G - (1-\theta)(1-M)rGD^G \tag{3-9}$$

命题 3-23 在零售商返券促销且消费者返券兑换率固定不变的情形下，当批发价格 $w=\dfrac{b+c}{2}$ 和零售价格 $p=\dfrac{3b+c}{4}$ 时，如果零售商的促销成本分担比例为 θ，则零售商的最优策略如下：当 $\alpha > (1-M)r\theta$ 时，零售商的最优返券面值

$$G^{USG*} = \frac{(b-c)[\alpha-(1-M)r\theta]}{8(1-M)r\alpha\theta}$$

此时零售商的最优期望利润

$$\pi_r^{USG*} = \frac{n(b-c)^2[\alpha+(1-M)r\theta]^2}{64(1-M)r\alpha\theta b}$$

制造商的最优期望利润

$$\pi_m^{USG*} = \frac{n(b-c)^2[\alpha+(1-M)r\theta][(1-M)(1-\theta)r\theta-\alpha(1-5\theta)]}{64(1-M)r\alpha\theta^2 b}$$

当 $\alpha \leq (1-M)r\theta$ 时，零售商的最优返券面值 $G^{USG*}=0$，即不发放返券。

我们对比命题 3-23 和命题 3-4 中的零售商和制造商的利润，令 $n=100$，$b=10$，$c=4$，$M=0.4$，$r=0.8$ 和 $\alpha=0.9$，得到图 3-1。

从图 3-1 可以看出，如果制造商能够帮助零售商分担一部分促销成本，则会使得双方的利润都能得到提升。现实中，我们也会发现一些超市的促销活动是由零售商和制造商共同发起的。

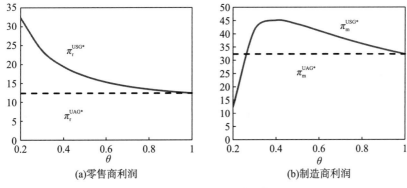

图 3-1　促销成本分担与无分担情形对比

2. 收益共享机制

首先来看集中化决策下供应链的运作决策情况。此情形下，假设消费者的返券兑换率为常数，供应链需要对零售价格和返券面值做出决策。我们把此集中化决策下的供应链问题定义为 UCG 问题。

命题 3-24　在集中化供应链返券促销且消费者返券兑换率固定不变的情况下，供应链的最优策略如下：当 $\alpha > (1-M)r$ 时，最优零售价格 $p^{\text{UCG*}} = b$，最优返券面值 $G^{\text{UCG*}} = \dfrac{b-c}{\alpha + (1-M)r}$，此时促销产品的最优期望需求 $D^{\text{UCG*}} = \dfrac{n\alpha(b-c)}{b[\alpha + (1-M)r]}$，供应链的最优期望利润为 $\pi_{\text{sc}}^{\text{UCG*}} = \dfrac{n\alpha^2(b-c)^2}{b[\alpha + (1-M)r]^2}$；当 $\alpha \leqslant (1-M)r$ 时，最优返券面值 $G^{\text{UCG*}} = 0$，即不发放返券。

将集中化决策下的最优决策结果与分散化决策下的最优决策结果进行对比，可以得到命题 3-25。

命题 3-25　比较 URG 和 UCG 问题，当 $\alpha > (1-M)r$ 时，$p^{\text{UCG*}} = p^{\text{URG*}}$，$G^{\text{UCG*}} > G^{\text{URG*}}$，$D^{\text{UCG*}} > D^{\text{URG*}}$ 和 $\pi_{\text{sc}}^{\text{UCG*}} > \pi_{\text{sc}}^{\text{URG*}}$。

命题 3-25 表明，尽管集中化决策下零售价格没有发生改变，但是由于返券面值的增大，使得市场需求得到了极大的提高，从而大大提升了供应链的整体利润。

接下来，我们设计收益共享机制 (w, ϕ) 来协调返券促销下的供应链。在这一机制下，制造商和零售商共同分享销售收入，其中零售商分享的收入占比为 ϕ（$0 < \phi < 1$）。我们把此分散化决策下的供应链问题定义为 UDG 问题。

在此契约下，零售商的利润函数为

$$\pi_{\text{r}}^{\text{UDG}} = \phi p D^G - w D^G - (1-M)r G D^G \tag{3-10}$$

制造商的利润函数为

$$\pi_{\mathrm{m}}^{\mathrm{UDG}} = (1-\phi)pD^G + (w-c)D^G \tag{3-11}$$

要使得该收益共享契约能协调供应链，必须满足以下两个条件：其一，分散化决策下的供应链利润等于集中化决策下的供应链利润；其二，契约下零售商和制造商各自的利润不小于无契约下零售商和制造商的利润。

为了满足条件一，保证分散化决策下的供应链利润和集中化决策下的促销产品的市场需求不变，我们令分散化决策下的零售价格和返券面值均与集中化决策下的相同，即 $p^{\mathrm{UDG}*}=b$ 和 $G^{\mathrm{UDG}*}=\dfrac{b-c}{\alpha+(1-M)r}$。同时，令 $w=c$，在此情形下，根据式(3-10)和式(3-11)得到收益共享契约下零售商和制造商的利润分别为

$$\pi_{\mathrm{r}}^{\mathrm{UDG}} = \frac{n\alpha(b-c)\{b[\alpha\phi-r(1-M)(1-\phi)]-\alpha c\}}{b(r-Mr+\alpha)^2}$$

$$\pi_{\mathrm{m}}^{\mathrm{UDG}} = \frac{n\alpha(b-c)(1-\phi)}{r-Mr+\alpha}$$

此时，$\pi_{\mathrm{r}}^{\mathrm{UDG}} + \pi_{\mathrm{m}}^{\mathrm{UDG}} = \pi_{\mathrm{sc}}^{\mathrm{UDG}}$。

另外，根据条件二有

$$\begin{cases} \pi_{\mathrm{r}}^{\mathrm{UDG}} \geqslant \pi_{\mathrm{r}}^{\mathrm{URG}} \\ \pi_{\mathrm{m}}^{\mathrm{UDG}} \geqslant \pi_{\mathrm{m}}^{\mathrm{URG}} \end{cases}$$

通过求解上述不等式，得到如下命题。

命题 3-26 在分散化决策的零售商返券促销供应链中，当 $w=c$ 且 $\dfrac{3\alpha c+b[4r(1-M)+\alpha]}{4b(\alpha+r-Mr)} \leqslant \phi \leqslant \dfrac{3b+c}{4b}$ 时，收益共享契约能够协调供应链，实现制造商、零售商和消费者间的价值共创。

命题 3-26 表明，该收益共享契约能够协调供应链的决策，但不能实现供应链的收益在节点企业间任意分配。如果想实现任意分配，则可以引入事后的单边转移支付机制，即制造商向零售商转移支付一笔固定数量的资金。

3.1.6 小结

本节基于由一个制造商和一个零售商组成的分散化供应链系统，分别考虑消费者返券兑换率不变和可变两种情形，并结合零售价格和批发价格是否改变等策略，研究了零售商实施返券促销情形下供应链各节点企业的最优决策策略。通过构建博弈模型，并对比分析无返券促销和返券促销的相关结论得出：首先，在所有情形下，零售商开展返券促销均能提高自身利润，同时也使得制造商和整个供

应链的收益得到提高；其次，返券促销时，零售商和制造商具有提高促销产品的零售价格和批发价格的动机，但由于返券的作用，消费者购买商品的实际支付与无促销情形相比并未增加，从而刺激了消费者的购买，使得促销产品的期望需求增加，同时也提升了消费者福利。本节也从促销成本分担和收益共享两个方面设计了返券促销下的供应链价值共创机制，发现通过合理设计促销成本分担契约和收益共享契约，能够极大地提升分散化决策下制造商和零售商的利润，同时也能使消费者福利得到极大提升。

这些研究结果揭示了促销策略对供应链企业运作决策及绩效的影响机理，进而揭示了顾客互动对供应链价值共创的影响。研究发现，促销策略增强了消费者与供应链企业之间的互动，扩大了供应链节点企业间价值共创的空间，提高了供应链的共创价值。这些研究结果为指导企业有效开展促销活动，并促进供应链企业价值共创提供了理论支持。

3.2　众包策略下的供应链机制共创与运营机制

3.2.1　问题背景

随着时代的发展，用户的角色已然逐渐发生了改变，用户不再被动地接受企业提供的产品，而是积极地参与到产品的开发、设计、生产和销售的各个环节，以及用自己的知识和技能创造独特的个人体验，因此价值由企业和用户共同创造（Prahalad and Ramaswamy，2004）。

用户参与的共创分为 3 种形式：大规模定制、众包和共同设计（Schmatzer，2015）。Estellés-Arolas（2012）认为，众包是个人、机构、非营利性组织或企业参与在线活动的一种形式，它以公开号召的方式把任务交给拥有多样化知识的异质性个人组成的群体。大众完成复杂且具有模块化特征的任务，可以获得工作、金钱、知识和经验且总是互利的。通过众包，用户将获得经济、社会认同、自尊、个人技能发展等满足感，而企业在利用用户完成任务的过程中获得竞争优势。以小米手机为例，在小米手机的核心——MIUI 系统的开发中，公司每周发布一个新的 MIUI 版本，并交由线上社区中的用户讨论修改，用户分享MIUI 使用中的问题、解决方法，最后通过投票决定功能的取舍。实现了"MIUI 系统的一切功能都由用户决定，MIUI 系统的所有 BUG 都由用户发现，

MIUI 系统的各种改进都由用户提出"。小米手机凭借高性能、低价格，在国产手机中异军突起，据统计全国小米手机持有量已超过 1.3 亿。此外，Weddar 是一款天气报告 App，所有人都可以通过平台发布真实的天气状况来帮助其他人获取实际的天气状况信息。维基百科——网络百科全书，同样也是广大用户智慧的结晶。学者比较关注大众参与众包的动机和众包对企业的影响。大众参与众包的动机有满足心理需求（杰夫·豪，2009）、金钱（Lakhani and Panetta，2007；Organisciak，2010）、学习新知识和技能（Brabham，2010）等。众包可以降低发包企业的成本，利用集体智慧解决问题、生产符合消费者需求的产品等。还有学者采用实证的方法验证了众包和企业绩效的正向关系。但是都没有考虑众包中用户间的互动对共创结果的影响。

互动是价值共创的核心。按照互动主体的不同可以分为用户和企业间的互动、用户之间的互动。目前有关用户和企业间的互动提高共创产品价值的研究还很少。学者研究了用户之间的合作关系对产品/服务创新性的影响，发现用户间合作的程度越高，产品的创新性越高（Organisciak，2010；Bullinger et al.，2010）。Schreier 等（2007）对极限运动社区进行实证研究发现，用户的领先优势和其在特定领域的创新性正相关，用户领先优势越强对产品复杂性的感知越弱，在观念上具有更强的领先力。但是所有研究都没有考虑当用户互动且存在领先用户（lead user）时，不同的共创模式对共创结果的影响。本节总结企业众包运作实践发现，众包共创可以按照有无互动及有无领先用户分为 3 种共创模式。

（1）用户之间无互动。例如，App Store 拥有超过 150 万个应用程序，其收入超过全球移动 App 收入的 58%。在平台开发中苹果公司仅提供技术支持，众多用户独立地将开发的软件发布到 App Store 应用软件平台上供平台上其他用户下载使用。

（2）用户间无专家。2011 年，小米公司在新浪微博上举办"我是手机控"的话题活动，当晚转发量就突破了 10 万，迄今为止讨论量超过 1700 万，充分调动了用户间的互动性，而小米没有花一分钱投入广告。

（3）用户间有专家。小米在开发 MIUI 操作系统时又采用了另外一种模式，以论坛为基础建立了超过 10 万人开发版用户，这些用户都热衷于产品功能改进，其中 1000 人是通过人工审核的具有极强专业水准的荣誉内测组成员。同时官方提供 100 个工程师参与产品开发与设计。这些用户、专家以及工程师以论坛为基础互动地共同开发 MIUI 系统。由以上可以看出，在众包共创中，不同企业的共创模式不同，甚至相同的企业在不同的情境下的共创模式也不相同。因此需要进一步研究和探讨。

众包共创的过程是知识生产、共享和转移的过程（林素芬，2015）。众包参与者在平等的、开放的环境下实现个体间知识的传播和分享，以及完成知识到企业的转移。知识转移是指知识接收方与知识提供方之间的互动，知识接收方通过各种渠道取得所需要的知识，并加以吸收、应用和创新的过程。以往学者研究了企业内外部的知识转移对企业绩效和创新能力两个方面具有显著影响(Szulanski，1996；Lane et al.，2001)。但都没有以众包共创为背景对知识转移加以研究。彭玲(2013)利用用户众包社区知识转移模型，研究知识转移的准备阶段、转移阶段、整合阶段与双方情感、双方能力、认知匹配等因素的关系。但没有研究知识转移对企业绩效的影响。

现有文献研究的不足还体现在对众包共创的研究多采用定性分析和实证研究的方法，缺乏数理模型方面的研究。Syam 和 Pazgal(2013)以大规模定制为背景，首次采用数理模型的方法研究了产品转移程度下的用户和企业的共创行为，具体分析了用户和企业互动、用户和两个相邻用户互动、用户中存在一个领先用户 3 种共创模式下企业和用户的共创努力决策、企业的定价决策，考察企业绩效和用户效用。而没有对众包共创及其模式进行研究。

本节针对现有文献研究的不足以及企业众包共创的现状，研究企业和用户的共创模式选择问题。企业是否需要用户参与共创，或用户以何种形式参与共创？什么因素会影响以及如何影响企业共创模式的选择决策？用户的共创模式选择策略又是什么？影响用户决策的因素是什么？企业为用户提供共创努力补偿将对企业和用户的共创模式决策产生什么影响？本节的主要贡献在于，以用户参与众包共创为背景，构建用户和企业就共同的最终产品开展价值共创的模型；设计了用户不参与共创、没有专家、有专家 3 种众包共创模式；最后引入共创努力补偿机制改进企业绩效和用户效用。结果表明，无论是对企业而言，还是对用户而言，用户参与共创总是优于不参与共创；当专家努力的转移程度较小时，企业和用户同时选择没有专家的共创模式；当专家努力的转移程度较大时，企业和用户同时选择有专家的共创模式；努力补偿机制能够实现企业和用户的帕累托改进。鉴于此，本节构建一个生产企业、多个用户的共创模型。首先介绍了模型的基本假设和结构；然后对用户不参与共创、用户中无专家、用户中有专家的共创模式分别进行讨论分析；最后对用户获得共创努力补偿的情形进行进一步的讨论。

3.2.2 基于众包的用户和企业共创行为分析

本节考察 n_1 个用户参与企业产品设计开发的共创模型。企业和用户之间的博弈结构为四阶段决策序列：首先企业决定是否对用户的共创努力(知识和技能)进行补偿，然后企业和用户同时决定在共创中付出的努力 e_f、e_u 以及补偿 M；企业再根据利润最大化原则制定统一的产品销售价格 p；最后用户根据产品与预期的匹配来决定是否购买产品。根据 Syam 和 Pazgal(2013)的相关研究成果得到共

创用户的价值剩余为

$$U_i = b(\tilde{e}) - c(e_i) - p + \varepsilon \tag{3-12}$$

其中，$b(\tilde{e})$ 为用户获得的产品价值，与总共创努力 $\tilde{e}$ 正相关；$c(e_i)$ 为努力的成本函数，$i = \mathrm{u,l}$，分别表示普通用户和专家；ε 为最终产品和用户预期之间的匹配度，假设在区间 $[-\theta,\theta]$ 内服从均匀分布（Blohm et al.，2011）。

值得注意的是，由于存在最终产品和用户预期不匹配的风险，因此一部分参与共创的用户最后并不会购买该产品，但所有用户都付出了努力，因此本节视 $c(e_i)$ 为沉没成本（Syam and Pazgal，2013）。从而用户购买产品的概率为

$$\Pr\{\varepsilon \geqslant p - b(\tilde{e})\} = \frac{b(\tilde{e}) - p + \theta}{2\theta} \tag{3-13}$$

用户价值剩余的期望为

$$E[U_i] = E[b(\tilde{e}) - p + \varepsilon \mid \varepsilon \geqslant p - b(\tilde{e})]\Pr\{\varepsilon \geqslant p - b(\tilde{e})\} - ce_i^2 = \frac{[b(\tilde{e}) - p + \theta]^2}{4\theta} - ce_i^2 \tag{3-14}$$

企业在共创中获得的利润为

$$\Pi_{\mathrm{f}} = n_1 p \Pr\{\varepsilon \geqslant p - b(\tilde{e})\} - c(e_{\mathrm{f}}) = n_1 p \Pr\{\varepsilon \geqslant p - b(\tilde{e})\} - ce_{\mathrm{f}}^2 \tag{3-15}$$

考察用户参与共创中的企业利润和共创努力、用户的价值剩余和共创努力，具体分为 3 种情形加以讨论：①用户不参与共创；②用户中无专家模式；③用户中有专家模式，分别用 r、n_{C}、l 标记。

1. 用户不参与共创

首先考察用户不参与共创的情形，即用户在产品/服务的开发、设计中无共创努力行为，企业独立完成产品/服务的开发与设计，这也是传统企业一贯采用的方法。例如，微软在开发操作系统时同时有五六千个顶尖的软件工程师参与，并把他们分成一个个小组，配成 311 结构——3 个工程师配 1 个产品经理和 1 个测试，但用户的声音为零。

由于用户不参与共创，因此

$$e_{\mathrm{u}} = 0, \quad b(\tilde{e}) = e_{\mathrm{f}} \tag{3-16}$$

将式（3-16）代入式（3-13）、式（3-14）和式（3-15）求解得：

企业的产品价格为

$$p^{\mathrm{r}} = \frac{4c\theta^2}{8c\theta - n_1}$$

企业的共创努力为

$$e_{\mathrm{f}}^{\mathrm{r}} = \frac{n_1\theta}{8c\theta - n_1}$$

企业的利润为

$$\varPi_f^r = \frac{n_1 c \theta^2}{8c\theta - n_1}$$

用户价格剩余的期望为

$$E_c^r = \frac{4c^2\theta^3}{(8c\theta - n_1)^2}$$

2. 用户中无专家的共创模式

在用户中无专家的共创模式下，以用户独立与企业共创 Apple Store 平台为代表，而小米的用户在小米平台中通过相互回帖来进行关于产品设计的交流，并且在交流中提高自身的知识和技能，即用户的努力发生了转移。但无论是基于回帖还是基于即时群聊软件，用户之间的互动仍受到科学技术水平和用户互动意愿的限制。因此本节假设用户间互动规模为 n_C，即用户只能和 n_C 个其他用户进行共创交流，$0 < n_C \leqslant n_1 - 1$，这与现实情况相符。企业、用户的共创顺序如下：首先用户之间互动，然后所有用户和企业进行共创。

用户间互动后的个人总努力为

$$\tilde{e}_u = e_u + \delta_u e_{u1} + \delta_u e_{u2} + \cdots + \delta_u e_{un}$$

其中，δ_u 为用户之间互动时用户努力的转移程度，$0 < \delta_u < 1$。

知识转移程度取决于接收方对知识的吸收能力和要转移的知识的复杂性（Lane et al., 2001; Simonin, 1999a）。特殊地，假设所有用户在共创中付出的努力相同，则总共创努力为

$$\tilde{e} = n_1 \delta_f \tilde{e}_u + e_f = n_1 \delta_f (1 + n_C \delta_u) e_u + e_f$$

其中，δ_f 为用户和企业互动时用户努力的转移程度，$0 < \delta_f < 1$。

用户获得的产品价值为

$$b(\tilde{e}) = n_1 \delta_f (1 + n_C \delta_u) e_u + e_f \tag{3-17}$$

将式（3-17）代入式（3-13）、式（3-14）和式（3-15）得到：

企业的产品价格为

$$p^n = \frac{8c\theta^2}{16c\theta - 2n_1 - n_1^2 \delta_f^2 (1 + n_C \delta_u)^2}$$

企业的共创努力为

$$e_f^n = \frac{2n_1 \theta}{16c\theta - 2n_1 - n_1^2 \delta_f^2 (1 + n_C \delta_u)^2}$$

用户的共创努力为

$$e_u^n = \frac{n_1 \delta_f \theta (1 + n_C \delta_u)}{16c\theta - 2n_1 - n_1^2 \delta_f^2 (1 + n_C \delta_u)^2}$$

企业的利润为

$$\Pi_{\mathrm{f}}^{n}=\frac{4n_1c\theta^2(8c\theta-n_1)}{[16c\theta-2n_1-n_1^2\delta_{\mathrm{f}}^2(1+n_C\delta_{\mathrm{u}})^2]^2}$$

用户价值剩余的期望为

$$E_{\mathrm{u}}^{n}=\frac{c\theta^2[16c\theta-n_1^2\delta_{\mathrm{f}}^2(1+n_C\delta_{\mathrm{u}})^2]}{[16c\theta-2n_1-n_1^2\delta_{\mathrm{f}}^2(1+n_C\delta_{\mathrm{u}})^2]^2}$$

3. 用户中有专家的共创模式

在某些情况下，用户中存在对相关知识和技术比较熟悉的专家，这些专家可以对普通用户给予一定的专业指导。例如，小米有一群特殊的"客服"——米粉。当用户在使用小米产品中遇到问题时，往往会第一时间找到米粉，从而这些米粉充当了兼职客服的角色。因此，本节假设在用户中存在 n_2 个专家，且基于专家数量一般少于普通用户数量，则 $1\leqslant n_2<n_1/2$。共创顺序如下：首先专家对普通用户进行专业指导，且假设每个专家和每个普通用户都互动，但专家之间没有互动；然后普通用户、专家和企业再进行共创。因此，总共创努力表示为

$$\tilde{e}=\delta_{\mathrm{f}}(n_1-n_2)(e_{\mathrm{u}}+n_2\delta_1e_1)+n_2\delta_{\mathrm{f}}e_1+e_{\mathrm{f}}$$

其中，δ_1 为普通用户与专家互动时专家努力的转移程度，$0<\delta_1<1$。

用户获得的产品价值为

$$b(\tilde{e})=\delta_{\mathrm{f}}(n_1-n_2)(e_{\mathrm{u}}+n_2\delta_1e_1)+n_2\delta_{\mathrm{f}}e_1+e_{\mathrm{f}} \tag{3-18}$$

将式(3-18)代入式(3-13)、式(3-14)和式(3-15)求解得

企业产品的价格为

$$p^{l}=\frac{8c\theta^2}{16c\theta-2n_1-\left\{(n_1-n_2)^2+n_2^2\left[1+(n_1-n_2)\delta_1\right]^2\right\}\delta_{\mathrm{f}}^2}$$

企业的共创努力为

$$e_{\mathrm{f}}^{l}=\frac{2n_1\theta}{16c\theta-2n_1-\left\{(n_1-n_2)^2+n_2^2\left[1+(n_1-n_2)\delta_1\right]^2\right\}\delta_{\mathrm{f}}^2}$$

普通用户的共创努力为

$$e_{\mathrm{u}}^{l}=\frac{(n_1-n_2)\theta\delta_{\mathrm{f}}}{16c\theta-2n_1-\left\{(n_1-n_2)^2+n_2^2\left[1+(n_1-n_2)\delta_1\right]^2\right\}\delta_{\mathrm{f}}^2}$$

专家用户的共创努力为

$$e_1^{l}=\frac{n_2\theta\delta_{\mathrm{f}}\left[1+(n_1-n_2)\delta_1\right]}{16c\theta-2n_1-\left\{(n_1-n_2)^2+n_2^2\left[1+(n_1-n_2)\delta_1\right]^2\right\}\delta_{\mathrm{f}}^2}$$

企业的利润为

$$\Pi_f^l = \frac{4n_1c\theta^2(8c\theta - n_1)}{(16c\theta - 2n_1 - \{(n_1 - n_2)^2 + n_2{}^2[1 + (n_1 - n_2)\delta_1]^2\}\delta_f^2)^2}$$

普通用户价值剩余的期望

$$E_u^l = \frac{c\theta^2\left[16c\theta - (n_1 - n_2)^2\delta_f^2\right]}{(16c\theta - 2n_1 - \{(n_1 - n_2)^2 + n_2{}^2[1 + (n_1 - n_2)\delta_1]^2\}\delta_f^2)^2}$$

专家用户价值剩余的期望

$$E_1^l = \frac{c\theta^2\left\{16c\theta - n_2{}^2[1 + (n_1 - l)\delta_1]^2\delta_f^2\right\}}{(16c\theta - 2n_1 - \{(n_1 - n_2)^2 + n_2{}^2[1 + (n_1 - n_2)\delta_1]^2\}\delta_f^2)^2}$$

因为企业努力和用户努力都大于零，因此我们需要设 $16c\theta - 2n_1 - n_1{}^2(1 + n_2\delta_u)^2\delta_f^2 > 0$，$16c\theta - 2n_1 - \{(n_1 - n_2)^2 + n_2{}^2[1 + (n_1 - n_2)\delta_1]^2\}\delta_f^2 > 0$。

由条件进一步分析得

$$\delta_u < \frac{\sqrt{16c\theta - 2n_1} - n_1\delta_f}{n_1 n_C \delta_f} ; \quad 0 < \delta_1 < \frac{\sqrt{16c\theta - 2n_1 - (n_1 - n_2)^2\delta_f^2} - n_2\delta_f}{\delta_f(n_1 - n_2)n_2}$$

命题 3-27 对企业和用户来讲，用户参与共创(有专家模式和无专家模式)总是优于不参与共创，即 $\Pi_f^n > \Pi_f^r$，$\Pi_f^l > \Pi_f^r$，$E_u^n > E_u^r$，$E_u^l > E_u^r$ 成立。

命题 3-27 表明，相对用户不参与共创而言，无论用户中是否有专家，用户参与共创对企业和用户来讲总是占优决策。比较用户参与共创(有专家和无专家共创模式)和用户不参与共创下的企业利润、用户价值剩余，很容易得出，参与共创时，企业获得的利润、用户获得的价值剩余更多。

进一步分析用户规模对无专家和有专家模型下共创努力水平、企业利润和用户价值剩余的影响，得到以下命题。

命题 3-28 无论是无专家模式下的共创，还是有专家模式下的共创，企业利润和努力、用户(普通用户、专家)价值剩余和努力都是共创用户规模 n_1 的增函数。

命题 3-28 表明，无论是在有专家的共创模式下，还是在无专家的共创模式下，只要用户参与共创，则共创用户规模越大，企业的利润、用户(专家)的价值剩余越大，企业和用户(专家)在共创中投入的努力越多。这是由于企业利润、用户(专家)价值剩余与总共创努力正相关，而总共创努力与共创用户的规模正相关。因此共创用户规模的增加导致企业利润和用户(专家)价值剩余增加。同时用户价值剩余和企业利润的增加进一步促进企业和用户(专家)在共创中投入更多努力。现实生活中，企业采用各种形式的激励措施扩大共创用户规模，如滴滴打车对司机和乘客进行价格补贴，吸引更多司机和乘客参与平台建设。

进一步分析用户之间的互动规模对共创努力水平、企业利润和用户价值剩余的影响，可得以下命题。

命题 3-29　在无专家的共创模式下，企业利润和努力、用户价值剩余和努力都是用户间互动规模 n_C 的增函数。

命题 3-29 表明，在无专家的共创模式下，企业获得的利润和付出的努力、用户的价值剩余和付出的努力随用户间互动规模的增加而增加。古语云"偏听则暗，兼信则明"，因此互动规模越大，个人总努力越大，从而所有用户的总共创努力越大，企业利润、用户价值剩余增加，最后进一步促进共创双方投入更多努力。因此，企业不仅要为用户间的互动创造条件，还要提高用户互动的广度。

推论 3-1　在无专家的共创模式下，相比较用户独立共创而言，用户互动共创对企业和用户来说都是最优决策。

证明：用户独立共创，则 $n_C = 0$。比较 $n_C = 0$ 和 $n_C > 0$ 时的企业利润、用户价值剩余，很容易得出互动下的企业利润和用户价值剩余优于独立共创下的企业利润和价值剩余。

推论 3-1 说明，在无专家的共创模式下，用户之间的互动对企业和用户双方更有利。

命题 3-30　在有专家的共创模式下，企业利润和努力、普通用户的价值剩余和努力都是专家数量 l 的增函数。

命题 3-30 表明，增加专家的数量，能提高普通用户和企业在共创中投入的努力，有利于增加企业利润、普通用户的价值剩余。这是由于一方面专家的努力高于普通用户的努力，另一方面专家努力的转移程度增加了用户的总努力，因此专家越多，总的共创努力越大，企业应该注重用户专业技能的提高。例如，2013 年 9 月，为了使用户更全面地了解小米 3 的功能，小米公司组织了"智勇大冲关"的活动，用户线上回答问题赢取分数，全面了解手机功能有助于用户更专业地开展共创活动。

进一步分析无专家和有专家模式下努力的转移程度对共创努力、企业利润和用户价值剩余的影响，可得到以下命题。

命题 3-31　(1)在无专家的共创模式下，企业的利润和努力、用户的价值剩余和努力是用户间互动时用户努力的转移程度 δ_u 的增函数。

(2)在有专家的共创模式下，企业的利润和努力、普通用户的价值剩余和努力是专家努力的转移程度 δ_l 的增函数。

(3)在有专家和无专家的共创模式下，企业利润和努力、普通用户价值剩余和努力都是用户与企业互动时用户努力的转移程度 δ_f 的增函数。

命题 3-31 表明，在两种共创模式下，努力的转移程度越高，对企业和用户越有利。这是由于努力的转移程度越大，互动时用户总的努力水平越大，用户和企业的总共创努力越大，从而企业创造出更好的产品，对企业来讲能获得更多利润，对用户来讲则是更好的产品感受。知识转移的效果取决于接收方的吸收能力，即接收者识别、消化与利用外部知识的能力，而吸收能力的高低又取决于前期相关知识和学习机制(彭玲，2013)。因此，企业应该在扩大共创用户规模的同时，重点引入对企业产品或技术比较了解的群体，如小米的"发烧友"，以及建立相互学习的机制，如小米用户把个人的设计发布到平台上供大家相互交流学习。

进一步分析无专家和有专家模式下企业的利润、用户价值剩余的期望，可得以下命题。

命题 3-32　当 $0<\delta_l<\delta_{l1}$ 时，企业偏好无专家的共创模式；反之，当 $\delta_{l1}<\delta_l<\delta_{l2}$ 时，企业偏好有专家的共创模式。

其中，

$$\delta_{l1}=\frac{\sqrt{n_1^2(1+n_c\delta_u)^2-(n_1-n_2)^2}-n_2}{n_2(n_1-n_2)}\;;\;\;\delta_{l2}=\frac{\sqrt{16c\theta-2n_1-(n_1-n_2)^2\delta_f^2}-n_2\delta_f}{\delta_f n_2(n_1-n_2)}$$

命题 3-32 表明，若专家努力的转移程度较小，则企业采用无专家的共创模式获得的利润更高，反之采用有专家的共创模式获得的利润更高。说明企业的共创模式的选择取决于专家努力的转移程度。因为，企业的利润来源于用户的购买，而用户的购买取决于产品和预期的匹配度，且匹配度取决于总共创努力水平。因此，总共创努力水平是选择何种共创模式的关键。企业若采用有专家模式，则在有专家模式下总的专家努力的转移程度要大于无专家模式下用户所有努力的转移程度。因此，当用户努力的转移程度、共创规模、互动规模、专家人数等一定时，企业根据专家努力的转移程度来判断最优的共创模式。

命题 3-33　当 $0<\delta_l<\delta_{l3}$ 时，用户偏好无专家的共创模式；反之，当 $\delta_{l3}<\delta_l<\delta_{l2}$ 时，用户偏好有专家的共创模式。

其中，

$$\delta_{l3}=\frac{\sqrt{B-2n_1-\sqrt{\dfrac{B}{A}}(A-2n_1)}-n_2\delta_f}{(n_1-n_2)n_2\delta_f}$$

$$A=16c\theta-n_1^2\delta_f^2(1+n_c\delta_u)^2$$

$$B=16c\theta-\delta_f^2(n_1-n_2)^2$$

命题 3-33 表明，若专家努力的转移程度较小，则用户采用无专家的共创模式时价值剩余更多；反之，采用有专家的共创模式时价值剩余更多。与命题 3-32 相似，当用户努力的转移程度、共创规模等一定时，用户可以根据专家努力的转移程度判断采用何种共创模式最优。

推论 3-2　当 $0<\delta_l<\delta_{l3}$ 时，企业和用户都更加偏好无专家的共创模式。

推论 3-2 说明，专家努力的转移程度在此范围内时，相比较有专家的共创模式，采用无专家的共创模式企业利润更大，用户价值剩余更多。因此当专家努力的转移程度满足以上要求时，企业和专家的共同决策是无专家的共创模式。

推论 3-3 当 $\delta_{11} < \delta_1 < \delta_{12}$ 时，企业和用户都更加偏好有专家的共创模式。

推论 3-3 说明，专家努力的转移程度在此范围内时，相比较无专家模式而言，采用有专家的模式企业利润更大，用户价值剩余更多。因此当专家努力的转移程度满足以上要求时，企业和专家的共同决策是采用有专家的共创模式。

为直观地对比无专家模式和有专家模式下的企业利润、用户价值剩余的期望，考察专家努力的转移程度下企业和用户的决策。假设 $n_1 = 1000$，$c = 200$，$\theta = 7$，$\delta_u = 0.001$，$\delta_f = 0.1$，$n_C = 100$，$n_2 = 1$，分别作图 3-2 和图 3-3。

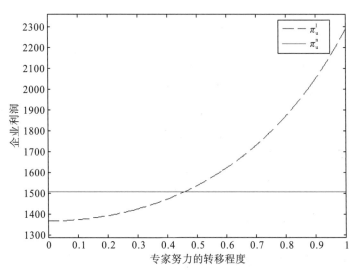

图 3-2 专家努力的转移程度与企业利润的关系

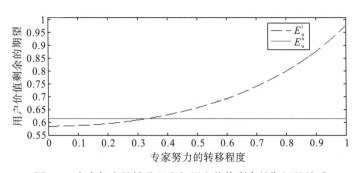

图 3-3 专家努力的转移程度与用户价值剩余的期望的关系

由图 3-2 和图 3-3 可见，在其他变量一定的情况下，专家努力的转移程度较小时，有专家模式下的企业利润和用户价值剩余都小于无专家的模式，故企业应采用无专家的共创模式。而当专家努力的转移程度较大时，有专家的共创模式对企业和用户来讲都是最优决策。

3.2.3　共创努力的补偿机制选择

共创努力补偿是指企业对用户在共创中的努力给予一定的补偿以激励用户在共创中投入更多的努力的一种措施。小米公司发布第一个内测版本时第一批用户只有 100 人，截至 2016 年 7 月 MIUI 用户已经突破 2 亿，这离不开小米设置的用户激励机制。例如，在论坛中发言会获得相应的积分，累积到一定的积分可以兑换商品。其次，每年通过社区在数百万米粉中选出几十位具有代表性的资深米粉为他们制作 VCR，邀请他们走红毯领取"金米兔"奖杯，还让米粉成为《爆米花》杂志的封面人物。高海霞(2014)在整理前人研究的基础上提出对奖金和奖品的期望是用户参与的重要外在动机。

对补偿机制的研究，学者在不同的情境下进行了讨论。Chu 和 Desai(1995)以汽车制造商对汽车零售商的努力成本和努力水平进行补偿为背景，研究发现给予激励补偿有利于提高客户满意度，并实现双方收益的帕累托改进。陈树桢等(2009)以传统渠道和网上直销渠道并存的双渠道模式为背景考虑制造商给予零售商促销补偿的情形，发现促销补偿能够加强制造商和零售商的合作，结合两部定价合同能够实现供应链协调。陈树桢等(2011)考虑了制造商对零售商进行创新补偿的情形，研究发现创新补偿机制能实现双方的帕累托改进。但是学者都只考虑一方努力，另外一方进行补偿的情形，而没有考虑双方共同努力的情形，以及没有考虑共创情形下的补偿行为。因此，本节以用户参与众包共创为背景，考虑企业不仅在共创中付出努力，而且要对参与共创的用户进行补偿，研究共创努力补偿对企业和用户努力和利润、用户价值剩余的影响，以及共创努力补偿能否实现企业绩效和用户效用的改进。

假设普通用户付出努力可以获得直接经济补偿 M，而专家获得的直接经济补偿为 ωM，ω 为专家和普通用户之间的补偿比例，$\omega > 1$，则普通用户的价值剩余为

$$U_u = b(\tilde{e}) - c(e_u) - p + M + \varepsilon \tag{3-19}$$

普通用户购买产品的概率为

$$\Pr_u\{\varepsilon \geq p - b(\tilde{e}) - M\} = \frac{b(\tilde{e}) - p + M + \theta}{2\theta} \tag{3-20}$$

普通用户价值剩余的期望为

$$E[U_u] = E[b(\tilde{e}) - p + M + \varepsilon | \varepsilon \geq p - b(\tilde{e}) - M]\Pr_u\{\varepsilon \geq p - b(\tilde{e}) - M\} - ce_u^2$$

$$= \frac{[b(\tilde{e}) - p + M + \theta]^2}{4\theta} - ce_u^2 \tag{3-21}$$

专家的购买概率为

$$\Pr_1\{\varepsilon \geq p - b(\tilde{e}) - \omega M\} = \frac{b(\tilde{e}) - p + \omega M + \theta}{2\theta} \tag{3-22}$$

专家的价值剩余的期望为

$$E[U_1] = \frac{[b(\tilde{e}) - p + \omega M + \theta]^2}{4\theta} - ce_1^2 \tag{3-23}$$

本节用上标 cn、cl 分别表示共创努力补偿下的无专家共创模式和有专家共创模式。

1. 努力补偿下的无专家共创模式

企业为所有用户都提供补偿，则企业的利润为

$$\Pi_f^{cn} = n_1 p \Pr_u\{\varepsilon \geq p - b(\tilde{e}) - m\} - ce_f^2 - n_1 M \tag{3-24}$$

将式(3-17)代入式(3-22)、式(3-23)、式(3-24)，求解得

$$p^{cn} = 2\theta \ ; \quad e_f^{cn} = \frac{n_1}{2c} \ ; \quad e_u^{cn} = \frac{n_1\delta_f(1 + n_C\delta_u)}{4c}$$

$$M^{cn} = \frac{12c\theta - 2n_1 - n_1^2(1 + n_C\delta_u)^2\delta_f^2}{4c}$$

$$\Pi_f^{cn} = \frac{n_1[n_1 - 4c\theta + n_1^2(1 + n_C\delta_u)^2\delta_f^2]}{4c} \ ; \quad E_u^{cn} = \frac{16c\theta - n_1^2(1 + n_C\delta_u)^2\delta_f^2}{16c}$$

2. 努力补偿下的有专家共创模式

同样假设在此情形下用户中有 l 个专家，可得企业的利润为

$$\Pi_f^{cl} = (n_1 - n_2)p\Pr_u\{\varepsilon \geq p - b(\tilde{e}) - M\} + n_2 p\Pr_1\{\varepsilon \geq p - b(\tilde{e}) - wM\}$$
$$- ce_f^2 - (n_1 - n_2 + \omega n_2)M \tag{3-25}$$

将式(3-18)代入式(3-21)、式(3-23)、式(3-25)，求解得

$$p^{cl} = 2\theta \ ; \quad e_f^{cl} = \frac{n_1}{2c}$$

$$e_u^{cl} = \frac{(n_1 - n_2)\delta_f[8c\theta n_1 + 2n_2(\omega - 1)(n_1 - 2c\theta) + n_1(\omega - 1)H^2\delta_f^2]}{4c[F + E(H^2 - G)\delta_f^2]}$$

$$e_1^{cl} = \frac{H\delta_f\{2n_2(\omega - 1)(n_1 - 2c\theta) - 2n_1[n_1\omega - n_1 + 2c\theta(1 - 3\omega)] - En_1(n_1 - n_2)\delta_f^2\}}{4c[F + E(H^2 - G)\delta_f^2]}$$

$$T^{cl} = \frac{2n_1\theta\{12c\theta - 2n_1 - \delta_f^2[(n_1 - n_2)^2 + H^2]\}}{F + E(H^2 - G)\delta_f^2}$$

$$\Pi_f^{cl} = \frac{n_1\left(F(n_1 - 4c\theta) + n_1\delta_f^2\left\{\begin{array}{l}-E(1 + n_2^2 - n_2n_1)\\ +8c\theta[(n_1 - n_2)^2 + \omega - (8c\omega\theta - E)(H^2 - 1)]\end{array}\right\}\right)}{4c[F + E(H^2 - G)\delta_f^2]}$$

$$E_u^{cl} = \frac{[16c\theta - (n_1 - n_2)^2\delta_f^2][8c\theta n_1 + 2n_2(\omega - 1)(n_1 - 2c\theta) + n_1(\omega - 1)H^2\delta_f^2]^2}{16c[F + E(H^2 - G)\delta_f^2]^2}$$

$$E_l^{cl} = \frac{[2En_1 + 4c\theta(-E - 2n_1\omega) + En_1(n_1 - n_2)\delta_f^2]^2(16c\theta - H^2\delta_f^2)}{16[F + E(H^2 - G)\delta_f^2]^2}$$

其中， $E = (n_1 - n_2)(\omega - 1)$ ； $F = 8c\theta[n_1 + n_2(\omega - 1)]$ ； $G = n_2(n_1 - n_2)$ ； $H = n_2 + (n_1 - n_2)\delta_1$ 。

同样我们需要假设努力补偿、企业利润、用户价值剩余等为正，由假设条件进一步分析得到如下结论。

(1)努力补偿机制下用户中无专家共创时，与企业互动时用户努力的转移程度需满足条件：

$$\frac{\sqrt{4c\theta - n_1}}{n_1(1 + n_c\delta_u)} < \delta_f < \frac{\sqrt{12c\theta - 2n_1}}{n_1(1 + n_c\delta_u)}$$

(2)努力补偿机制下用户中有专家共创时，与企业互动时用户努力的转移程度需满足条件：

$$\sqrt{\frac{8c\theta(n_1 - n_2 + n_2\omega)(4c\theta - n_1)}{I}} < \delta_f < \sqrt{\frac{12c\theta - 2n_1}{(n_1 - n_2)^2 + [n_2 + (n_1 - n_2)\delta_1]^2}}$$

$$I = n_1\{E(1 - G) + 8c\theta[(n_1 - l)^2 + \omega] - (E + 8c\omega\theta)(H^2 - 1)\}$$

在满足上述假设条件的基础上，比较无专家的共创模式下不提供努力补偿和提供努力补偿时的努力水平、用户价值剩余的期望、企业利润，可得命题 3-34 和命题 3-35。

命题 3-34 在无专家的共创模式下，用户总是偏好有补偿的情形，即 $E_u^{cn} > E_u^n$ 。

命题 3-34 表明，在无专家的共创模式下，相比较企业不提供补偿而言，企业提供补偿时用户获得的价值剩余更多。这是因为在企业的激励下，用户努力的增加提高了总的共创水平，从而提高了产品价值，因此用户的价值剩余更高。

命题 3-35 在无专家的共创模式下，当 $\delta_{f1} < \delta_f < \delta_{f2}$ 时，企业偏好无补偿的情形，即 $\Pi_f^{cn} < \Pi_f^n$ ；当 $\delta_{f2} < \delta_f < \delta_{f3}$ 时，企业偏好有补偿的情形，即 $\Pi_f^{cn} > \Pi_f^n$ 。

其中，

$$\delta_{f1} = \frac{\sqrt{4c\theta - n_1}}{n_1(1 + n_C\delta_u)}$$

$$\delta_{f2} = \frac{\sqrt{24c\theta - 3n_1 - \sqrt{n_1^2 - 32c\theta n_1 + 192c^2\theta^2}}}{\sqrt{2}n_1(1 + n_C\delta_u)}$$

$$\delta_{f3} = \frac{\sqrt{12c\theta - 2n_1}}{n_1(1 + n_C\delta_u)}$$

命题 3-35 表明，在无专家的共创模式下，当用户与专家互动时努力的转移程度较小时，企业提供补偿下的利润小于不提供补偿下的利润，因此企业的最优决策是不提供补偿。而当用户与专家互动时努力的转移程度较大时，企业提供补偿下的利润大于不提供补偿下的利润，因此企业的最优决策是提供补偿。提供补偿时，用户的努力增加了，但用户努力的转移程度决定了总共创努力的增加程度，从而决定了企业收益是否能弥补补偿成本的支出。若增加的收益高于支出的补偿成本，则企业偏好提供补偿；否则，偏好不提供补偿。

推论 3-4 在无专家共创模式下，当 $\delta_{f2} < \delta_f < \delta_{f3}$ 时，企业和用户都偏好提供补偿的情形。

推论 3-4 说明，在无专家共创模式下，当用户与企业互动时努力的转移程度满足上述要求时，提供补偿下的企业利润和努力、用户价值剩余和努力都高于不提供补偿的情形。因此，在此情形下，提供补偿能够实现企业利润和用户剩余的帕累托改进。

为了更直观地对比用户中无专家共创模式下提供补偿和不提供补偿时，企业利润的变化，我们假设 $n_1 = 1000$，$c = 500$，$\theta = 7$，$\delta_u = 0.001$，$n_C = 100$，得到图 3-4。

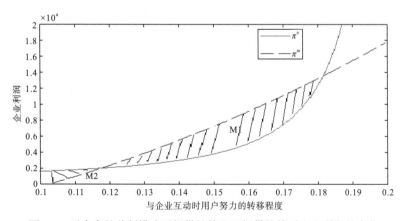

图 3-4 无专家的共创模式下提供补偿和不提供补偿时企业利润的变化

从图 3-4 可以看出，当与企业互动时用户努力的转移程度在 M2 范围内时不提供补偿的企业利润高于提供补偿的企业利润。而与企业互动式的用户努力的转移程度在 M1 范围内时提供补偿的企业利润高于不提供补偿的企业利润。

进一步比较有专家的共创模式下无努力补偿和有努力补偿时的共创努力、用户价值剩余的期望、企业利润，可得命题 3-36 和命题 3-37。

命题 3-36　有专家的共创模式下，企业的努力与补偿比例 ω 的大小无关；普通用户的努力、价值剩余、获得的补偿是关于补偿比例 ω 的减函数；专家的努力、价值剩余、企业利润是关于补偿比例 ω 的增函数。

命题 3-36 表明，补偿比例对企业自身的努力水平没有影响；对专家的补偿比例越大，普通用户的努力水平、价值剩余、获得的补偿越小；反之，专家的努力水平、价值剩余、企业利润越大。这是因为对专家的补偿比例越大，专家投入的努力越多，打击了普通用户的共创积极性，从而降低了努力水平。但专家的努力会通过互动转化为普通用户的努力。综合来看，企业应增加对专家的补偿，减少对普通用户的补偿。

为了直观地说明命题 3-34、命题 3-35、命题 3-36、命题 3-37 的结论，我们假设 $n_l = 1000$，$c = 500$，$\theta = 7$，$n_C = 100$，$l = 1$，$\delta_l = 0.6$，$\delta_f = 0.15$，$\delta_u = 0.001$，得图 3-5 ~ 图 3-10。

由图 3-5 ~ 图 3-10 可以看出，在有专家的共创模式下，企业提供补偿总是优于不提供补偿，即在补偿的条件下获得的企业利润，用户价值剩余，企业、专家、普通用户的努力水平都高于不提供补偿的情形。还可以看出，专家的努力水平和补偿比例无关，普通用户的努力水平、价值剩余的期望随补偿比例的增加而减少；专家的努力水平、价值剩余随补偿比例的增加而增加；企业提供的补偿随补偿比例的增加而减少，利润随补偿比例的增加而增加。

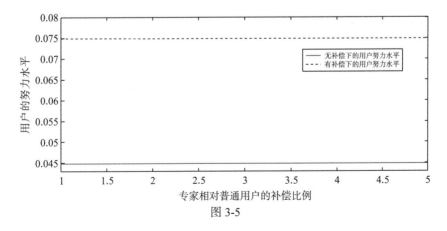

图 3-5

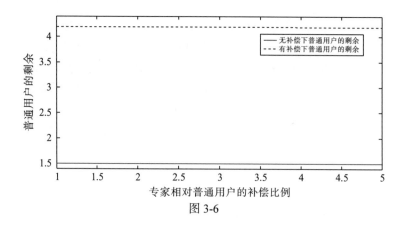

图 3-6

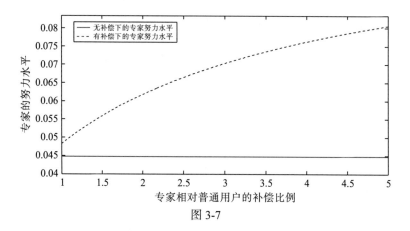

图 3-7

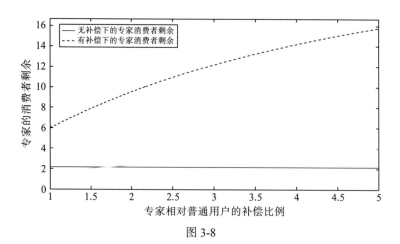

图 3-8

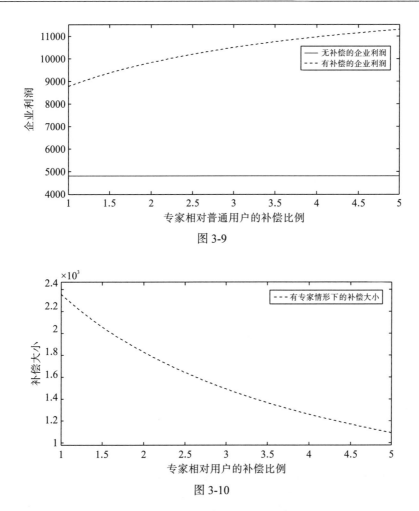

图 3-9

图 3-10

命题 3-37　在有专家的共创模式下，企业偏好提供补偿的情形，即 $\Pi_{\mathrm{f}}^{\mathrm{l}} < \Pi_{\mathrm{f}}^{\mathrm{cl}}$。

当 $\omega = 1$ 时，普通用户偏好提供补偿的情形，即 $E_{\mathrm{u}}^{\mathrm{l}} < E_{\mathrm{u}}^{\mathrm{cl}}$。

命题 3-37 表明，在有专家情形下，提供补偿时，企业获得的利润更多。这是因为企业提供补偿提高了专家的努力水平，专家的努力水平的增加通过转移进一步增加了普通用户的努力，因此即使与企业互动时用户努力的转移程度较小，但增加的总努力水平获得的收益足以补偿支出的成本。因此，在有专家的共创模式下，提供补偿总是能实现企业的帕累托改进。由命题 3-36 可知，补偿比例越大，普通用户共创的积极性越低，普通用户价值剩余越少。但是当补偿一致时，普通用户仍然偏好提供补偿的模式。

3.2.4　小结

本节通过构建用户和企业互动、用户间互动参与众包共创的模型，研究了用户不参与共创、用户中无专家的共创模式以及用户中有专家的共创模式，分析了 3 种模式下的企业利润、用户价值剩余、共创努力水平，识别了用户规模、互动规模、努力的转移程度对共创行为及对企业和用户共创模式决策的影响，并在考虑企业为用户提供共创努力补偿的情形下做了进一步分析。主要的研究成果如下：①为了获取更高的企业利润和消费者价值剩余，企业应该采用用户参与共创的模式；②不提供补偿时企业和用户的共创模式决策取决于专家努力的转移程度；③企业是否提供补偿，取决于企业互动时用户努力的转移程度；④提供补偿时，在一定的条件下，可以同时提高企业利润和用户价值剩余，实现帕累托改进。

参 考 文 献

陈树桢, 熊中楷, 梁喜, 2009. 补偿激励下双渠道供应链协调的合同设计[J]. 中国管理科学, 17(1): 64-75.

陈树桢, 熊中楷, 李根道, 等, 2011. 考虑创新补偿的双渠道供应链协调机制研究[J]. 管理工程学报, 25(2): 45-52.

高海霞, 2014. 顾客参与企业产品创新的文献回顾和未来展望[J]. 技术经济与管理研究, 7: 56-61.

杰夫·豪, 2009. 众包: 大众力量缘何推动商业未来[M]. 北京: 中信出版社.

李会成, 康英楠, 2018. 变革: 制造业巨头 GE 的数字化转型之路[M]. 中田敦著. 北京: 机械工业出版社.

林素芬, 2015. 基于众包参与者网络的众包绩效提升研究[D]. 泉州: 华侨大学博士学位论文.

彭玲, 2013. 基于众包的创新创业模式研究[J]. 物流工程与管理, 35(9): 170-173.

曾鸣, 宋菲, 2012. C2B: 互联网时代的新商业模式[J]. 哈佛商业评论, (2): 103-114.

Blohm I, Bretschneider U, Leimcister J M, et al., 2011. Does collaboration among participants lead to better ideas in IT-based idea competitions? An empirical investigation[J]. International Journal of Networking and Virtual Organisations, 9(2): 106-122.

Bullinger A C, Neyer A K, Rass M, et al., 2010. Commuinity-based innovation contests: where competition meets cooperation[J]. Creativity & Innovation Management, 19(3): 290-303.

Brabham D C, 2010. Crowdsourcing as a model for problem solving: Leveraging the collective intelligence of online communities for public good[J]. Convergence the International Journal of Research Into New Media Technologies, 14(1): 75-90.

Chu Wujin, Desai Ps, 1995. Channel Coordination Mechanisms for Customer Satisfaction[J]. Marketing Science, 14(4): 343-359.

Estellés-Arolas E, 2012. Towards an integrated crowdsourcing definition[J]. Journal of Information Science, 38(2): 189-200.

Folkes V, Wheat R D, 1995. Consumers' price perceptions of promoted products[J]. Journal of Retailing, 71(3): 317-328.

Khouja M, Pan J, Ratchford B T, et al., 2011. Analysis of free gift cards program effectiveness[J]. Journal of Retailing, 87(4): 444-461.

Khouja M, Rajagopalan H K, Zhou J, 2013. Analysis of effectiveness of manufacturer sponsored retailer gift cards in supply chains[J]. European Journal of Operational Research, 230(2): 333-347.

Lakhani K R, Panetta J A, 2007. The principles of distributed innovation[J]. Innovations Technology Governance Globalization, 2(3): 97-112.

Lane P J, Salk J E, Lyles M A, 2001. Absorptive capacity, learning, and performance in international joint Ventures[J]. Strategic Management Journal, 22(12): 1139-1161.

Offenberg J P, 2007. Markets: gift cards[J]. Journal of Economic Perspectives, 21(2): 227-238.

Organisciak P, 2010. Why bother? Examining the motivations of users in large-scale crowd-powered online initiatives[D]. University of Alberta.

Prahalad C K, Ramaswamy V, 2004. The future of competition: co-creating unique value with customers[M]. Boston: Harvard Business School Press.

Soman D, Gourville, J T, 2006. The consumer psychology of mail-in rebates: a model of anchoring and adjustment[J]. Ssrn Electronic Journal.

Schmatzer L, 2015. Consumer co-creation in the new product development process: A study of the European market[D]. Universität Wien.

Schreier M, Oberhauser S, Prugl R, 2007. Lead users and the adoption and diffusion of new products: in-sights from two extreme sports communities[J]. Marketing Letters, 18(1): 15-30.

Szulanski G, 1996. Exploring internal stickiness: Impediments to the transfer of best practice within the firm[J]. Strategic Management Journal, 17(2): 27-43.

Syam N B, Pazgal A, 2013. Co-Creation with Production Externalities[J]. Marketing Science, 32(5): 805-820.

Simonin B L, 1999a. Ambiguity and the Process of knowledge transfer in strategic alliances[J]. Strategic Managementjournal, 20(7): 595-623.

第4章　基于零售商联动的价值共创与运营机制

4.1　产品责任与供应链中的价值共创与运营机制

4.1.1　问题背景

价值共创自21世纪初由美国管理学大师Prahalad提出之后,已经成为企业发展和竞争的核心商业模式。价值共创将消费者与企业、企业与企业联合起来,最大限度地追求资源共享和整合,以共同创造价值。自然地,在供应链运作的背景下,一方面,价值共创将消费者参与整合到供应链产品设计与研发中,以生产更加符合消费者满意度的产品,从而提升产品竞争力并促进消费者和供应链企业价值的提升;另一方面,价值共创将激励供应链企业建立更加稳定的合作关系,增强供应链企业之间的资源整合能力,从而承担着构建和优化供应链的重要作用。然而,在实际中,消费者和供应链企业价值受损现象却时常发生。例如,2009年,丰田汽车因油门踏板质量安全问题导致4人死亡,从而引发了全球范围内的丰田汽车召回。在这一质量安全事件中,丰田汽车召回了超900万辆汽车,其汽车销量也因此下降了16%,股票价值损失了15%,同时其汽车经销商也损失了24.7亿美元。显然,产品质量缺陷可对消费者和供应链企业造成严重的价值损失。因此,如何降低消费者和供应链企业的价值损失显得至关重要。为此,丰田汽车补偿了消费者12亿美元的伤害损失,并承诺建立全球质量安全机构,以针对消费者反映的汽车质量缺陷问题进行协调处理。如果供应链企业的责任补偿可以降低消费者的价值损失,那么供应链企业又应如何降低自身的价值损失呢?针对这一问题,在实践中，采取责任分担合同已成为供应链企业普遍运用的一种方法。例如，三洋与联想共同分担由三洋设计问题导致的电脑电池召回成本[①]；通用与其上游供应商采用了 50/50 保修成本分担合同[②]。显然，采用责任分担合同不但是为了降低自身的责任成本，而且是为了督促企业改进产品质量，以为消费者提供高质量水平的产品，并以此使供应链企业和消费者均能够获得更高的价值，从而实现价值共创。自然地，一个需要回答的问题是，产品责任(或分担)是否会激励供应链企业提升产品质量，并实现供应链企业和消费者之间的价值共创？如果不能，则供应链企业还应当采取什么有效措施？

为了从理论上回答上述问题，本章针对产品质量缺陷对消费者造成伤害损失的现象，抽象出供应链企业的事后产品责任分担行为以及事前的质量改进行为，从而通过刻画消费者决策行为特征，构建一个由上游制造商与下游零售商组成的两级供应链动态博弈模型。进一步，基于制造商和零售商分别为 Stackelberg 领导者情形下的博弈均衡，揭示了产品责任分担对供应链企业之间均衡运作决策和相应的业绩结果的影响机理。通过对制造商 Stackelberg 博弈与零售商 Stackelberg 博弈下各均衡结果的比较，揭示了渠道权力结构对决定供应链企业运作决策差异的策略性机理。最后，研究了供应链企业应当如何设计相应的协调机制，以实现供应链企业和消费者的价值共创。

4.1.2　产品责任规则下的供应链价值共创行为互动

1. 模型假设

考虑一个由上游制造商与下游零售商组成的两阶段供应链动态博弈模型。上游制造商投资质量改进成本以决定产品质量水平，同时基于批发价合同决策其产品批发价，并将产品销售于下游零售商，随后下游零售商将产品销售于终端消费者。

假设制造商产品为经验品，因此在消费者购买制造商产品之前，制造商、零售商与消费者都不能观察到真实的产品质量信息。制造商生产产品为高质量的概率为 ϑ，其中 $\vartheta \in (0,1)$。为了生产质量水平为 ϑ 的高质量产品，制造商选择投资的质量改进成本为 $k\vartheta^2 / 2$，其中 k 为制造商的质量改进效率(较低的 k 意味着较高

---

① Nystedt D. Sanyo and Lenovo may share cost of battery cost[EB/OL]. [2007-03-04]. PCWord, http://www.pcworld.com/article/129530/article.html.

② Aiello M A, Spillane T B, Uetz A M. General Motors announces new 50/50 warranty share program for all new business orders[EB/OL]. [2010-06-14]. https://www.foley.com/intelligence/detail.aspx?int=8466.

的质量改进效率水平)。这一类型的质量改进成本函数已被供应链运作管理文献广泛采用,如 Ma 等(2013)、Chen 等(2015)与 Fan 等(2017)等。

在终端消费市场,假设每个消费者当且仅当购买 1 单位的制造商产品。消费者是异质的,其对制造商高质量产品的保留价格为 v,并且服从[0,1]上的均匀分布。在消费者购买产品之后,若制造商产品为低质量,则低质量产品可能对消费者造成价值损失,假设消费者的价值损失程度为 $D \leqslant 1/2 = Ev$。此假设意味着,消费者价值损失程度不大于其对高质量产品的期望保留价格,否则即便消费者可以免费获得制造商产品,消费者也不能获得任何的消费者剩余。当消费者购买的产品被揭示为低质量产品时,制造商与零售商可以选择通过事后产品召回与维修等补救方式修复低质量产品,进而避免遭受价值损失 D。通过事后补救之后,低质量产品全部变成高质量产品,并不再对消费者造成任何的价值损失。供应链企业对低质量产品的单位补救成本(或产品召回成本)为 $c_s \geqslant 0$。假设供应链企业的产品召回成本小于消费者的价值损失程度($c_s \leqslant D$),这意味着供应链企业的事后补救措施是社会有效的。同时,供应链节点企业的事后补救措施不是完全有效的,假设只有 $\gamma \in (0,1)$ 比例的低质量产品被有效召回与修复。这一假设与纽约时报的报道(2012 年 4 月 12 日)是一致的,即大多数产品的产品召回率在 10%~30%。

进一步,当消费者由于消费未被召回与修复的低质量产品造成价值损失时,为了降低消费者的价值损失,供应链企业有责任对消费者进行责任补偿(表征为供应链企业的事后产品责任)。供应链企业的事后产品责任为 L 且 $c_s \leqslant L \leqslant D$,其中假设 $c_s \leqslant L$ 保证了供应链企业均有动机参与对低质量产品的事后召回与补救,而假设 $L \leqslant D$ 表明供应链企业承担部分产品责任。

给定制造商生产产品为低质量,则每单位低质量产品的事后期望责任成本为

$$x = c_s \gamma + L(1-\gamma) \tag{4-1}$$

其中,$c_s \gamma$ 为制造商与零售商对低质量产品的事后产品召回成本;$L(1-\gamma)$ 为制造商与零售商对未返还低质量产品消费者的事后责任补偿成本(事后产品责任成本)。

消费者购买每单位低质量产品的事后期望价值损失为

$$y = (1-\gamma)(D-L) \tag{4-2}$$

给定消费者事后期望价值损失 y,则当且仅当式(4-3)成立时,消费者才愿意购买制造商品。

$$v - p - (1-\vartheta)y \geqslant 0 \tag{4-3}$$

其中,p 为零售商对终端市场消费者的产品零售价格;$(1-\vartheta)y$ 为消费者购买每单位低质量产品的事前期望价值损失。

因此，$v \sim U[0,1]$ 表征消费者的产品需求函数为

$$q = 1 - (1-\vartheta)y - p \qquad (4\text{-}4)$$

其中，q 为终端市场的产品需求，同时假设供应链中不存在库存，故 q 也表示零售商的产品订货量。

假设制造商与零售商同时分担事后期望责任成本 x，如三洋与联想、通用与其供应商等，其中制造商分担的事后期望责任成本比例为 $\tau \in [0,1]$，而零售商分担的事后期望责任成本比例为 $1-\tau$。显然，$\tau = 0$ 与 $\tau = 1$ 分别表示零售商与制造商承担全部的事后期望责任成本。进一步，假设制造商与零售商的事后期望责任成本分担比例 τ 与 $1-\tau$ 均是外生给定的。这一外生假设在相关的法律法规设定中是合理的。例如，1990 年英国食品安全法规定在食品供应链中下游企业承担食品安全责任，而法国法规规定由上游供应商承担食品安全责任（Rouvière and Latouche，2014）。另外，当供应链企业相互诉诸法庭时，这一产品责任分配比例也可能由法庭决定。例如，美国奥克兰县法院判决，在克莱斯勒小型货车召回中，哈金森公司应当承担 80%的汽车召回成本（Levy，2009）。

假设由上游制造商决定产品批发价为 w，并且由下游零售商决定零售边际为 $m = p - w$。同时假设制造商的生产成本与零售商的零售成本均为零。进而由式(4-1)、式(4-2)与式(4-4)可分别得出制造商与零售商的利润函数为

$$\begin{cases} \max\limits_{w,\vartheta} \Pi_M = [w - \tau(1-\vartheta)x][1 - (1-\vartheta)y - w - m] - \dfrac{1}{2}k\vartheta^2 \\ \max\limits_{m} \Pi_R = [m - (1-\tau)(1-\vartheta)x][1 - (1-\vartheta)y - w - m] \end{cases} \qquad (4\text{-}5)$$

其中，$(1-\vartheta)x$ 表示事前期望责任成本；$\tau(1-\vartheta)x$ 与 $(1-\tau)(1-\vartheta)x$ 分别表示制造商与零售商承担的事前期望责任成本。

最后，本章考虑两种类型的渠道权力结构：制造商 Stackelberg 博弈(MS)与零售商 Stackelberg 博弈(RS)。供应链企业之间的决策顺序如下。

在制造商 Stackelberg 博弈中，首先，制造商以利润最大化为目标，决策其产品质量水平 ϑ 和产品批发价 w。然后，在观察到制造商的决策信息后，零售商决策其零售边际 m（从而相应的零售价格为 $p = w + m$）以最大化其利润。最后，零售商在终端消费市场将制造商产品销售给消费者，同时，制造商产品的真实质量信息被揭示出来。

在零售商 Stackelberg 博弈中，首先，零售商基于利润最大化原则决策其零售边际 m（进而可知其零售价格为 $p = w + m$）。然后，在观察到零售商的零售边际决策信息后，制造商选择产品质量 ϑ 与产品批发价 w 以最大化其利润。最后，零售商将制造商产品销售于终端消费者，同时，制造商产品的真实质量信息被揭示。在零售商 Stackelberg 博弈中，零售商的零售边际决策 m 先于制造商的产品质量决

策 ϑ 与产品批发价决策 w，这一结构的决策顺序已被广泛应用于供应链运作管理中，如 Choi（2013）、Liu 等（2009）与 Gao 等（2016a）。

2. 模型均衡

1）集中化决策

在集中化决策情形下，供应链企业之间构成一个决策主体，即供应链系统。由式（4-5）可求得供应链系统利润函数为

$$\max_{p,\vartheta} \Pi_{\mathrm{C}} = \max_{p,\vartheta}(\Pi_{\mathrm{M}} + \Pi_{\mathrm{R}})$$

$$= [p-(1-\vartheta)x]q - \frac{1}{2}k\vartheta^2 \tag{4-6}$$

$$= [p-(1-\vartheta)x][1-(1-\vartheta)y-p] - \frac{1}{2}k\vartheta^2$$

由式（4-6）可知，供应链系统选择最优的产品质量 ϑ 和产品零售价 p 以最大化系统利润 Π_{C}。同时可知，当 $k>(x+y)/2$ 时，供应链系统利润 Π_{C} 是关于产品质量 ϑ 与产品零售价 p 的凹函数，这意味着供应链企业中的制造商质量改进效率不是很高。本章假设在以下的研究分析中（制造商 Stackelberg 博弈与零售商 Stackelberg 博弈）仍旧满足质量改进效率 k 的这一约束条件。利用供应链系统利润 Π_{C} 对产品质量 ϑ 与零售价 p 的一阶条件，可分别求得均衡产品质量 $\vartheta^{*\mathrm{C}}$ 与均衡零售价 $p^{*\mathrm{C}}$ 分别为

$$\begin{cases} \vartheta^{*\mathrm{C}} = \dfrac{(x+y)[1-(x+y)]}{2k-(x+y)^2} \\[3mm] p^{*\mathrm{C}} = \dfrac{k(1+x-y)-x(x+y)}{2k-(x+y)^2} \end{cases} \tag{4-7}$$

进一步，将式（4-7）代入式（4-4）中，可得均衡订货量 $q^{*\mathrm{C}}$（或均衡产品需求）为

$$q^{*\mathrm{C}} = \frac{k[1-(x+y)]}{2k-(x+y)^2} \tag{4-8}$$

最后，将式（4-7）与式（4-8）代入式（4-6）中，可得供应链系统均衡利润 $\Pi_{\mathrm{C}}^{*\mathrm{C}}$ 为

$$\Pi_{\mathrm{C}}^{*\mathrm{C}} = \frac{k[1-(x+y)]^2}{2[2k-(x+y)^2]} \tag{4-9}$$

其中，上标 C 表示集中化供应链。

命题 4-1　在集中化决策中，供应链系统各均衡结果可分别由式（4-7）、式（4-8）与式（4-9）给出。

2）分散化决策下的制造商 Stackelberg 博弈

在制造商 Stackelberg 博弈模型中，制造商具有较大的渠道权力，因而制造商在供应链企业中是领导者。制造商首先决策其产品质量 ϑ 与批发价 w，随后零售

商决策其零售边际 m 。可采用逆向归纳法求解该 Stackelberg 博弈模型。

第二阶段，在给定制造商产品质量 ϑ 与产品批发价 w 的情况下，零售商选择最优的零售边际 m 以最大化其利润 Π_R 。由式(4-5)中零售商利润 Π_R 对其零售边际 m 的一阶条件可得

$$m(w,\vartheta)=\frac{1-w-(1-\vartheta)y+(1-\tau)(1-\vartheta)x}{2} \quad (4\text{-}10)$$

将式(4-10)代入式(4-5)中的制造商利润 Π_M 中，利用制造商利润 Π_M 对产品质量 ϑ 与产品批发价 w 的一阶条件，可得均衡产品批发价 w^{*M} 与均衡产品质量 ϑ^{*M} 分别为

$$\begin{cases} w^{*M}=\dfrac{2k[1-(1-2\tau)x-y]-\tau x(x+y)}{4k-(x+y)^2} \\[3mm] \vartheta^{*M}=\dfrac{[1-(x+y)](x+y)}{4k-(x+y)^2} \end{cases} \quad (4\text{-}11)$$

将式(4-11)代入式(4-10)中，可得零售商均衡零售边际 m^{*M} 为

$$m^{*M}=\frac{k[1+(3-4t)x-y]-x(1-t)(x+y)}{4k-(x+y)^2} \quad (4\text{-}12)$$

进一步，将式(4-11)与式(4-12)代入式(4-4)中，可得零售商均衡订货量 q^{*M} 为

$$q^{*M}=\frac{k[1-(x+y)]}{4k-(x+y)^2} \quad (4\text{-}13)$$

最后，将式(4-11)与式(4-12)代入式(4-5)中，可得均衡消费者剩余 CS^{*M} 、制造商均衡利润 Π_M^{*M} 、零售商均衡利润 Π_R^{*M} 与供应链系统利润 Π_C^{*M} 分别为

$$\begin{cases} CS^{*M}=\dfrac{k^2[1-(x+y)]^2}{2[4k-(x+y)^2]^2} \\[4mm] \Pi_M^{*M}=\dfrac{k[1-(x+y)]^2}{2[4k-(x+y)^2]} \\[4mm] \Pi_R^{*M}=\dfrac{k^2[1-(x+y)]^2}{[4k-(x+y)^2]^2} \\[4mm] \Pi_C^{*M}=\dfrac{k[1-(x+y)]^2[6k-(x+y)^2]}{2[4k-(x+y)^2]^2} \end{cases} \quad (4\text{-}14)$$

其中，上标 M 表示制造商为领导者的 Stackelberg 博弈模型。

命题 4-2　在制造商 Stackelberg 博弈模型中，供应链企业之间的各均衡结果可分别由式(4-11)、式(4-12)、式(4-13)与式(4-14)给出。

3)分散化决策下的零售商 Stackelberg 博弈

在零售商 Stackelberg 博弈模型中，零售商具有较大的渠道权力，是供应链企

业中的领导者。首先，零售商决策其零售边际 m，随后制造商决策其产品质量 ϑ 与产品批发价 w。可采用逆向归纳法求解此零售商 Stackelberg 博弈模型。

首先，由式(4-5)，在给定零售商利润边际 m 的情形下，利用制造商利润 Π_M 对产品质量 ϑ 与批发价 w 的一阶条件可得

$$
\begin{cases}
\vartheta(m) = \dfrac{(\tau x + y)(1 - m - y - \tau x)}{2k - (\tau x + y)^2} \\
w(m) = \dfrac{k(1 - m - y + \tau x) - \tau x(1 - m)(\tau x + y)}{2k - (\tau x + y)^2}
\end{cases}
\tag{4-15}
$$

将式(4-15)代入式(4-5)中的零售商利润函数 Π_R 中，利用零售商利润 Π_R 对其零售边际 m 的一阶条件，可得零售商均衡零售边际 m^{*R} 为

$$
m^{*R} = \frac{2k(1 + x - y - 2\tau x) + (\tau x + y)[\tau x^2 - (1 - y)y - x(2 - \tau - y - \tau y)]}{2[2k - (x + y)(\tau x + y)]}
\tag{4-16}
$$

将式(4-16)代入式(4-15)中，可分别求得均衡产品质量与均衡产品批发价 w^{*R} 为

$$
\begin{cases}
\vartheta^{*R} = \dfrac{(\tau x + y)[1 - (x + y)]}{2[2k - (x + y)(\tau x + y)]} \\
w^{*R} = \dfrac{k[1 - y - (1 - 4\tau)x] - \tau x(1 + x + y)(\tau x + y)}{2[2k - (x + y)(\tau x + y)]}
\end{cases}
\tag{4-17}
$$

进一步，将式(4-16)与式(4-17)代入式(4-4)中，可求得零售商均衡订货量 q^{*R} 为

$$
q^{*R} = \frac{k[1 - (x + y)]}{2[2k - (x + y)(\tau x + y)]}
\tag{4-18}
$$

最后，将式(4-16)与式(4-17)代入式(4-5)中，可分别求得均衡消费者剩余 CS^{*R}、制造商均衡利润 Π_M^{*R}、零售商均衡利润 Π_R^{*R} 与供应链系统均衡利润 Π_C^{*R} 为

$$
\begin{cases}
CS^{*R} = \dfrac{k^2[1 - (x + y)]^2}{2[2k - (x + y)(\tau x + y)]^2} \\
\Pi_M^{*R} = \dfrac{k[1 - (x + y)]^2[2k - (\tau x + y)^2]}{8[2k - (x + y)(\tau x + y)]^2} \\
\Pi_R^{*R} = \dfrac{k^2[1 - (x + y)]^2}{42k - (x + y)(\tau x + y)}
\end{cases}
$$

$$
\begin{cases}
\Pi_C^{*R} = \dfrac{k[1 - (x + y)]^2[6k - (\tau x + y)(2x + 3y + \tau x)]}{8[2k - (x + y)(\tau x + y)]^2}
\end{cases}
\tag{4-19}
$$

其中，上标 R 表示零售商为领导者的 Stackelberg 博弈供应链。

命题 4-3 在零售商 Stackelberg 博弈模型中，供应链企业之间的各均衡结果可分别由式(4-16)、式(4-17)、式(4-18)与式(4-19)给出。

3. 比较静态分析

基于制造商 Stackelberg 与零售商 Stackelberg 两种动态博弈模型，首先，研究责任成本分担对供应链企业均衡运作决策和相应的业绩结果的影响，从而揭示责任成本分担是否可以促进产品质量水平的提高，进而实现消费者和供应链企业之间的价值共创。然后，比较制造商 Stackelberg 和零售商 Stackelberg 下的博弈均衡结果，研究渠道权力结构对决定供应链企业均衡运作决策和相应业绩结果差异的策略性机理，从而揭示渠道权力结构对消费者和供应链企业价值损失的影响。最后，比较集中化决策和分散化决策下的博弈均衡结果，揭示供应链企业之间是否存在进一步提高价值共创的可行性。

1) 产品责任成本分担对供应链均衡结果的影响

命题 4-4　在制造商 Stackelberg 博弈中，给定其他参数不变，随着产品责任成本分担比例 τ 的增加，当 $k>(x+y)/2$ 时，有 $\partial w^{*M}/\partial\tau>0$，$\partial m^{*M}/\partial\tau<0$，$\partial(w^{*M}+m^{*M})/\partial\tau=0$，$\partial q^{*M}/\partial\tau=0$，$\partial\vartheta^{*M}/\partial\tau=0$，$\partial\varPi_{M}^{*M}/\partial\tau=0$，$\partial\varPi_{R}^{*M}/\partial\tau=0$，$\partial\varPi_{C}^{*M}/\partial\tau=0$ 和 $\partial CS^{*M}/\partial\tau=0$。

命题 4-4 表明，在制造商 Stackelberg 博弈模型中，制造商承担产品责任成本比例 τ 的增加，将导致制造商均衡批发价（w^{*M}）的增加和零售商均衡零售边际（m^{*M}）的减小，但是不对均衡产品质量（ϑ^{*M}）、均衡零售价格（$w^{*M}+m^{*M}$）、均衡订货量（q^{*M}）、供应链企业均衡利润（$\varPi_{M}^{*M}$ 与 $\varPi_{R}^{*M}$）、供应链系统均衡利润（$\varPi_{C}^{*M}$）和均衡消费者剩余（CS^{*M}）产生任何影响。这也意味着，供应链企业之间的责任成本分担并不能促进产品质量水平的提高，从而也不能实现消费者和供应链企业之间的价值共创。显然，在给定产品质量水平的情况下，责任成本分担比例 τ 的增加，意味着制造商需要承担更多的事前期望责任成本，进而促使制造商提高均衡批发价，以向下游零售商转移过高的事前期望责任成本。同时，责任成本分担比例 τ 的增加，也表明零售商承担的事前期望责任成本减小，从而也将促使零售商降低其均衡零售边际。可以发现，责任成本分担比例 τ 对均衡批发价与均衡零售边际的影响相互抵消，从而使零售商保持均衡零售价格不变。进一步可知，当制造商可以通过均衡批发价决策将增加的责任成本全部转移给零售商时，制造商也就没有动机去提高其均衡产品质量。均衡零售价格和均衡产品质量不变将导致消费者需求保持不变，进而供应链企业之间的责任分担将不会对消费者剩余产生任何影响，也就不能为消费者创造更多的价值。最后，供应链企业均衡利润与供应链系统均衡利润也均不受责任成本分担比例 τ 的影响，这也意味着，责任成本分担合同的运用并不能促进供应链企业的价值共创。

命题 4-4 的结果表明，在制造商 Stackelberg 博弈模型中，作为具有较大渠道权力的制造商，可以利用批发价决策优势向弱势的零售商转移责任成本，从而保持产品质量水平不变。这也意味着，无论供应链企业之间如何进行责任分担，均不会为消费者和供应链企业创造价值提升的空间。在理论研究中，Chao 等（2009）、Gao 等（2016b）和 Yan 等（2015）研究发现，当产品批发价与产品需求外生时，责任成本分担合同将有利于供应链企业产品质量的提高。在实证研究中，Hennessy 等（2001）研究发现，政策制定者可以通过责任分担的方法选择食品供应链领导者，从而提高食品安全质量。然而，命题 4-4 的结果对这些理论研究和实证研究结果均提出了警示：不论供应链企业之间的产品责任如何分配，更加强势的制造商可以通过产品批发价向弱势的零售商转移责任成本，从而不需要进行产品质量改进投资，进而也就失去了实现消费者和供应链企业价值共创的机会。

命题 4-5 在零售商 Stackelberg 博弈中，给定其他参数不变，随着产品责任成本分担比例 τ 的增加，当 $k > (x + y) / 2$ 时，有 $\partial w^{*R} / \partial \tau > 0$，$\partial \vartheta^{*R} / \partial \tau > 0$，$\partial m^{*R} / \partial \tau < 0$，$\partial q^{*R} / \partial \tau > 0$，$\partial \Pi_M^{*R} / \partial \tau > 0$，$\partial \Pi_R^{*R} / \partial \tau > 0$、$\partial \Pi_C^{*R} / \partial \tau > 0$ 和 $\partial CS^{*R} / \partial \tau > 0$，但对于零售商的均衡利润边际 $PM_R^{*R} = m^{*R} - (1 - \tau)(1 - \vartheta^{*R})x$，有 $\partial PM_R^{*R} / \partial \tau = 0$。

首先，注意到较高的责任成本分担比例 τ，意味着分配给零售商的事后期望责任成本较低。因而，具有较大渠道权力的零售商在承担较小的责任成本时，将选择降低均衡零售边际（m^{*R}），以保持其均衡利润边际（PM_R^{*R}）不变。而零售商均衡零售边际的降低又将促进消费者产品需求的增加，进而激励制造商提高均衡批发价（w^{*R}）。容易知道，均衡批发价的增加提高了制造商质量改进投资的边际收益，从而激励制造商提高均衡产品质量（ϑ^{*R}）的动机。均衡产品质量的增加又将进一步促进消费者产品需求的增加，以此促进零售商均衡订货量（q^{*R}）的增加。这也表明，消费者将在责任分担比例增加的情形下，获得质量水平更高的产品，并以此获得价值的提升。最后可知，在利润边际不变的情形下，较高的均衡订货量将促进零售商均衡利润（Π_R^{*R}）的增加，同时，较高的均衡批发价与均衡订货量也将有利于制造商均衡利润（Π_M^{*R}）的增加。显然，制造商均衡利润与零售商均衡利润的增加也意味着供应链系统均衡利润（Π_C^{*R}）的增加。因此，责任成本分担比例的增加，将有利于供应链企业实现价值共创。

命题 4-5 的结果表明，责任成本从较强势的零售商向较弱势的制造商转移，将有利于消费者、制造商和零售商三方获得共赢结果（更高的产品质量水平、消费者剩余和供应链企业利润），从而实现消费者和供应链企业之间的价值共创。进一步可知，命题 4-5 的结果"领导者（零售商）可通过较低的零售边际（可导致较高的产品需求）以促使承担较高责任成本的追随者（制造商）提高产品质量水平"与 Hennessy 等（2001）的政策建议不一致。如果责任成本分担可被视为一种企业社会责任形式，那么命题 4-5 也对 Amaeshi 等(2008)的建议"供应链中权力较大的成员需要承担更多的责任"提出了质疑。无论如何，命题 4-5 的结果与 Rouvière 与 Latouche 等(2014)的实证研究发现是一致的，即由 2005 年公共食品安全法的执行而引致的产品安全责任成本上升，将促进法国上游生鲜食品进口商(从西班牙进口并销售于下游超市)承担更多的责任成本。这也意味着，这一公共食品安全法对供应链企业责任分担的规定，将有利于消费者和供应链企业均获得价值共创，从而政府也就可以获得更高的社会福利。

从命题 4-4 与命题 4-5 的研究结果可知，在面临责任成本分担变化的情形下，渠道权力结构将激励供应链领导企业通过不同的价格策略(如制造商批发价策略与零售商零售边际策略)影响相应的产品质量决策，从而影响实现消费者和供应链企业价值共创的可能性。在制造商 Stackelberg 博弈中，当制造商承担的责任成本较大时，制造商可以通过其渠道权力优势选择较高的批发价以转移承担的责任成本，进而导致其缺乏提高产品质量的动机，从而也缺乏进一步通过质量决策实现消费者和供应链企业价值共创的意图。而在零售商 Stackelberg 博弈中，具有较大渠道权力的零售商，将选择较低的零售边际以激励消费者提高产品需求，并最终促使制造商提高产品质量水平，以此实现了消费者和供应链企业的价值共创。这些动机差异表明，在考虑通过供应链企业之间的责任成本分担合同促进产品质量水平提升和实现消费者、供应链企业价值共创的情况下，渠道权力结构并不是唯一的决定因素，供应链企业的价格决策也是需要关注的因素。

2)渠道权力结构对供应链均衡结果的影响

命题 4-6　当 $k>(x+y)/2$ 时，渠道权力结构对供应链企业之间均衡运作决策的影响如下：

(1)对所有的 $\tau\in[0,1]$，有 $w^{*M}>w^{*R}$ 与 $m^{*M}<m^{*R}$。

(2)当 $\tau\leqslant\tau^{\#}$ 时，有 $\vartheta^{*M}>\vartheta^{*R}$ 与 $q^{*M}\geqslant q^{*R}$；当 $\tau\in(\tau^{\#},\tau^{\#\#})$ 时，有 $\vartheta^{*M}\geqslant\vartheta^{*R}$ 与 $q^{*M}<q^{*R}$；当 $\tau>\tau^{\#\#}$ 时，有 $\vartheta^{*M}<\vartheta^{*R}$ 与 $q^{*M}<q^{*R}$。

命题 4-6(1)表明，不论责任成本在供应链企业之间如何分配，具有较大渠道权力的供应链企业(领导者)的价格决策行为总是将扩大节点企业之间的双重边际：在制造商或零售商 Stackelberg 博弈模型中，作为领导者的制造商或零售商将选择较高的均衡批发价(w^{*M})或均衡零售边际(m^{*R})，而作为追随者的零售商或制造商将选择较低的均衡零售边际(m^{*M})或均衡批发价(w^{*R})。命题 4-6(2)的结果表明，渠道权力结构对均衡产品质量与均衡订货量的影响，依赖于责任成本分担比例 τ 的大小。当分配给制造商的责任成本较小时($\tau\leqslant\tau^{\#}$)，制造商 Stackelberg 结构将引致较大的均衡产品质量($\vartheta^{*M}>\vartheta^{*R}$)与均衡订货量($q^{*M}\geqslant q^{*R}$)。导致这一结果的原因是，在给定制造商 Stackelberg 博弈中均衡产品质量(ϑ^{*M})和均衡订货量(q^{*M})与责任成本分担不相关的情况下(命题 4-4),零售商 Stackelberg 博弈下较小的责任成本分担比例,将促使零售商选择较大的均衡零售边际,进而引致较小的消费者产品需求,并最终导致较小的均衡产品质量(ϑ^{*R})和均衡订货量(q^{*R})(命题 4-5)。进一步,命题 4-6(2)的结果表明,当责任成本分担比例足够大时($\tau > \tau^{\#\#}$),零售商 Stackelberg 博弈下较小的均衡零售边际将引致较大的消费者产品需求,进而导致较大的均衡产品质量和均衡订货量。而当责任成本分担比例适中时 $[\tau \in (\tau^{\#}, \tau^{\#\#})]$,在零售商 Stackelberg 博弈下,虽然适中的均衡零售边际可以导致较大的消费者产品需求,进而引致较大的均衡订货量,但是并不足以激励制造商选择较大的均衡产品质量。这些结果也表明,在不同渠道权力结构下,消费者是否会获得更高的价值也将受到责任分担比例的影响。

命题 4-7 当 $k > (x+y)/2$ 时,渠道权力结构对供应链企业均衡利润与供应链系统均衡利润的影响如下。

(1) $\Pi_M^{*M} > \Pi_M^{*R}$ 与 $\Pi_R^{*M} < \Pi_R^{*R}$;

(2) 若 $\sqrt{2}y/2 < x < x^{\#}(y)$ 且 $k \geq k_2$,或 $x^{\#}(y) \leq x(<1/2-y)$,则存在唯一的 $\tau^{\#\#\#}(k,x,y) \in [0,1)$,使得当 $\tau \leq (>) \tau^{\#\#\#}(k,x,y)$ 时,有 $\Pi_C^{*M} \geq (<) \Pi_C^{*R}$;否则对任何的 x、y 与 τ,有 $\Pi_C^{*M} < \Pi_C^{*R}$;

(3) 当 $\tau \leq \tau^{\#}$ 时,有 $CS^{*M} \geq CS^{*R}$;当 $\tau > \tau^{\#}$ 时,有 $CS^{*M} < CS^{*R}$。

命题 4-7(1)的结果揭示了供应链中的先动优势效应:在制造商 Stackelberg 博弈或零售商 Stackelberg 博弈中,作为领导者的供应链企业将获得比追随者更高的企业利润。这也表明,虽然供应链领导者可以通过渠道先动优势获得价值创造,但是其追随者获得的却是价值损失,从而简单地改变供应链企业之间的权力结构并不能为供应链企业创造双边价值增长。对于供应链系统均衡利润而言,命题 4-7(2)的结果证明,当事后期望责任成本较大 $[x \geq x^{\#}(y)]$ 或适中 $[\sqrt{2}y/2 < x < x^{\#}(y)]$,但质量改进效率较小($k \geq k_2$)时,在零售商 Stackelberg 博弈中,较小的责任成本分担比例 τ $[\tau \leq \tau^{\#\#\#}(x,y)]$ 并不足以促使零售商选择较小的均衡零售边际,进而其引致的消费者产品需求也不能促进制造商产生足够的质量改进和扩大足够的产品生产,以使供应链系统均衡利润大于制造商 Stackelberg 博弈下的供应链系统均衡利润($\Pi_C^{*M} \geq \Pi_C^{*R}$)。当事后期望责任成本较小时,则不论责任成本如何在供应链企业之间分担,零售商 Stackelberg 博弈都将引致比制造商 Stackelberg 博弈更高的供应链系统均衡利润。这些结果表明,即使责任成本从下游零售商向上游制造商转移,可使零售商 Stackelberg 博弈下供应链企业获得双赢效果(命题 4-5),但是从供应链系统均衡利润的角度而言,零售商 Stackelberg 博弈并不一定占优于制造商 Stackelberg 博弈。导致此结果的

原因是，当事后期望责任成本较大或适中，但质量改进效率较小时，由责任成本转移而导致的消费者对制造商产品需求的增加，并不能引致制造商选择合适的产品质量水平和产品生产量以使供应链系统均衡利润较大。因此，命题 4-7(2)的结果表明，虽然供应链领导者的先动优势可以让自身获得价值创造，但是是否可以为供应链系统整体创造价值，还依赖于责任成本分担和质量改进效率等多方面因素的影响。最后，命题 4-7(3)的结果表明，在不同渠道权力结构下，消费者是否可以获得价值的提升，依赖于供应链企业之间的责任成本分担。当责任成本分担比例较小时，制造商为领导者时消费者可以从制造商产品中获得更高的价值，反之，消费者在零售商为领导者时可以获得更高的价值创造。

3)集中化与分散化决策下供应链均衡结果比较大小

命题 4-8　当 $k>(x+y)/2$ 时，有

(1) $\theta^{*C}>\theta^{*M}$，$p^{*C}<p^{*M}$，$q^{*C}>q^{*M}$ 与 $\Pi_C^{*C}>\Pi_C^{*M}$；

(2) $\theta^{*C}>\theta^{*R}$，$p^{*C}<p^{*R}$，$q^{*C}>q^{*R}$ 与 $\Pi_C^{*C}>\Pi_C^{*R}$。

命题 4-8(1)表明，在制造商 Stackelberg 博弈模型中，均衡产品质量、供应链系统均衡利润和均衡消费者剩余均小于集中化下的均衡产品质量、供应链系统均衡利润和均衡消费者剩余。而且，命题 4-4 的独立结果也暗示着，当制造商为领导者并承担较高责任成本时，并不具有提高均衡产品质量的动机，从而也不能实现消费者和供应链企业的价值共创。这一结果意味着，在制造商 Stackelberg 博弈中，存在为消费者和供应链企业创造价值共创的空间。进一步，即便命题 4-5 的共赢结果暗示，在零售商 Stackelberg 博弈模型中，提高制造商承担的责任成本分担，有助于促进供应链均衡产品质量、均衡系统利润和均衡消费者剩余的增加，但是命题 4-8(2)的结果也表明，零售商 Stackelberg 博弈下的均衡产品质量、供应链系统均衡利润和均衡消费者剩余仍不能达到集中化决策下的效果。这意味着，让弱势的制造商承担较多的责任成本，虽然有助于消费者和供应链企业实现价值共创，但是价值共创的效果仍旧不足，存在进一步提升的空间。

4.1.3　产品责任规则下的供应链价值共创机制

上述命题 4-8 的结果已表明，在分散化决策下，供应链企业采取责任成本分担合同，并不能使消费者和供应链企业间的价值共创效果达到集中化决策下的程度。因此，为了更加有效地实现消费者和供应链企业间的价值共创，本节考虑了一个由数量折扣合同与质量改进成本分担合同构成的协调契约。数量折扣合同为 $w^X=w_0-\phi q\ (0<\phi<1)$，其中 w_0 为最大基准批发价，ϕ 为数量折扣比例，表示零

售商购买每单位制造商产品将得到的批发价格折扣返还为 ϕ。质量改进成本分担合同由 $\eta(0 \leqslant \eta \leqslant 1)$ 表示，其含义为零售商分担的制造商质量改进成本比例。

命题 4-9　当 $k > (x + y) / 2$ 时，供应链企业之间的协调契约可表示为

$$
\begin{cases}
w_0 = \dfrac{2k[\tau x + \phi(1 - x - y)] - \tau x(x + y)}{2k - (x + y)^2} \\[3mm]
\eta = \dfrac{(1 - \tau)x + y}{x + y} \\[3mm]
w^{*\mathrm{X}} = \dfrac{k[2\tau x + \phi(1 - x - y)] - \tau x(x + y)}{2k - (x + y)^2}
\end{cases}
$$

其中，在制造商 Stackelberg 博弈模型中，数量折扣比例为 $\phi = \phi_{\mathrm{M}} \in [A(\tau), B(\tau)]$；而在零售商 Stackelberg 博弈模型中，数量折扣比例为 $\phi = \phi_{\mathrm{R}} \in [C(\tau), D(\tau)]$。进一步，$A(\tau)$、$B(\tau)$、$C(\tau)$ 和 $D(\tau)$ 在命题 4-9 中的证明中给出（见附录二）。

由命题 4-9 可知，约束条件 $\phi = \phi_{\mathrm{M}} \in [A(\tau), B(\tau)]$ 与 $\phi = \phi_{\mathrm{R}} \in [C(\tau), D(\tau)]$，可确保供应链企业均有动机分别参与制造商 Stackelberg 博弈与零售商 Stackelberg 博弈下的协调契约。给定数量折扣比例 ϕ_{M} 与 ϕ_{R}，命题 4-9 的结果表明，不论供应链企业处于哪种渠道权力结构中，供应链企业均能通过一个由数量折扣合同与质量改进成本分担合同构成的契约机制实现系统协调，从而实现消费者和供应链企业间的价值共创达到最优水平。同时可以发现，$C(\tau) < A(\tau) < D(\tau) < B(\tau)$ 表明，不论供应链企业之间的渠道权力结构如何，数量折扣比例 ϕ 存在一个共同的区间 $[A(\tau), D(\tau)]$，使得制造商 Stackelberg 博弈与零售商 Stackelberg 博弈下的分散化供应链可由一个相同的协调契约实现系统协调，其中最大基准批发价 (w_0)、协调均衡批发价 ($w^{*\mathrm{X}}$) 与质量改进成本分担比例 (η) 均由命题 4-9 给出。

命题 4-9 的另一个有趣的发现是，在由数量折扣合同与质量改进成本分担合同构成的供应链协调契约中，数量折扣合同与质量改进成本分担合同是相互独立的。从实践的角度看，这一合同独立性有利于简化协调契约的设计。一方面，供应链企业可以通过数量折扣合同以减小双重边际；另一方面，可以通过质量改进成本分担合同以激励制造商提高产品质量水平。进一步，命题 4-9 的结果也表明，即使质量改进成本分担比例 (η) 是唯一确定的，但是数量折扣合同中的最大基准批发价与协调均衡批发价依赖于数量折扣比例 (ϕ)，这意味着可以通过改变数量折扣比例而改变数量折扣合同。同时，也意味着当供应链企业由不同的数量折扣合同和质量改进成本分担合同组合协调时，数量折扣合同不但可以减小供应链企业之间的双重边际，而且可以实现在供应链企业之间分配系统利润。

最后，数量折扣合同与质量改进成本分担合同之间的独立性也表明，单一的数量折扣合同并不足以实现供应链中的产品质量协调。事实上，对任何的 $\tau \in [0, 1]$，

均有 $\eta > 0$ 。因此,在数量折扣合同上加上一个质量改进成本分担合同进行补充以减小制造商承担的质量改进成本是必要的。这与 Yan 和 Zaric(2016)基于上游领导者假设的研究发现是一致的,即为了协调上游供应链企业的努力,协调契约的设计需依赖于上游企业的决策行为。无论如何,命题 4-9 的结果揭示,在供应链协调契约中,数量折扣合同将导致产品批发价大于制造商的边际生产成本($w^{*X} > 0$)。如此,虽然 Yan 和 Zaric(2016)研究表明,质量改进成本分担合同与一个等于边际生产成本的批发价合同(表明供应链企业之间不存在双重边际)构成的协调契约,可以协调上游企业的努力决策,但是与 Yan 和 Zaric(2016)不同的是,由数量折扣合同与质量改进成本分担合同构成的协调契约,不要求完全消除供应链企业之间的双重边际。

命题 4-10　当 $k > (x+y)/2$ 时,给定 $\phi \in [A(t), D(t)]$,有 $\partial w_0 / \partial \tau > 0$, $\partial w^{*X} / \partial \tau > 0$ 与 $\partial \eta / \partial \tau < 0$ 。

命题 4-10 的结果表明,为了实现消费者和供应链企业间价值共创达到最优水平,如果责任成本分担比例 τ 增加,则供应链协调机制将要求制造商承担较多的质量改进成本 $(1-\eta)$,并以较高的协调均衡批发价(w^{*X})向零售商销售产品。因此,为了使得供应链企业可以达到集中化下的产品数量(q^{*C})与产品质量(ϑ^{*C}),若制造商(零售商)承担的责任成本增加(τ 增加),则制造商(零售商)承担的质量改进成本也将增加($1-\eta$ 增加)。进一步可知,由于制造商承担的责任成本增加,因而制造商有动机提高其协调均衡批发价以补偿增加的责任成本。同时可知,虽然责任成本分担比例(τ)与质量改进成本分担比例(η)之间存在负相关关系,但是, $\eta > 0$ 表明供应链协调契约仍旧要求节点企业共同分担质量改进成本。这再次表明,数量折扣合同并不能独自协调供应链上游企业的产品质量决策,而通过质量改进成本分担合同可以实现供应链企业之间的产品质量协调。

4.1.4　小结

通过对现实案例的观察可知,在消费者遭受由产品质量缺陷导致的价值损失时,供应链企业将遵照相关的产品责任法规补偿消费者的价值损失。而产品责任成本又将进一步提高供应链企业的成本承担,降低供应链企业的业绩,从而造成供应链企业的价值损失。因此,如何降低消费者和供应链企业间的价值损失,并进一步实现消费者和供应链企业间的价值共创,成为一个至关重要的研究问题。应当指出,一方面,提升产品质量水平可以降低质量缺陷对消费者造成价值损失的概率,进而促进消费者产品需求的增加,从而有助于提升消费者和供应链企业间的价值共创。

另一方面，实践中，供应链企业多采用责任成本分担合同，以降低各自的价值损失。

基于这样的认识，本章将通过构建由上游制造商和下游零售商组成的动态博弈模型，首先，研究责任成本分担对供应链企业运作决策和相应的业绩结果的影响机理，揭示采取责任成本分担合同是否有助于消费者和供应链企业间价值共创的实现。然后，比较制造商 Stackelberg 博弈与零售商 Stackelberg 博弈两种情形，研究渠道权力结构差异对决定供应链企业运作决策和业绩结果差异的策略性机理，揭示渠道权力结构对消费者和供应链企业间价值共创的影响。最后，与集中化决策情形相比，考察是否存在进一步提升消费者和供应链企业价值共创的空间，研究如何通过设计相应的协调机制，以使消费者和供应链企业间的价值共创达到系统最优水平。

均衡结果表明：

(1)供应链企业之间的渠道权力结构将显著性地影响领导者(先行动者)的策略性价格决策，进而对制造商如何决策产品质量产生影响。在制造商 Stackelberg 博弈模型中，制造商为领导者，进而制造商可以通过更高的批发价向零售商转移承担的责任成本，并以此使其产品质量决策不受责任成本分担的影响。而在零售商 Stackelberg 博弈模型中，制造商为追随者，作为领导者的零售商将通过更低的零售边际促进消费者产品需求的增加，从而激励制造商提高产品质量水平。

(2)在零售商 Stackelberg 博弈模型中，均衡产品质量、均衡订货量、供应链企业均衡利润、供应链系统利润和均衡消费者剩余都将随责任成本分担比例的增加(即制造商承担的责任成本增加)而增加，从而意味着消费者和供应链企业均可在责任成本分担合同中获得价值共创。然而，在制造商 Stackelberg 博弈模型中，均衡产品质量、均衡订货量、供应链企业均衡利润、供应链系统利润和均衡消费者剩余均不受责任成本分担的影响，从而意味着责任成本分担合同的运用并不能为消费者和供应链企业创造价值增长。因此，这些结果表明，责任成本分担合同是否可以实现消费者和供应链企业的价值共创也受到供应链企业渠道权力结构的影响。

(3)在零售商 Stackelberg 博弈模型中，虽然制造商承担的责任成本增加将有利于提高供应链系统利润，但是即便制造商承担全部的责任成本也不能使供应链系统利润达到集中化下的水平。这也表明，在零售商 Stackelberg 博弈模型中，仅仅采用责任成本分担合同以使消费者和供应链企业间的价值共创达到系统最优水平是不够的。制造商 Stackelberg 博弈模型中的独立结果(即责任成本分担与供应链企业利润不相关)暗示在责任成本分担的情况下，需要设计一个更加复杂的协调契约，以实现供应链企业之间的协调，从而达到消费者和供应链企业间价值共创的最优水平。

(4)在制造商 Stackelberg 博弈和零售商 Stackelberg 博弈中，均可通过设计一个由数量折扣合同与质量改进成本分担合同组成的协调契约，以有效地实现分散化供应链企业之间的协调，从而促使实现消费者和供应链企业间的最优价值共创水平。在供应链协调契约中，质量改进成本分担合同是必不可少的，并且独立于数量折扣合同的。这一结果，一方面与 Yan 和 Zaric(2016)的研究发现一致，即为了实现供应链上游企业的努力，协调契约应当与上游企业的决策保持一致；另一方面，补充了 Yan 和 Zaric(2016)的研究发现，即由数量折扣合同与质量改进成本分担合同组成的协调契约，不需要完全消除供应链企业之间的双重边际。

首先，研究了责任成本分担与渠道权力结构对供应链企业运作决策和相应的业绩结果的影响机理，揭示了其对消费者和供应链企业价值共创的影响。这一结果不但弥补了理论上较少考虑责任成本分担对供应链企业运作决策和价值共创的缺陷，也为实践中供应链企业在责任分担下如何进行价值共创提供了理论参考。其次，研究了在不同渠道权力结构下，供应链企业应当如何设计协调契约以实现供应链企业之间的系统协调，从而促使消费者和供应链企业间的价值共创达到系统最优水平。这一结果，将为供应链企业在实际操作中如何通过协调机制促进消费者和供应链企业价值共创提供理论支持。

4.2　延保服务与供应链中的价值共创与运营机制

4.2.1　问题背景

随着国内经济的迅猛发展，市场竞争日益激烈，企业努力寻求新的竞争优势，纷纷致力于有偿延保服务。有偿延保服务，即超过产品正常的质保范围后，对产品的质保时间和质保范围进行拓展，提供维修以及产品替换等服务，但消费者需要支付一定的费用。延保主要体现在手机、家电、计算机以及汽车等竞争激烈的行业。汽车行业中消费者购买延保的比例在 30%左右，然而在家电行业其比例高达 75%(Desai and Padmanabhan，2004)。据统计，戴尔 30%的收入和苹果 40%的收入都来自有偿延保服务。除大型制造商提供延保以外，许多大型零售商也纷纷加入了延保市场。例如，全球最大的家电零售商百思买集团(Best Buy)通过有偿延保服务获得的营业利润占 50%，美国电路城公司(Circuit City)几乎所有的营业利润都来自有偿延保服务。国内第一个延保业务——家安保，由国美电器于 2006年推出,而苏宁易购集团股份有限公司紧随其后推出了延保业务——阳光包。2013

年，各大型购物网站(京东、天猫等)都推出了延保业务，消费者购买商品时可以选择不同种类的延保，可以在提交订单时购买，或者加入购物车之后进行购买。

国内外对于有偿延保服务的研究多以供应链的节点作为对象进行展开，Cralg等(1991)从制造商和最终消费者角度研究彼此对延保服务的认知，发现消费者将延保服务作为风险规避工具，而制造商一方面把延保服务作为收入来源，另一方面把延保作为服务提供给消费者。Lutz(1989)从消费者和销售者的认知角度提出质保作为一个信号，不仅暗示产品质量进而影响消费者购买行为，而且对销售者会产生激励作用。Padmanabhan 和 Rao(1993)以消费者为对象研究制造商的质保策略，分别通过消费者风险偏好的异质性，制造商不能获知消费者影响到产品质保实施的一切行为信息，以及明确的产品可靠率 3 个方面研究制造商的质保策略选择，并分析了标准化的产品延保服务合同。Padmanabhan(1995)从消费者使用产品的差异性和道德风险角度，探索了耐用品市场的质保问题，提出了企业应设计基保和延保的自我选择菜单来满足消费者多样化的需求。Lam 和 Lam(2001)假设消费者完全理性，在购买延保服务之前会对相应成本做出准确预测，而制造商则根据消费者做出的决策制定其最优延保决策。Desai 和 Padmanabhan(2004)从传统的消费者效用模型中获得了耐用品及其延保服务的需求函数，发现商品的互补效应和双重边际化效应导致市场中不同的分销计划会影响到市场效益和制造商效益。这类文献均以消费者为角度分析延保策略。

从制造商角度研究延保服务也是该领域的一个重要方向，Lutz 和 Padmanabhan(1998)从制造商的道德风险角度分析，假设消费者对延保每一工作单位的估值不同，制造商对高估值消费者提供高质量延保，而对低估值消费者则相反，从而增加自身利润。Vittal(2007)提出制造商将延保服务中的财务风险和不确定性融入工程研究领域的概率算法，通过随机时间序列模型和风险精算模型，设计产品正常状态及出现偏差的概率，从而指导延保服务的实施。

以上研究都聚焦于供应链节点，而以整条链为视角的研究却很少。Heese (2008)构建了两个制造商和单个零售商的模型，研究了制造商面临设置基本质保困境时，制造商与零售商的最优质保策略，并指出：在消费者进行商品选择的同时向其推出延保服务优于结算时推出延保服务。Bouguerra 等(2012)研究了在产品整个生命周期中消费者和制造商所需付出的总平均成本，得出了消费者所需付出的最大成本与制造商售卖延保服务的最低价格。Kunpeng 等(2012)则从决策权问题出发，研究了单条链下延保的谋划问题，提出了 EWP(延保提供者)与 EWR(延保售卖者)两种模型。延保提供者模型从集中化与分散化两个方面进行比较，并从维修成本的角度出发，通过对各方提供延保条件下供应链绩效的分析，具体展示了不同条件下的最优延保策略。王素娟和胡奇英(2010)提出了延保服务吸引力指数，通过假设部分购买延保服务与全部购买延保服务两种条件，配合延保服务吸引力指数，在模式 M 和模式 R 中选择合适的模型，并指出在供需双方吸引力指数相同时，零售商提供延保服务为供应链成员赢得更多利润。以上对延保服务的研究主要集中在延保的决策权问题上，并没有回答基于延保服务的供应链协调问题。

收益共享合同在早期的租赁行业得到了广泛的应用。McCollum (1998) 和 Shapiro (1998a) 发现美国百视达影视娱乐公司录像产品的可获性太低，受到消费者的广泛投诉。百视达公司通过与供应商谈判，并引入收益共享策略，显著提高了其整体绩效。Warren 和 Peers (2002) 调查发现百视达公司的录像产品在租赁市场占据的份额从 1997 年的 24%增加到 2002 年的 40%。然而这一策略受到同行业的控告，被指为不公平竞争，直到 2002 年华尔街日报[①]披露百视达公司依然受到同行业控告。事实上，收益共享策略实现了整个行业的获益。Mortimer (2002) 研究发现收益共享策略使整个行业利润增长了 7%。受录像产品租赁行业的启发，Cachon 和 Lariviere (2005) 构建了二级供应链收益共享模型，其需求函数模型包含以 Lilien 等 (1992) 为代表的确定性需求，以及以 Tsay 等 (1999) 为代表的随机需求。其中，Cachon 和 Lariviere (2005) 的在确定性需求下零售商决定订购量与零售价格的收益共享合同模型对本节有很好的指导意义。

本节的贡献在于，以整个供应链为视角，分别研究了零售商提供延保与制造商提供延保两种情况。首先以集中决策下(中心化)供应链系统效益为基准，对分散决策下(分散化)供应链系统协调可行性进行了分析，然后融入收益共享合同分析基于延保服务的供应链绩效改进问题，以期达到供应链系统效益占优和节点企业同时实现帕累托改进，并进一步分析了产品需求敏感系数、延保服务需求敏感系数、延保服务成本以及延保服务时长对绩效改进和博弈均衡的影响。

4.2.2　延保服务供应链基础模型

本节构建了一条包含单个供应商和单个零售商的基于有偿延保的供应链。其中，分为供应商提供延保和零售商提供延保两种情况，分散决策情况下首先是由供应商给定批发价，然后零售商根据批发价决定产品销售价格。

Kunpeng 等 (2012) 的商品需求函数、延保需求函数以及延保服务成本函数分别为

商品需求函数

$$q = 1 - bp$$

---

① Judge tosses out suit against Blockbuster[N]. Wall Street Journal Eastern Edition，2002-6-28(5).

延保需求函数

$$q_e = 1 - bp - d\frac{p_e}{t}$$

延保服务成本函数

$$C_e = c_e t^2$$

其中，p 表示零售商出售价格；p_e 表示延保服务出售价格；b 表示商品需求敏感系数且 $b>0$；t 表示延保时长；d 表示延保需求敏感系数且 $d>0$；q 表示商品需求量；q_e 表示延保服务需求量；c_e 表示单位时长的延保成本；C_e 表示单个延保服务的总成本。

为研究有偿延保的供应链收益共享合同，本书将以批发价格合同为基准，以便进行对比。

本节采用基于联盟的收益共享合同，其结构为 $\alpha \Pi_s^c = \Pi_r^R$，$(1-\alpha)\Pi_s^c = \Pi_m^R$，其中 α 是零售商的收益共享因子，$1-\alpha$ 是制造商的收益共享因子，Π_s^c 为集中决策时供应链的协调利润，Π_r^R、Π_m^R 分别为分散决策时零售商和制造商的利润。可以通过纵向的双方谈判确定收益分配比例而实现收益再分配，因而双方可以基于其供应链系统收益最大化和节点企业同时实现帕累托改进实施收益共享策略。假定：①零售商订购量即为市场需求量，且没有库存；②在生产和销售环节中，库存成本和销售成本均为零；③零售商和制造商两种情况下，单位时长的延保成本相等。本节的绩效主要是指产出绩效，即收益减去成本之后的净利润。

1. 基于有偿延保的中心化模型

因考察分散化下供应链的协调可行性，需以集中决策下系统效益为基准，所以系统决策函数为

$$\underset{p,p_e}{\text{Max}} \; \Pi_s^c = p(1-bp) + (p_e - c_e t^2)\left(1 - bp - d\frac{p_e}{t}\right) \tag{4-20}$$

通过最优化一阶条件并记此情形为上标 c，可得到供应链最优产品销售价格和最优延保服务价格分别为

$$p^c = \frac{bc_e dt^2 - bt + 2d}{b(4d - bt)}, \quad p_e^c = \frac{-t(-bc_e t^2 + 2c_e dt + 1)}{4d - bt}$$

代入式 (4-20) 得 $\Pi_s^c = d(bdc^2 t^3 - bct^2 + 1)/b(4d - bt)$，其中 $4d > bt$。

2. 零售商提供延保的分散化模型

为研究分散化下供应链的协调可行性，同样需要分析分散化下供应链的系统效益，此时零售商和制造商的决策函数分别如下：

$$\underset{p,p_{\mathrm{e}}}{\mathrm{Max}}\,\Pi_{\mathrm{r}}^{\mathrm{d}} = (p-w)(1-bp) + (p_{\mathrm{e}} - c_{\mathrm{e}}t^2)\left(1-bp-d\frac{p_{\mathrm{e}}}{t}\right) \quad (4\text{-}21)$$

$$\underset{w}{\mathrm{Max}}\,\Pi_{\mathrm{m}}^{\mathrm{d}} = w(1-bp) \quad (4\text{-}22)$$

根据倒推法，并记上标 d 为此情形，由式(4-21)和式(4-22)可得零售商提供延保下制造商批发价格、产品销售价格和延保服务价格分别为

$$w^{\mathrm{d}} = \frac{2 - bc_{\mathrm{e}}t^2}{4b} \quad (4\text{-}23)$$

$$p^{\mathrm{d}} = \frac{bc_{\mathrm{e}}dt^2 - 2bt + 6d}{2(4bd - b^2t)} \quad (4\text{-}24)$$

$$p_{\mathrm{e}}^{\mathrm{d}} = \frac{t(-3bc_{\mathrm{e}}t^2 + 8c_{\mathrm{e}}dt + 2)}{4(4d - bt)} \quad (4\text{-}25)$$

将式(4-23)、式(4-24)、式(4-25)都分别代入式(4-21)、式(4-22)可得零售商和制造商的绩效分别为

$$\Pi_{\mathrm{r}}^{\mathrm{d}} = \frac{d(-3b^2c_{\mathrm{e}}^2t^4 + 16bdc_{\mathrm{e}}^2t^3 - 4bc_{\mathrm{e}}t^2 + 4)}{16b(4d - bt)} \quad (4\text{-}26)$$

$$\Pi_{\mathrm{m}}^{\mathrm{d}} = \frac{d(bc_{\mathrm{e}}t^2 - 2)^2}{8b(4d - bt)} \quad (4\text{-}27)$$

因此，可以得到供应链系统的绩效为

$$\Pi_{\mathrm{s}}^{\mathrm{d}} = \frac{d(-b^2c_{\mathrm{e}}^2t^4 + 16bdc_{\mathrm{e}}^2t^3 - 12bc_{\mathrm{e}}t^2 + 12)}{16b(4d - bt)} \quad (4\text{-}28)$$

其中，$bc_{\mathrm{e}}t^2 < 2$。

3. 制造商提供延保的分散化模型

本小节研究制造商提供延保服务时，分散决策下系统参与者的绩效和整个系统的绩效。因此，零售商和制造商的决策函数分别如下：

$$\underset{p}{\mathrm{Max}}\,\Pi_{\mathrm{r}}^{\mathrm{d}} = (p-w)(1-bp) \quad (4\text{-}29)$$

$$\underset{w,p_{\mathrm{e}}}{\mathrm{Max}}\,\Pi_{\mathrm{m}}^{\mathrm{d}} = w(1-bp) + (p_{\mathrm{e}} - c_{\mathrm{e}}t^2)\left(1-bp-d\frac{p_{\mathrm{e}}}{t}\right) \quad (4\text{-}30)$$

根据倒推法，并记上标 d′ 为此情形，由式(4-29)和式(4-30)可得制造商提供延保下制造商批发价格、产品销售价格及延保服务价格分别为

$$w^{\mathrm{d'}} = \frac{-bc_{\mathrm{e}}t^3 + 4c_{\mathrm{e}}dt^2 + t}{8d - bt} \quad (4\text{-}31)$$

$$p^{\mathrm{d'}} = \frac{8d + 4bc_{\mathrm{e}}dt^2 - b^2c_{\mathrm{e}}t^3}{2b(8d - bt)} \quad (4\text{-}32)$$

$$p_e^{d'} = \frac{2bc_e dt^2 - bt + 4d}{b(8d - bt)} \tag{4-33}$$

将均衡的批发价、产品零售价和延保服务价都分别代入式(4-29)和式(4-30)可得零售商与制造商的利润分别为

$$\Pi_r^{d'} = \frac{(bc_e t^2 - 2)^2 (4d - bt)^2}{4b(8d - bt)^2} \tag{4-34}$$

$$\Pi_m^{d'} = d(12b^2 c_e^2 d^2 t^4 + 2b^2 c_e^2 dt^5 - b^4 c_e^2 t^6 + 16bc_e d^2 t^2$$
$$\frac{-24b^2 c_e dt^3 + 5b^3 c_e t^4 - 16d^2 + 24bdt - 5b^2 t^2)}{b^2 t(8d - bt)^2} \tag{4-35}$$

根据式(4-34)和式(4-35)容易得到供应链系统绩效为

$$(b^5 c_e^2 t^7 - 12b^4 c_e^2 dt^6 - 4b^4 c_e t^5 + 24b^3 c_e^2 d^2 t^5 + 52b^3 c_e dt^4 + 4b^3 t^3 + 48b^2 c_e^2 d^3 t^4$$

$$\Pi_s^{d'} = \frac{-160b^2 c_e d^2 t^3 - 52b^2 dt^2 + 64bc_e d^3 t^2 + 160bd^2 t - 64d^3)}{4b^2 t(8d - bt)^2}$$

$$\tag{4-36}$$

4.2.3　零售商提供延保服务的供应链价值共创机制

1. 零售商提供延保情形下协调可行性分析

分析协调的可行性,需要对中心化模式下与零售商提供延保的分散化模式下供应链的总绩效进行对比。令 ψ_1 为零售商提供延保的分散化模式下的协调空间, $\psi_1 = \Pi_s^c - \Pi_s^d$ 。

命题 4-11　$\psi_1 = d(bc_e t^2 - 2)^2 / 16b(4d - bt) > 0$ 。

命题 4-11 说明无论产品需求敏感系数、延保服务成本、延保服务时长以及延保服务需求敏感系数如何变动,协调空间总是存在。

为了能够更加直观地考察各参数对协调空间的影响,引入可协调空间占比,令 $\psi_1^r = \psi_1 / \Pi_s^d$,即 ψ_1^r 作为可协调空间占比, $\psi_1^r > 0$,由于 $bc_e t^2 < 2$, $4d > bt$,因此,我们令 $b=1$, $c_e=0.05$, $d=1.5$, $t=4$,并分别取适当范围进行数值模拟,进一步得到 ψ_1^r 随产品需求敏感系数、延保服务成本的增加而减小,随延保服务时长的增加先增加到最高峰后逐渐减小,随延保服务需求敏感系数的增大而增大,如图 4-1～图 4-4 所示。从 ψ_1^r 空间随诸多参数的变动情况来看,延保服务成本的减小对引入合同协调改进绩效的价值较高,产品需求敏感系数和延保服务时长的变动对引入合同改进绩效的影响适中,延保服务需求敏感系数对改进绩效的价值不

明显。因此，降低延保服务成本能够显著增加供应链引入合同改进绩效的动力，选取需求较为稳定的产品，并且选取相对较短(2~3 年)的延保时长都能促进供应链引入合同改进绩效(图 4-3)，而且发现，由零售商提供延保服务时，存在系统绩效改进的最佳延保期限。

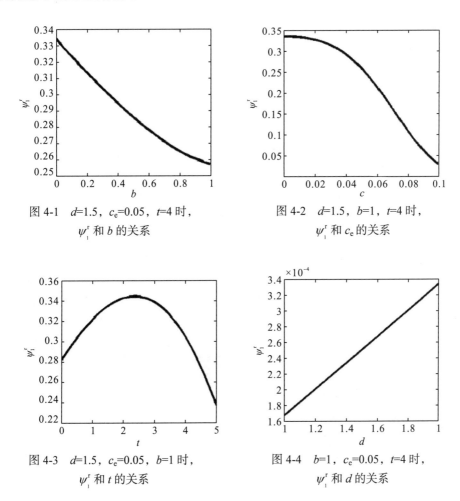

图 4-1　$d=1.5$，$c_e=0.05$，$t=4$ 时，ψ_1^r 和 b 的关系

图 4-2　$d=1.5$，$b=1$，$t=4$ 时，ψ_1^r 和 c_e 的关系

图 4-3　$d=1.5$，$c_e=0.05$，$b=1$ 时，ψ_1^r 和 t 的关系

图 4-4　$b=1$，$c_e=0.05$，$t=4$ 时，ψ_1^r 和 d 的关系

2. 零售商提供延保的收益共享合同模型

引入收益共享合同模型：$\alpha\Pi_s^c = \Pi_r^R$，$(1-\alpha\Pi_s^c) = \Pi_m^R$，则零售商与制造商的效益分别为

$$\Pi_r^R = \alpha\frac{d(bdc_e^2t^3 - bct^2 + 1)}{b(4d - bt)} \tag{4-37}$$

$$\varPi_{\mathrm{m}}^{\mathrm{R}} = (1-\alpha)\frac{d(bdc_{\mathrm{e}}^{2}t^{3} - bc_{\mathrm{e}}t^{2} + 1)}{b(4d - bt)} \tag{4-38}$$

若使制造商与零售商同时得到帕累托改进，需满足 $\varPi_{\mathrm{r}}^{\mathrm{R}} \geqslant \varPi_{\mathrm{r}}^{\mathrm{d}}$，$\varPi_{\mathrm{m}}^{\mathrm{R}} \geqslant \varPi_{\mathrm{m}}^{\mathrm{d}}$，则有

$$\alpha_1 \leqslant \alpha \leqslant \alpha_2$$

其中，$\alpha_1 = 1 - \dfrac{3(bc_{\mathrm{e}}t^2 - 2)^2}{16(bdc_{\mathrm{e}}^2t^3 - bc_{\mathrm{e}}t^2 + 1)}$，$\alpha_2 = 1 - \dfrac{(bc_{\mathrm{e}}t^2 - 2)^2}{8(bdc_{\mathrm{e}}^2t^3 - bc_{\mathrm{e}}t^2 + 1)}$。

令 $I_1 = \alpha_2 - \alpha_1$。

命题 4-12　$I_1 \geqslant 0$，且 $\varPi_{\mathrm{r}}^{\mathrm{R}} \geqslant \varPi_{\mathrm{r}}^{\mathrm{d}}$，$\varPi_{\mathrm{m}}^{\mathrm{R}} \geqslant \varPi_{\mathrm{m}}^{\mathrm{d}}$。

命题 4-12 说明，无论产品需求敏感因子 b、延保需求敏感因子 d、延保成本 c_{e} 以及延保时长 t 如何变化，收益共享因子 α 在 (α_1, α_2) 范围内时，可实现制造商和零售商的帕累托改进。

命题 4-13　$\partial I_1 / \partial c_{\mathrm{e}} \leqslant 0$，$\partial I_1 / \partial d \leqslant 0$，$\partial I_1 / \partial t \leqslant 0$

命题 4-13 说明，协调分配的选择空间 I_1 随需求敏感因子 d、延保服务成本 c_{e}、延保服务时长 t 的增加而减少。

为直观地考察延保服务成本对收益共享合同中收益分配因子设置的影响，令 $b=1$，$d=1.5$，$t=4$。如图 4-5 所示，区域 I 为采用收益共享合同实现制造商和零售商绩效均改进的收益分配因子可设置区域，但该可调范围随延保服务成本的增加而逐渐减小，因此当零售商提供延保服务时，应该尽量降低延保服务成本。

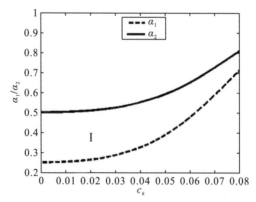

图 4-5　$b=1$，$d=1.5$，$t=4$ 时，α_1 和 α_2 与 c_{e} 的关系

为直观地考察延保服务需求敏感系数对收益共享合同中收益分配因子设置的影响，令 $b=1$，$c_{\mathrm{e}}=0.05$，$t=4$。如图 4-6 所示，区域 II 为采用收益共享合同实现制造商和零售商绩效均改进的收益分配因子可设置区域，该可调范围随延保服务需

求敏感系数的增加而略微减小，因此零售商应该选择对延保服务需求不敏感的产品提供基于延保的协调策略。

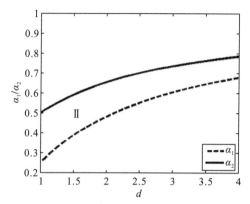

图 4-6　$b=1$，$c_e=0.05$，$t=4$ 时，α_1 和 α_2 与 d 的关系

为直观地考察延保服务时长对收益共享合同中收益分配因子设置的影响，令 $b=1$，$c_e=0.05$，$d=1.5$。如图 4-7 所示，区域Ⅲ为采用收益共享合同实现制造商和零售商绩效均改进的收益分配因子可设置区域，但该可调范围随延保服务时长的增加而逐渐减小，因此零售商应该设计较短的延保服务时长。

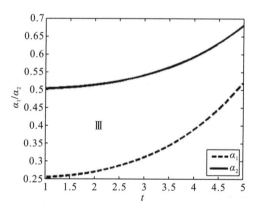

图 4-7　$b=1$，$c_e=0.05$，$d=1.5$ 时，α_1 和 α_2 与 t 的关系

为直观地考察产品需求敏感系数对收益共享合同中收益分配因子设置的影响，令 $t=4$，$c_e=0.05$，$d=1.5$。如图 4-8 所示，区域Ⅳ为采用收益共享合同实现制造商和零售商绩效均改进的收益分配因子可设置区域，且该可调范围基本不受产品需求价格敏感系数变化的影响。此时零售商在提供延保服务时，不用过多考虑产品需求敏感系数。

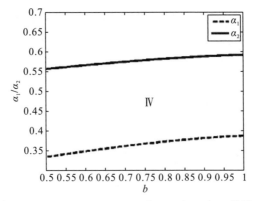

图 4-8　$t=4$，$c_e=0.05$，$d=1.5$ 时，α_1 和 α_2 与 b 的关系

4.2.4　制造商提供延保服务的供应链价值共创机制

1. 制造商提供延保情形下协调可行性分析

分析协调的可行性，需要对中心化模式下和制造商提供延保的分散化模式下供应链的总利润进行对比。令 ψ_2 为制造商提供延保的分散化模式下的协调空间，$\psi_2 = \Pi_s^c - \Pi_s^{d'}$。

命题 4-14　$\psi_2 = \dfrac{(bc_e t^2 - 2)^2 h}{4b^2 t(4d - bt)(8d - bt)^2} > 0$。

其中，

$$h = [b^2 t^2 + 8d^2(1 - b^2 t^2)]^2 + 4bd^2 t(4d - bt)$$

命题 4-14 说明，无论产品需求敏感系数、延保服务成本、延保服务时长以及延保服务需求敏感系数如何变动，协调空间总是存在。

同样令 $\psi_2^r = \psi_2 / \Pi_s^{d'}$，即 ψ_2^r 作为可协调空间占比，$\psi_2^r > 0$，同样利用前面的赋值进行数值模拟，并进一步得到 ψ_2^r 随延保服务需求敏感系数、延保服务成本的增加而减小，随延保服务时长的增加先减小后逐渐增加达到一新高峰后逐渐减小，当产品需求敏感系数在较小范围内时，ψ_2^r 较小，而随敏感系数逐渐增大，ψ_2^r 也迅速增大，如图 4-9 ~ 图 4-12 所示。从 ψ_1^r 空间随诸多参数的变动情况来看，延保服务成本在可行域内变动对引入合同协调改进绩效的价值较高，延保服务时长和延保服务需求敏感系数在可行域内变动对引入合同改进绩效的影响适中，产品需求敏感系数在可行域内变动对引入合同改进绩效的影响相对较小。因此，制造商选取延保服务需求较为敏感的产品，降低延保服务成本能够显著增加供应链引入合同改进绩效的动力，并且选取中长期（4～5 年）的延保时长能促进供应链引入合同改进绩效。

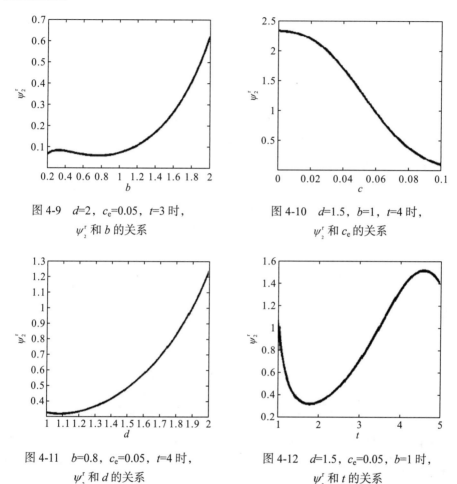

图 4-9　$d=2$，$c_e=0.05$，$t=3$ 时，ψ_2^r 和 b 的关系

图 4-10　$d=1.5$，$b=1$，$t=4$ 时，ψ_2^r 和 c_e 的关系

图 4-11　$b=0.8$，$c_e=0.05$，$t=4$ 时，ψ_2^r 和 d 的关系

图 4-12　$d=1.5$，$c_e=0.05$，$b=1$ 时，ψ_2^r 和 t 的关系

2. 制造商提供延保的收益共享合同模型

同样引入收益共享合同模型：$\alpha \Pi_s^c = \Pi_r^R$，$(1-\alpha \Pi_s^c)=\Pi_m^R$，若使制造商与零售商同时得到帕累托改进，需满足 $\Pi_r^R \geqslant \Pi_r^{d'}$，$\Pi_m^R \geqslant \Pi_m^{d'}$，则有

$$\alpha_3 \leqslant \alpha \leqslant \alpha_4$$

其中，

$$\alpha_3 = \frac{[(bt-4d)(b^4c_e^2t^6-2b^3c_e^2dt^5-5b^3c_et^4-12b^2c_e^2d^2t^4+24b^2c_edt^3+5b^2t^2-16bc_ed^2t^2-24bdt+16d^2)]}{[bt(8d-bt)^2(bdc_e^2t^3-bc_et^2+1)]}$$

$$\alpha_4 = \frac{\begin{aligned}bt(256c_e^2 d^4 t^2 - 128bc_e^2 d^3 t^3 + 52b^2 c_e^2 d^2 t^4 - 12b^3 c_e^2 dt^5 + b^4 c_e^2 t^6 - 128c_e d^2 t^2 \\ + 44b^2 c_e dt^3 - 4b^3 c_e t^4 + 128d^2 - 44bdt + 4b^2 t^2)\end{aligned}}{[4d(8d - bt)^2(bdc_e^2 t^3 - bc_e t^2 + 1)]}$$

令 $I_2 = \alpha_4 - \alpha_3$。

命题 4-15　$I_2 \geqslant 0$，且 $\Pi_r^R \geqslant \Pi_r^{d'}$，$\Pi_m^R \geqslant \Pi_m^{d'}$。

命题 4-15 说明，收益共享因子 $\alpha \in (\alpha_3, \alpha_4)$ 时，可实现制造商和零售商的帕累托改进。

为直观地考察延保服务成本对收益共享合同中收益分配因子设置的影响，令 $t=4$，$b=1$，$d=1.5$。如图 4-13 所示，区域 I 为采用收益共享合同实现制造商和零售商绩效均改进的收益分配因子可设置区域，但该可调范围随延保服务成本的增加而逐渐减小，因此在制造商提供延保服务时，制造商应压低延保服务成本。

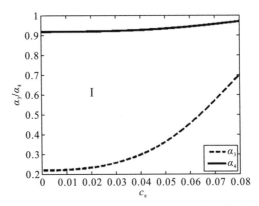

图4-13　$t=4$，$b=1$，$d=1.5$时，α_3 和 α_4 与 c_e 的关系

为直观考察延保服务需求价格敏感系数对收益共享合同中收益分配因子设置的影响，令 $t=4$，$b=1$，$c_e=0.05$。如图 4-14 所示，区域 II 为采用收益共享合同实现制造商和零售商绩效均改进的收益分配因子可设置区域，但该可调范围在 $d \leqslant 2$ 时，随延保服务需求价格敏感系数 d 的增加而逐渐减小，当 $d>2$ 时，可调范围受延保服务需求价格敏感系数 d 的影响越来越小，因此当制造商提供延保时，应针对延保服务需求不敏感的产品。

为直观地考察延保服务时长对收益共享合同中收益分配因子设置的影响，令 $d=1.5$，$b-1$，$c_e-0.05$。如图 4-15 所示，区域 III 为采用收益共享合同实现制造商和零售商绩效均改进的收益分配因子可设置区域，但该可调范围在 $t<2$ 时，随延保服务时长 t 的增加而逐渐减小，当 $t>2$ 时，随延保服务时长 t 的增加而逐渐增大，因此制造商应选取较长的延保时长。

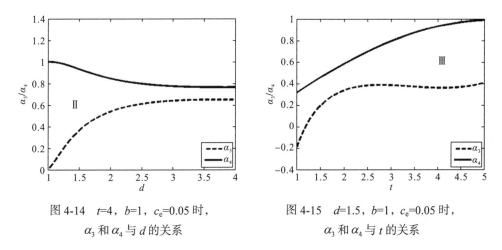

图 4-14　t=4，b=1，c_e=0.05 时，
α_3 和 α_4 与 d 的关系

图 4-15　d=1.5，b=1，c_e=0.05 时，
α_3 和 α_4 与 t 的关系

为直观地考察产品需求敏感系数对收益共享合同中收益分配因子设置的影响，令 d=1.5，t=4，c_e=0.05。如图 4-16 所示，区域Ⅳ为采用收益共享合同实现制造商和零售商绩效均改进的收益分配因子可设置区域，但该可调范围随延保产品需求敏感系数的增大而逐渐增大，因此制造商应该选择需求敏感的产品进行协调。

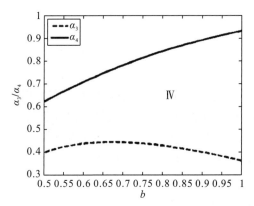

图 4-16　d=1.5，t=4，c_e=0.05 时，α_3 和 α_4 与 b 的关系

4.2.5　比较分析

在分散决策情形下，延保服务由零售商提供或制造商提供，不同参与主体提供延保服务对产品批发价、产品零售价和延保服务价格会产生怎样的影响？将此问题的回答总结于命题 4-16、命题 4-17、命题 4-18 和命题 4-19 中，命题证明在附录。

命题 4-16

(1) 当 $0<ct^2<2/3b$ 时，如果 $d>\bar{d}$，则 $w^d>w^{d'}$；如果 $bt/4<d\leqslant\bar{d}$，则 $w^d\leqslant w^{d'}$。

(2) 当 $2/3b\leqslant ct^2<2/b$ 时，$w^d\leqslant w^{d'}$。

其中，

$$\bar{d}=\frac{(5cbt^2-6)bt}{24bct^2-16}$$

命题 4-16 说明，当延保成本低时，如果延保需求敏感性较高，则零售商提供延保服务的产品批发价高于制造商提供延保服务的产品批发价；如果延保服务需求敏感程度低，则零售商提供延保服务的产品批发价低于制造商提供延保服务的产品批发价。当延保成本高时，不管延保服务的需求敏感程度高低，零售商提供延保服务的产品批发价均低于由制造商提供延保服务的产品批发价。这表明，当延保服务成本低时，当消费者对延保服务的需求不是很强烈时，如果是零售商提供延保服务，则制造商采用较低批发价来引导零售商提供延保服务，如果消费者对延保服务需求比较强烈，则制造商采取高批发价获取更多收益；当延保服务成本高时，制造商提供低批发价引诱零售商提供延保服务。

命题 4-17

(1) 当 $bt/4<d\leqslant(7+\sqrt{17})bt/16$ 时，$p^d\leqslant p^{d'}$；当 $d>(7+\sqrt{17})bt/16$ 时，$p^d>p^{d'}$；

(2) 当 $bt/4\leqslant d<(3+\sqrt{3})bt/8$ 时，$p_e^d\leqslant p_e^{d'}$；当 $d>(3+\sqrt{3})bt/8$ 时，$p_e^d>p_e^{d'}$。

命题 4-17 表明，当延保服务的需求敏感程度不高，零售商提供延保服务时，产品的价格与延保服务价格都低于制造商提供延保服务的产品价格和延保服务价格；当延保服务的需求敏感程度高时，零售商提供延保服务的产品价格与延保服务价格高于制造商提供延保服务的产品价格和延保服务价格。这是因为，当延保服务的需求敏感程度低时，制造商提供低批发价促进零售商提供延保服务，零售商为了吸引消费者也制定低产品价格和低延保服务价格；而延保服务需求敏感程度高时，表示消费者对延保服务需求强烈，提供 1 单位延保服务就能增加较高的需求，如果零售商提供延保服务，制造商制定高批发价，则零售商为了获得高收入，往往会制定高产品价格和延保服务价格。

命题 4-18 $0.88bt\geqslant d>bt/4d$，$\Pi_r^d\geqslant\Pi_r^{d'}$；$d>0.88bt$，$\Pi_r^d<\Pi_r^{d'}$。

命题 4-18 说明，当延保服务的需求敏感程度低，零售商提供延保服务时，其获得的收益高于制造商提供延保服务时零售商的收益；当延保服务的需求敏感程度高，零售商提供延保服务时，其所获得的收益低于制造商提供延保服务时零售商获得的收益。该命题表明，当延保服务需求敏感程度低时，零售商选择自己提供延保服务能获得较高收益；而当延保服务需求敏感程度高时，零售商选择制造商提供延保服务能获得较高收益。

命题 4-19　当 $0<ct^2\leqslant 2/3b$ ，且 $d\geqslant\max(\tilde{d},bt/4)$时， $\Pi_m^d\geqslant\Pi_m^{d'}$ ；当 $2/3b<ct^2<2/b$ ，且 $d>\max(\tilde{d},bt/4)$ 时， $\Pi_m^d<\Pi_m^{d'}$ 。

命题 4-19 说明，当延保服务成本低且延保需求敏感程度高于某临界点，零售商提供延保服务时，制造商获得的收益高于制造商自己提供延保服务所获得的收益；当延保服务成本高且延保服务需求敏感程度高于某临界值，零售商提供延保服务时，制造商获得的收益低于制造商自己提供延保服务获得的收益。该命题表明，当延保服务成本低且延保需求敏感程度高于临界值时，制造商选择零售商提供延保服务能获得较高收益；否则，当延保服务成本高且延保需求敏感程度高于临界值时，制造商选择自己提供延保服务能获得较高收益。

进一步分析零售商提供延保服务和制造商提供延保服务的协调空间，对于两种协调模型，选择何种协调模型能更大程度地提升利润空间？根据命题 4-18 和命题 4-19，可以得到推论 1。

推论 1　当延保服务成本低且延保服务的需求敏感程度低时，由零售商提供延保服务供应链系统获得的收益高于制造商提供延保服务供应链系统获得的收益；当延保服务成本高且延保服务的需求敏感程度高时，则相反。

该推论说明，当延保服务成本低且延保服务的需求敏感程度低时，零售商提供延保服务的供应链系统的利润协调空间低于制造商提供延保服务的供应链系统的利润协调空间；当延保服务成本高且延保服务的需求敏感程度高时，则相反。也就是说，延保服务成本高的产品，通过协调，可以更大程度地提升利润空间。

继续分析协调后零售商与制造商的利润变化和产品价格与延保服务价格的变化。根据命题 4-13 和命题 4-15 可知，不管是零售商提供延保服务，还是制造商提供延保服务，收益共享合同都能协调，并且能使供应链成员双方得到帕累托改进，说明协调后，制造商和零售商的收益都将增加。将协调后产品价格与延保服务价格的变化总结在命题 4-20 中。

命题 4-20　$p^d>p$，$p^{d'}>p$，$p_e^d>p_e$，$p_e^{d'}>p_e$。

命题 4-20 说明，无论是零售商提供延保服务，还是制造商提供延保服务，协调后的产品价格与延保服务价格都低于协调前的产品价格与延保服务价格，即协调有利于系统利润提升。

4.2.6　小结

本节通过构建一条基于延保服务的由单供应商和单零售商组成的供应链模

型，从制造商提供延保服务和零售商提供延保服务两种情形出发，分析了两种情形下供应链协调的必要性和收益共享的协调合同设计，最后比较两种模型的结果。通过研究得到如下结论。

(1) 不管是零售商提供延保服务，还是制造商提供延保服务，收益共享合同都能使供应链达到协调，且收益共享比例在一定范围内，供应链成员的绩效都能提升，实现了帕累托改进。且随着延保服务成本以及延保服务需求敏感系数的逐渐增大，供应链的可协调空间将减小。

(2) 当延保服务成本低且延保服务需求敏感程度低时，零售商提供延保服务的供应链系统利润相对较高，且零售商和制造商都选择零售商提供延保服务能获得更高的利润；而延保服务成本高且延保服务需求敏感程度高时，制造商提供延保服务的供应链系统利润相对较高，且零售商和制造商都选择制造商提供延保服务能获得更高的利润，而且延保服务成本高的产品协调后利润提升空间大。

(3) 当延保服务需求敏感程度低时，零售商提供延保服务的产品价格和延保服务价格低于制造商提供延保服务的产品价格和延保服务价格；当延保服务需求敏感程度高时，则相反；协调后，产品的价格与延保服务价格都低于协调前的产品价格和延保服务价格，有利促进产品销售和整体利润提升。

4.3　零售商竞争型供应链延保服务价值共创机制

在家电、汽车等延保服务被广泛提供的行业，零售商之间的横向竞争是市场的常态，如线下零售商国美和苏宁间的竞争，线上零售商天猫和京东间的竞争。存在零售商价格竞争的供应链中，如何制定最优的延保服务价格和产品价格？零售商竞争程度、延保服务时长和延保服务价格敏感性等因素会对延保服务和产品定价产生什么影响？制造商能否通过供应链合同来实现制造商和零售商的帕累托绩效改进？针对以上几个问题，本书将针对制造商提供延保服务且存在零售商价格竞争的供应链，研究产品和延保服务的最优定价，并从供应链协调的角度分析两部定价合同的选择。

4.3.1　基于零售商延保服务竞争基础模型

本书考察一个制造商和两个竞争零售商构成的供应链模型，其中制造商提供延保服务。零售商和制造商之间开展以制造商为领导者的 Stackleberg 博弈，博弈顺序如下：首先，制造商确定批发价格和延保服务价格；其次，基于制造商提供的批发价格和延保服务价格，两个零售商同时确定各自的零售价格。根据 Ingene 和 Parry（1995）的相关研究成果可知零售商 i 的需求函数为

$$q_i = a - p_i + hp_{3-i} \quad (i = 1, 2) \tag{4-39}$$

其中，a 为市场规模；p_i 和 q_i 分别为零售商 i 的销售价格和产品需求量；h 代表零售商间的竞争程度且 $0 < h < 1$，h 取值越大表示零售商之间竞争越激烈。

本书假设制造商提供的延保服务类型为免费更换产品的延保服务（free replacement warranty），即在免费更换延保服务时长内，延保服务提供商为延保服务购买者免费更换发生故障的产品或配件，而不收取其他费用（Blischke and Murthy, 1992）。此种延保服务广泛地应用于汽车、家电等行业中。根据 Li 等（2012）的相关研究成果，延保服务的需求函数为

$$Q_i = q_i - \frac{dp_e}{t} = a - p_i + hp_{3-i} - \frac{dp_e}{t} \quad (i = 1, 2) \tag{4-40}$$

其中，p_e 为延保服务的销售价格；t 为延保时长且为行业外生变量，因此 p_e/t 为单位延保时长的销售价格；d 为消费者对单位延保时长的延保服务价格的敏感性，且满足 $d > 0$。

根据 Wu 等（2009）、Jack 和 Murthy（2007）的相关研究成果，延保时长为 t 的延保服务在产品故障率服从韦布尔分布时的延保服务成本为

$$C_e = c_e (\lambda t)^{\beta} \tag{4-41}$$

其中，c_e 为产品更换的成本；$(\lambda t)^{\beta}$ 为 t 时间内预计产品发生故障的次数；λ 和 β 分别为韦布尔分布的尺度参数和形状参数，$\beta > 1$ 代表产品的故障率随时间递增，$\beta < 1$ 代表产品的故障率随时间递减，$\beta = 1$ 代表产品的故障率恒定不变。

其他主要假设：

（1）本书假设 a 足够大且 $2d > (1-h)t$，以保证均衡决策和绩效均为正。它表示提供延保服务的产品的市场规模足够大，如汽车和电子产品市场，且消费者具有较高的延保价格敏感程度，这与目前延保服务的购买比例还相对较低的市场情况相符合（Gallego et al., 2014）。

（2）制造商的边际生产成本为 s，不存在产品的库存成本且不考虑产品与延保服务的销售成本。

（3）零售商和制造商间是信息对称的。文中上标 C 代表中心化模型、上标 D 代表分散化模型、上标 DT 代表两部定价合同，Π_M、Π_{R_i}、Π 分别代表在不同模型下的制造商利润、零售商 i 利润和供应链系统利润。Π_P、Π_{EW} 分别代表在不同模型下的产品利润和延保服务利润。

1. 基于延保服务的中心化模型

在中心化模型中，中心化决策者统一决定产品的最优零售价格和延保服务的价格，以使整个供应链系统利润最大化。此时产品批发价格仅决定系统利润在各成员之间的分配，并不影响系统的总利润，这为与分散化模型下的供应链比较提供了一个基准模型。中心化决策函数为

$$\max_{p_1,p_2,p_e} \Pi^C = \sum_i (p_i - s)q_i + [p_e - c_e(\lambda t)^\beta]Q_i \qquad (i=1,2) \qquad (4\text{-}42)$$

通过最优化一阶条件，可得最优产品销售价格和延保服务价格分别为

$$p_1^{\ C} = p_2^{\ C} = \frac{a(2d - t + ht) + (1-h)d[2s + c_e(t\lambda)^\beta]}{(1-h)[4d - (1-h)t]} \qquad (4\text{-}43)$$

$$p_e^{\ C} = \frac{at - (1-h)st + [2d - t(1-h)]c_e(t\lambda)^\beta}{[4d - (1-h)t]} \qquad (4\text{-}44)$$

将式(4-43)和式(4-44)代入式(4-42)，可得中心化模型的供应链总利润为

$$\Pi^C = \frac{2(a - s + hs)^2 dt - 2(a - s + hs)(1-h)c_e dt(t\lambda)^\beta + 2(1-h)c_e^2 d^2(t\lambda)^{2\beta}}{(1-h)[4d - (1-h)t]t}$$

$$(4\text{-}45)$$

其中，产品销售和延保服务销售的利润分别为

$$\Pi_P^C = \frac{2d[2(a - s + hs) - (1-h)c_e(t\lambda)^\beta]}{(1-h)[4d - (1-h)t]^2}$$

$$\frac{\left(a(2d - t + ht) + (1-h)\{(1-h)st - d[2s - c_e(t\lambda)^\beta]\}\right)}{(1-h)[4d - (1-h)t]^2} \qquad (4\text{-}46)$$

$$\Pi_{EW}^C = \frac{2d[(a - s + hs)t - 2c_e d(t\lambda)^\beta]^2}{t[4d - (1-h)t]^2} \qquad (4\text{-}47)$$

2. 基于延保服务的分散化模型

为比较分散化下供应链绩效与中心化的差异，需要对分散化下的供应链绩效进行分析。在分散化模型中，存在制造商提供延保服务、零售商提供延保服务和第三方延保服务提供商提供延保服务3种情况。相比较零售商和第三方延保服务提供商，制造商具有产品可靠性信息和已有质保服务渠道的优势，是目前市场中延保服务的主要提供者。因此本书主要考察在制造商提供延保服务的情况下的分散化模型，此时制造商和零售商的决策函数分别如下：

$$\max_{w,p_e} \Pi_M^D = \sum_i (w - s)q_i(w) + [p_e - c_e(\lambda t)^\beta]Q_i(w, p_e) \qquad (i=1,2) \qquad (4\text{-}48)$$

$$\max_{p_i} \Pi_{R_i}^D = (p_i - w)(a_i - p_i + hp_{3-i}) \qquad (i=1,2) \qquad (4\text{-}49)$$

利用逆向归纳法，可得到制造商批发价格、延保服务价格和零售商产品销售价格分别为

$$w^{\mathrm{D}} = \frac{a[2(2-h)d - (1-h)t] + (1-h)(2-h)d[2s + c_{\mathrm{e}}(\lambda t)^{\beta}]}{(1-h)[4d(2-h) - (1-h)t]} \quad (4\text{-}50)$$

$$p_{\mathrm{e}}^{\mathrm{D}} = \frac{at - (1-h)st + [2(2-h)d - t(1-h)]c_{\mathrm{e}}(\lambda t)^{\beta}}{[4d(2-h) - (1-h)t]} \quad (4\text{-}51)$$

$$p_{i}^{\mathrm{D}} = \frac{a[2(3-2h)d - (1-h)t] + (1-h)d[2s + c_{\mathrm{e}}(t\lambda)^{\beta}]}{(1-h)[4d(2-h) - (1-h)t]} \quad (4\text{-}52)$$

将式(4-50)、式(4-51)和式(4-52)代入式(4-48)和式(4-49)，可以得到分散化模型下制造商利润和零售商利润分别为

$$\varPi_{\mathrm{M}}^{\mathrm{D}} = \frac{2(a-s+hs)^{2}dt - 2(a-s+hs)(1-h)c_{\mathrm{e}}dt(t\lambda)^{\beta} + 2(2-h)(1-h)c_{\mathrm{e}}^{2}d^{2}(t\lambda)^{2\beta}}{(1-h)t[4d(2-h) - (1-h)t]}$$

$$(4\text{-}53)$$

$$\varPi_{\mathrm{R}_{i}}^{\mathrm{D}} = \frac{d^{2}[2(a-s+hs) - 2(1-h)c_{\mathrm{e}}(t\lambda)^{\beta}]^{2}}{[4d(2-h) - (1-h)t]^{2}} \quad (4\text{-}54)$$

其中，产品销售和延保服务销售的利润分别为

$$\varPi_{\mathrm{P}}^{\mathrm{D}} = \frac{2d[2(a-s+hs) - (1-h)c_{\mathrm{e}}(t\lambda)^{\beta}]}{(1-h)[4d(2-h) - (1-h)t]^{2}}$$
$$\frac{\left[a[(6-4h)d - t + ht] + (1-h)\{(1-h)st - d[6s - 4hs - c_{\mathrm{e}}(t\lambda)^{\beta}]\}\right]}{(1-h)[4d(2-h) - (1-h)t]^{2}} \quad (4\text{-}55)$$

$$\varPi_{\mathrm{EW}}^{\mathrm{D}} = \frac{2d[(a-s+hs)t - 2(2-h)c_{\mathrm{e}}d(t\lambda)^{\beta}]^{2}}{t[4d(2-h) - (1-h)t]^{2}} \quad (4\text{-}56)$$

3. 分析比较

记 $p_{\varPi} = p_i + p_e$，表示产品与延保服务的总价格。比较中心化和分散化模型下的均衡产品价格、延保服务价格和产品与延保服务的总价格，可得以下命题。

命题 4-21 $p_i^{\mathrm{C}} < p_i^{\mathrm{D}}$，$q_i^{\mathrm{C}} > q_i^{\mathrm{D}}$，$p_{\mathrm{e}}^{\mathrm{C}} > p_{\mathrm{e}}^{\mathrm{D}}$，$Q_i^{\mathrm{C}} > Q_i^{\mathrm{D}}$，$p_{\varPi}^{\mathrm{C}} < p_{\varPi}^{\mathrm{D}}$。

命题 4-21 表明，相比较由零售商和制造商分别确定产品零售价格和延保服务价格的分散化模型，当产品零售价格和延保服务价格由中心化决策者统一决策时，产品的零售价格较低，而延保服务价格较高，且产品的需求和延保服务的需求都较高。这是由于中心化决策避免了双重边际化导致的过高的零售价格，较低的产品零售价格增加了产品和延保服务需求，中心化决策者可以通过提高延保服务价格来最大化供应链利润。在中心化决策下，产品和延保服务的总价格较低，这会吸引更多的消费者购买产品和延保服务的组合。上述中心化和分散化模型下产品

和延保服务价格的差异与洗衣机及其延保服务市场的现状相一致。Jindal（2014）发现，相比较一个零售商同时确定洗衣机和延保服务价格的市场，当洗衣机价格和延保服务价格由两个不同的零售商（即两个不同的决策主体）确定时，洗衣机的价格增加了 7%，延保服务的价格降低了 3%，洗衣机和延保服务的总价格提高了36 美元（相当于洗衣机价格的 3.34%）。

进一步分析零售商竞争程度、延保时长和延保服务价格敏感性对中心化和分散化模型下的延保服务定价的影响，可得以下命题。

命题 4-22　在中心化和分散化模型下，延保服务价格都随着延保时长递增；随着延保服务价格敏感性递减。在中心化模型中，延保服务价格随零售商竞争程度的增加而降低，在分散化模型中，延保服务价格随零售商竞争程度的增加而增加。

命题 4-22 表明，为了获得较高的延保服务定价，制造商应该在延保服务价格敏感性较低的市场，为消费者提供较长延保时长的延保服务。这是由于当延保服务价格敏感性较低或延保时长较长时，延保服务需求相对较大，制造商可以通过较高的延保服务定价最大化延保服务利润。在中心化模型下，中心化决策者以供应链总利润最大化为目标，较低的零售商竞争程度有助于中心化决策者制定较高的延保服务价格；而在分散化模型下，制造商和零售商分别制定延保服务价格和产品零售价格，对于制造商而言，零售商竞争程度越强的市场越适合销售延保服务。

进一步分析零售商竞争程度、延保时长和延保服务价格敏感性对中心化和分散化模型下的产品定价的影响，可得以下命题。

命题 4-23　在中心化和分散化模型下，产品零售价格都随零售商竞争程度、延保服务价格敏感性递增；随延保时长递减。

零售商的产品定价不仅要考虑零售商间的产品价格竞争，还需考虑制造商的延保服务定价。比较命题 4-22 和命题 4-23 可以发现，制造商倾向于选择延保服务价格敏感性较低的市场以及提供较长延保时长来提高延保服务价格，但这会导致零售商的产品价格降低。一般认为，零售商竞争的加剧会降低产品零售价格，但在制造商销售延保服务的供应链中较高的零售商竞争程度反而会提高产品的零售价格，零售商可以从中受益。

进一步分析零售商竞争程度、延保时长和延保服务价格敏感性对中心化和分散化模型下的产品和延保服务组合价格的影响，可得以下命题。

命题 4-24　在中心化和分散化模型下，产品和延保服务的总价格都随着延保时长、零售商竞争程度递增；随着延保服务价格敏感性递减。

综合命题 4-22、命题 4-23 和命题 4-24 可知，随着延保时长的增加，产品价格降低，延保服务价格增加，产品和延保服务的组合价格增加。对于仅购买产品的消费者而言，较长的延保服务时长降低了产品价格，消费者的效用得到提高。制造商可以以较短的延保时长来缩小产品价格和组合价格的差距，吸引更多的消费者同时购买产品和延保服务。延保服务刚进入市场时，市场中的延保服务价格敏感性较高，制造商制定较低的延保服务价格，零售商制定较高的产品价格，这将会吸引更多的消费者购买产品和延保服务的组合，在增加延保服务需求的同时，零售商的利润得到了提高。

延保服务价格随零售商竞争程度递增。

在上文对延保服务定价和产品定价的基础上，进一步分析产品利润和延保服务利润的互动影响关系，将供应链总利润分为产品利润和延保服务利润，记 $\Pi_P^C = \Pi_P^D$ 关于延保时长的边界为 $t_1 = \left[2d\left(2-h-\sqrt{2-2h+h^2} \right) \right]/(1-h)$，可得以下引理和命题。

引理 1

(1) 当 $0 < h < 1$ 时，$t_1 < \dfrac{2d}{1-h}$；

(2) 当 $t \geqslant t_1$ 时，$\Pi_P^C \geqslant \Pi_P^D$。

命题 4-25　当且仅当 $0 < t \leqslant t_1$ 时，$\Pi_P^C \geqslant \Pi_P^D$；$\Pi_{EW}^C > \Pi_{EW}^D$ 恒成立。

命题 4-25 表明，中心化模型下的延保服务利润总是大于分散化模型下的延保服务利润。当且仅当延保时长较短时，中心化模型下产品的利润才大于分散化模型下产品的利润。这是由于在中心化模型中，中心化决策者为了实现供应链总利润的最大化，需要对产品利润和延保服务利润进行权衡。中心化决策者可以通过较低的产品定价同时提高产品的需求和延保服务的需求，当产品价格降低导致的产品利润损失小于相对应需求增加导致的延保服务利润增加时，中心化决策者会通过较低的产品定价提高供应链总利润。因此，当延保时长较长时，中心化决策者更加倾向于放弃一部分产品利润，从而获得更高的延保服务利润。

进一步分析零售商竞争程度、延保时长和延保服务价格敏感性对中心化和分散化模型下的产品利润和延保服务利润的影响，可得以下命题。

命题 4-26　在中心化模型中，当延保时长增加时，产品利润增加，延保服务利润减小；当零售商竞争程度和延保服务价格敏感性增加时，产品利润增加，延保服务利润减少。而在分散化模型中，延保服务利润和产品利润都随着延保时长和零售商竞争程度递增，随着延保服务价格敏感性的增加而减小。

命题 4-26 表明，在中心化模型中，产品利润和延保服务利润与延保时长、零售商竞争程度和延保服务价格敏感性等因素呈反向变化的关系，中心化决策者需要根据延保时长、零售商竞争程度和延保服务价格敏感性等因素来权衡产品利润和延保服务利润，以实现供应链利润的最大化。而在分散化模型中，产品利润和延保服务利润都随着零售商竞争的加剧而增加，且都随着延保时长递增。因此，对于分散化模型的制造商和零售商而言，较长的延保服务时长和较高的零售商竞争程度有利于双方都获得较高的利润。

通过以上对中心化和分散化决策下的延保服务定价、产品定价、产品利润和延保服务利润的比较，分散化下的供应链均衡决策与中心化模型存在偏离，由此导致供应链系统利润的损失。为了直观地刻画中心化模型和分散化模型下供应链绩效的差异，并考察零售商竞争程度、延保时长和延保服务价格敏感性对供应链绩效差异的影响，令 $a=10$，$s=0.5$，$c_e=0.3$，$\lambda=0.001$，$\beta=1$，分别作图 4-17、图 4-18 和图 4-19。由图 4-17 可知，随着零售商竞争程度的增加，中心化模型和分散化模型下供应链总利润都增加，且分散化模型下的供应链绩效损失随之减少。由图 4-18 可知，随着延保时长的增加，中心化模型和分散化模型下供应链总利润都增加，且分散化模型下的供应链绩效损失随之增加。由图 4-19 可知，随着消费者对单位时长延保价格的敏感程度的增加，中心化模型和分散化模型下供应链总利润都减少，且分散化模型下的供应链绩效损失随之减少。

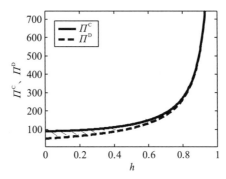

图 4-17　$d=1$，$t=2$ 时，Π^C、Π^D 和 h 的关系

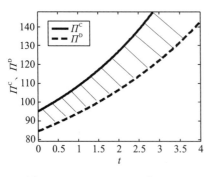

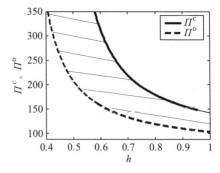

图 4-18　$d=1$，$h=0.5$ 时，　　　　　　图 4-19　$t=3$，$h=0.4$ 时，

Π^C、Π^D 和 t 的关系　　　　　　　　　Π^C、Π^D 和 d 的关系

4.3.2　延保服务的两部定价合同选择策略

通过上文对中心化和分散化模型下供应链系统利润的比较，识别了分散化模型下的供应链效率损失。此时，制造商有动力通过供应链合同来实现供应链绩效的改进，由于两部定价合同的可实施性较高，并且在生产实际中得到了广泛的应用，本节将主要研究制造商采用两部定价合同来实现供应链绩效改进。

两部定价合同的形式为 $I_i = F + wq_i$。其中，F 为固定费用，本书假定其为行业外生变量，或者通过纵向的双方谈判而决定，由于两个竞争零售商的市场规模相同，本书假定制造商为两个零售商提供相同的两部定价合同。当制造商提供两部定价合同时，零售商的决策函数为

$$\max_{p_i} R_i = (p_i - w)(a - p_i + hp_{3-i}) - F \quad (i = 1,2) \tag{4-57}$$

由于制造商提供的是两部定价合同，固定费用可以通过纵向双方谈判确定，因而制造商可以通过调节固定费用 F 实现收益的再分配，所以制造商可以依据供应链系统利润最大化来确定最优的批发价格和延保服务价格，其决策模型为

$$\max_{w,p_e} M = \sum_i (p_i - s)q_i(w) + [p_e - c_e(\lambda t)^\beta]Q_i(w,p_e) \quad (i=1,2) \tag{4-58}$$

根据制造商和零售商间的博弈规则和合同的可观测性，采用倒推法则，可以得到两部定价合同下的均衡产品批发价格、零售价格和延保服务价格分别为

$$w^{DT} = \frac{a[2hd - (1-h)t] + (1-h)(2-h)d[2s + c_e(\lambda t)^\beta]}{(1-h)[4d - (1-h)t]} \tag{4-59}$$

$$p_e^{DT} = \frac{at - (1-h)st + [2d - t(1-h)]c_e(\lambda t)^\beta}{[4d(2-h) - (1-h)t]} \tag{4-60}$$

$$p_i^{DT} = \frac{a[2d - (1-h)t] + (1-h)d[2s + c_e(t\lambda)^\beta]}{(1-h)[4d - (1-h)t]} \tag{4-61}$$

将两部定价合同下的产品批发价格、产品零售价格和延保服务价格与中心化、分散化模型进行比较，可得以下命题。

命题 4-27　$p_i^{DT} = p_i^C < p_i^D$，$p_e^{DT} = p_e^C > p_e^D$，$w^{DT} < w^D$，$\Pi^{DT} = \Pi^C > \Pi^D$。

命题 4-27 表明，在制造商采用两部定价合同下，制造商制定的批发价格、零售商的产品价格都低于未采用两部定价合同时的情况，产品的需求增加，并且间接增加了延保服务的需求。在较高的延保服务需求下，制造商可以制定较高的延保服务价格。此时，供应链总利润高于采用两部定价合同时的利润，且与中心化模型下的供应链总利润相同，即供应链达到整体最优。

将式(4-59)、式(4-60)和式(4-61)代入式(4-57)和式(4-58)，可以得到两部定

价合同下制造商利润和零售商利润分别为

$$\Pi_{\mathrm{M}}^{\mathrm{DT}} = \frac{2(a-s+hs)^2 dt[4d-(1-h)t] - 2(a-s+hs)(1-h)[4d-(1-h)t]c_e dt(t\lambda)^\beta}{(1-h)t[4d-(1-h)t]^2}$$

$$+ \frac{2(1-h)[4d-(1-h)(2-h)t]c_e^{\ 2}d^2(t\lambda)^{2\beta}}{(1-h)t[4d-(1-h)t]^2} + 2F$$

(4-62)

$$\Pi_{\mathrm{R}_i}^{\mathrm{DT}} = \frac{d^2[2(a-s+hs)-(1-h)c_e(t\lambda)^\beta]^2}{[4d-(1-h)t]^2} - F$$ (4-63)

记 $\Pi_{\mathrm{R}_i}^{\mathrm{DT}} = \Pi_{\mathrm{R}_i}^{\mathrm{D}}$ 和 $\Pi_{\mathrm{M}}^{\mathrm{DT}} = \Pi_{\mathrm{M}}^{\mathrm{D}}$ ，则固定收费的边界 F_1、F_2 分别为

$$F_1 = \frac{8(1-h)d^3[2d(3-h)-(1-h)t][2(a-s+hs)-(1-h)c_e(t\lambda)^\beta]^2}{[4d-(1-h)t]^2[4d(2-h)-(1-h)t]^2}$$ (4-64)

$$F_2 = \frac{4(1-h)d^3[2(a-s+hs)-(1-h)c_e(t\lambda)^\beta]^2}{[4d-(1-h)t]^2[4d(2-h)-(1-h)t]}$$ (4-65)

命题 4-28 当 $F_2{<}F{<}F_1$ 时，$\Pi_{\mathrm{R}_i}^{\mathrm{DT}}{>}\Pi_{\mathrm{R}_i}^{\mathrm{D}}$，$\Pi_{\mathrm{M}}^{\mathrm{DT}}{>}\Pi_{\mathrm{M}}^{\mathrm{D}}$。

命题 4-28 表明，当 F 在 (F_2,F_1) 范围内时，相比分散化模型，两部定价合同下的零售商和制造商利润都得到了帕累托改进。

为了直观地刻画可同时实现零售商和制造商利润改进的固定收费范围，并考察零售商竞争强度、延保时长和延保服务价格敏感性对固定收费范围的影响，令 $a=10, s=0.5, c_e=0.3, \lambda=0.001, \beta=1$，分别作图 4-20、图 4-21 和图 4-22。由图 4-20 可知，随着零售商竞争强度的增加，F_1、F_2 都减小，且可实现帕累托改进的固定收费范围减小。由图 4-21 可知，随着延保时长的增加，F_1、F_2 都增加，且可实现帕累托改进的固定收费范围增加。由图 4-22 可知，随着消费者单位时长延保价格的敏感程度的增加，F_1、F_2 都减小，且可实现帕累托改进的固定收费范围减小。

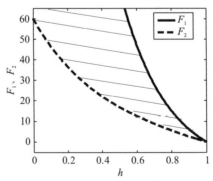

图 4-20　$d=1$，$s=0.5$ 时，F_1、F_2 和 h 的关系

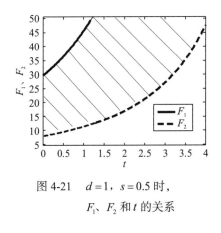

图 4-21 $d=1$，$s=0.5$ 时，F_1、F_2 和 t 的关系

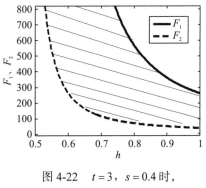

图 4-22 $t=3$，$s=0.4$ 时，F_1、F_2 和 d 的关系

4.3.3 小结

本节通过构建单个制造商和两个竞争零售商供应链结构下的延保服务模型，研究了中心化和分散化供应链的产品价格、延保服务价格和供应链绩效差异，引入两部定价合同分析了基于延保服务的供应链帕累托绩效改进问题，识别了零售商竞争程度、延保服务时长和延保服务价格敏感性对绩效改进和博弈均衡的影响。主要的研究成果如下。

(1)与分散化模型相比较，中心化模型中的产品零售价格较低，延保服务价格较高，产品的需求和延保服务的需求都较高，而产品和延保服务的总价格较低。

(2)在中心化和分散化模型下，延保服务价格都随着延保时长递增；随着延保服务价格敏感性递减。在中心化模型中，延保服务价格随零售商竞争程度的增加而降低；在分散化模型中，延保服务价格随零售商竞争程度的增加而增加。

(3)在中心化和分散化模型下，产品零售价格都随零售商竞争程度、延保服务价格敏感性递增；随延保时长递减。

(4)在中心化和分散化模型下，产品和延保服务的总价格都随延保时长、零售商竞争程度递增；随延保服务价格敏感性递减。

(5)在中心化模型中，当延保时长增加时，产品利润增加，延保服务利润减小；当零售商竞争程度和延保服务价格敏感性增加时，产品利润增加，延保服务利润减少。而在分散化模型中，延保服务利润和产品利润都随延保时长和零售商竞争程度递增，随延保服务价格敏感性递减。

(6)制造商能够通过两部定价合同同时实现零售商和制造商利润的帕累托改进，并且可实现帕累托改进的固定收费范围随零售商竞争强度和延保价格的敏感程度递减，随延保时长递增。

4.4　链与链竞争供应链延保服务价值共创机制

销售回扣合同要求制造商根据实际销售量给予零售商经济支付，在计算机软件硬件市场、汽车等行业中发挥了巨大作用(Taylor，2002)，被称为"有效的零售商激励机制"。据美国汽车资讯网站 Edmunds 在 1999 年 2 月的一篇报道：包括克莱斯勒、福特、通用和丰田等在内的 13 家汽车制造商都提供销售回扣激励，总共包括 188 种车型，回扣中值高达 1000 美元。然而，基于零售延保服务的竞争供应链销售回扣合同的研究尚属理论空白，具体存在以下几个问题亟待解决。

(1)不同链与链竞争结构下，供应链的运营优化决策与绩效如何？零售商提供延保服务的市场条件是什么？

(2)价格竞争与延保服务相叠加将如何影响销售回扣合同的协调设计？销售回扣合同能否实现制造商和零售商的利润双赢？

(3)产品价格竞争和零售商延保相叠加的复杂市场环境将如何影响竞争供应链纵向合同选择均衡？

针对这些问题，本书将构建合理模型进行研究，研究结果可以同时丰富和完善供应链渠道管理和延保服务管理两个方面的理论研究。

4.4.1　竞争供应链博弈模型分析

考察由两个制造商和两个零售商构成的竞争供应链模型，其中两个制造商生产两类替代性产品，并通过其排他性零售商向同一市场进行产品销售和配送。两条竞争供应链除纵向合同选择策略有所不同外，其他参数设置均相同，即为对称竞争供应链。对称竞争供应链适用于竞争比较成熟的市场，在实践和理论研究中较为常见(Gupta and Loulou，1998，2008；艾兴政等，2008；Fang and Shou，2015；Albert and Shilu，2008；Ai et al.，2012；徐兵和孙刚，2011)。Mcguire 和 Staelin(1983)在研究竞争供应链纵向渠道结构策略时推导并使用了线性需求函数。线性需求函数能够准确刻画需求与竞争之间的内在联系且易于定量分析，因此本书也假设两类产品满足如下线性需求函数：

$$q_i = a - p_i + h p_{3-i} \quad (i=1,2) \tag{4-66}$$

其中，a 表示产品市场潜在需求规模；q_i 和 p_i 分别为产品 i 的需求量和价格；h 为两类产品的替代性参数，h 的取值越大表示两类产品的差异性越小，市场竞争越激烈（$0 \leqslant h < 1$）；Π_{Mi}、Π_{Ri}、Π_{Si} 分别表示第 i（$i = 1, 2$）供应链的制造商利润、零售商利润、整体渠道利润，$\Pi_{Si} = \Pi_{Mi} + \Pi_{Ri}$。

零售商针对所售产品提供有偿延保服务。沿用 Li 等（2012）的假设，零售商延保服务主要包含两个参数：延保期 t 与延保价格 p_{ei}，其中 t 为行业外生变量，而 p_{ei} 为零售商的决策变量。消费者对产品延保服务的需求为

$$q_{ei} = \begin{cases} a - p_i + h p_{3-i} - \dfrac{d p_{ei}}{t}, & t > 0 \\ 0, & t = 0 \end{cases} \quad (4\text{-}67)$$

其中，p_{ei} / t 表示单位延保期价格；d 表示延保需求对 p_{ei} / t 的敏感程度（$d > 0$）。

延保需求 q_{ei} 派生于产品需求 q_i，因此延保需求不会超过产品需求。零售商承担延保产品在期限 t 内发生故障时的维修费用。沿用文献（Haixia et al.，2015；Mcguire and Staelin，1983；Li et al.，2012）的假设，产品发生故障的时间独立同分布，且服从失效率参数为 λ 和形状参数为 n 的韦布尔分布：$F(t) = 1 - e^{(\lambda t)^{\beta}}$，由此可推出每个产品在延保期 t 内的预期故障次数为 $\lambda^{\beta} t^{\beta}$。借鉴文献（赵海霞等，2015；Li et al.，2012），假设 $\beta = 2$，即预期故障次数是关于时间的二次函数，这样处理易于定量分析且体现了故障次数关于时间递增的性质。设 c_e 表示产品发生故障时的平均维修成本，则零售商提供延保服务的（预期）维修成本为 $e t^2 q_{ei}$（$i = 1, 2$），其中 $e = c_e \lambda^2$。此外，制造商的边际生产成本为 c。

考察竞争供应链的两个纵向合同选择策略：批发价格合同和销售回扣合同，这是两类在实践和理论上被广泛使用的合同形式（Amaeshi et al.，2008；Yan and Zaric，2016）。当零售商定货量为 q_i 时，批发价格合同下，零售商给制造商的转移支付为 $w_i q_i$，其中 w_i 为批发价格；销售回扣合同下，零售商给制造商的转移支付为 $w_i q_i + \Pi_{Ri}(q_i - T_i)^+$（Anderson，1977；Sinha and Sarmah，2011），T_i 为订货阈值且 $T_i > 0$，q_i 表示销售回扣参数，零售商订货量超出阈值 T_i 的部分，每单位产品可获得制造商回扣支付 Π_{Ri}。采用批发价格合同时，制造商基于自身利润最大化决策批发价格。需要指出的是，与文献（Fang and Shou，2015；Albert and Shilu，2008；Xingzheng et al.，2008；徐兵和孙刚，2011）的假设相同，相比于批发价格合同，制造商采用销售回扣、收入共享等复杂合同是为了协调供应链以实现与整合结构相同的决策和系统利润，并实现供应链节点企业利润的帕累托改进。因此，在销售回扣合同下，制造商对合同参数的制订是以供应链整体利润最大化且达成节点企业利润双赢为目标。

博弈顺序遵循制造商为领导者的 Stackelberg 博弈：首先，两个制造商同时提

供一种合同给其零售商，零售商选择接受还是拒绝该合同。相比于批发价格合同，如果实施协调的销售回扣合同能够实现整体渠道利润的帕累托改进，则制造商和零售商将达成协议采用销售回扣合同，制造商设置合理的合同参数以实现节点企业利润双赢，否则采用批发价格合同；然后，基于确定的合同，两个零售商同时决策零售价格和延保价格；最后，制造商执行按订单式生产模式并满足订单，所有订单产品都将被投入市场。不失一般性，本书还假设：①$a>(1-h)c$，该假设保证产品边际利润为正，即产品具有市场价值；②$0<t<4d$，该假设可以保证目标函数的凹性；③两条竞争供应链的纵向合同不可观测，即零售商无法了解竞争对手供应链的合同参数。在商业实践中，延保期的时限性和合同的不可观测性都比较普遍（Fang and Shou，2015；Wu et al.，2009）。

考察 3 种可能的链与链竞争模式：两条供应链均采用批发价格合同（记为 WW 模式）或均采用销售回扣合同（记为 RR 模式）的对称合同模式；一条供应链采用批发价格合同而另一条供应链采用销售回扣合同的混合合同模式（记为 RW 和 WR 模式）。以下采用逆向归纳法，求解给定链与链竞争模式下的均衡结果。

1. WW 模式

首先考察两个制造商均提供批发价格合同时的博弈均衡。给定本链制造商的批发价格，则零售商的定价优化问题为

$$\underset{p_i,p_{ei}\geq 0}{\text{Max}}\, \Pi_{Ri}=(p_i-w_i)(a-p_i+hp_{3-i})+(p_{ei}-et^2)\left(a-p_i+hp_{3-i}-\frac{dp_{ei}}{t}\right) \quad (4\text{-}68)$$

预测到零售商的定价决策，制造商 i 的批发价格决策模型为

$$\underset{w_i}{\text{Max}}\, \Pi_{Mi}=(w_i-c)(a-p_i+hp_{3-i}) \quad (4\text{-}69)$$

对零售商利润函数 Π_{Ri} 求二阶偏导数可得 $\partial^2 \Pi_{Ri}/\partial p_i^2=-2<0$，$\left(\frac{\partial^2 \Pi_{Ri}}{\partial p_i \partial p_{ei}}\right)^2-$ $\left(\frac{\partial^2 \Pi_{Ri}}{\partial p_i^2}\right)\left(\frac{\partial^2 \Pi_{Ri}}{\partial p_{ei}^2}\right)=\frac{t-4d}{t}<0$。因此 Π_{Ri} 是 (p_i,p_{ei}) 的联合凹函数，零售商定价反应函数 $p_i(p_{3-i},p_{e(3-i)}|w_i)$ 和 $p_{ei}(p_{3-i},p_{e(3-i)}|w_i)$ 满足一阶条件（由于合同不可观测，零售商无法观测到竞争对手供应链的批发价格，因此其定价反应函数只依赖于本链制造商的批发价格）。将零售商定价决策代入制造商利润函数中并求解优化问题（4-69）的二阶偏导数，得 $\partial^2 \Pi_{Mi}/\partial w_i^2=4d/(t-4d)<0$，因此制造商的批发价格决策 $w_i(p_i,p_{3-i})$ $(i=1,2)$ 也满足一阶条件。将求得的批发价格决策回代入零售商定价决策 $p_i(p_{3-i},p_{e(3-i)}|w_i)$ 和 $p_{ei}(p_{3-i},p_{e(3-i)}|w_i)$ 中，即可得零售商均衡定价决策。由零售商均衡定价决策可以求得制造商批发价格均衡决策。记 $L_{WW}=4d-$

$3hd - t + ht$，则制造商和零售商的均衡定价如下：

$$p_i^{ww} = \frac{[(6d - 2t)a + d(2c + et^2)]}{2L_{ww}} \tag{4-70}$$

$$p_{ei}^{ww} = \frac{t[2(a - c + hc) + (8d - 6hd + 3ht - 3t)et]}{4L_{ww}} \tag{4-71}$$

$$w_i^{ww} = \frac{(4d - t)[2a - (1 - h)(2c + et^2)]}{4L_{ww}} + c \tag{4-72}$$

由均衡定价决策可得均衡的产品需求、延保需求和供应链节点企业利润如下：

$$q_i^{ww} = \frac{d[2a - (1 - h)(2c + et^2)]}{2L_{ww}} \tag{4-73}$$

$$q_{ei}^{ww} = \frac{d[2a - (1 - h)(2c - et^2) - t(8 - 6h)de]}{4L_{ww}} \tag{4-74}$$

$$\Pi_{Mi}^{ww} = \frac{(4d - t)d[2a - (1 - h)(2c + et^2)]^2}{8L_{ww}^2} \tag{4-75}$$

$$\Pi_{Ri}^{ww} = d\{4(4d - t)(a - c + hc)[a - (1 - h)(c + et^2)] + [(3t^2 - 20dt + 36d^2)b^2$$
$$\frac{- 6(4d - t)^2 h + (64d^2 - 28dt + 3t^2)]e^2t^3\}}{16L_{ww}^2} \tag{4-76}$$

设 $a^{ww} = (1 - h)c + (8d - 6hd - t + ht)et / 2$，如果 $a \leqslant a^{ww}$，则延保需求 q_{ei}^{ww} 为负，这是因为延保需求派生于产品需求，如果产品市场初始规模较小，则产品需求无法带动延保需求。而当 $t > 3d$ 时，由式(4-70)和假设(1)推出，如果零售商提供延保服务，则 $p_i^{ww} < 0$，这也不是一个可行解。可见，为保证零售价格、延保价格等均衡结果以及制造商利润和零售商利润均为正，延保期和产品市场潜在需求规模必须满足条件 $0 < t \leqslant 3d$ 和 $a > a^{ww}$。

2. RW/WR 模式

本小节考虑两条竞争供应链分别实施不同合同的混合模式。本书将主要以 RW 模式为例进行分析，即第一条供应链实施销售回扣合同，第二条供应链实施批发价格合同。由对称性可以得到 WR 模式下的相应结果。记 $A = 4d + 3hd - t - ht$，$B = 4d + 2hd - t - ht$，$L_{RW} = (1 - h^2)t^2 + (5h^2 - 8)dt + (16 - 6h^2)d^2$，$T^{RW} = Ad[2a - (1 - h)(2c + et^2)] / L_{RW}$，则 RW 模式下，第一条供应链的销售回扣合同策略满足命题 4-28 的结论。

命题 4-29 RW 模式下，当第一供应链制造商的批发价格和订货阈值决策分别满足 $w_1 = r_1 + c$ 和 $0 < T_1 < T^{RW}$ 时，可以实现第一供应链的协调；进一步通过调节

回扣参数 r_1 可以调节第一供应链制造商和零售商的利润分配份额。

由命题 4-29 可知，RW 模式下两个零售商的定价优化问题分别为

$$\underset{p_1,p_{e1}\geqslant0}{\text{Max}}\, \varPi_{R1}=(p_1-r_1-c)(a-p_1+hp_2)+r_1(a-p_1+hp_2-T_1)^+$$

$$+(p_{e1}-et^2)\left(a-p_1+hp_2-\frac{dp_{e1}}{t}\right) \tag{4-77}$$

$$\underset{p_2,p_{e2}\geqslant0}{\text{Max}}\, \varPi_{R2}=(p_2-w_2)(a-p_2+hp_1)+(p_{e2}-et^2)\left(a-p_2+hp_1-\frac{dp_{e2}}{t}\right) \tag{4-78}$$

第二制造商的批发价格决策模型为

$$\underset{w_2\geqslant0}{\text{Max}}\, \varPi_{M2}=(w_2-c)(a-p_2+hp_1) \tag{4-79}$$

采用逆向归纳法，可以推出各均衡定价结果为

$$p_1^{RW}=\frac{2a(2d-t)A+d(2c+et^2)(8d+2hd-2t-ht)}{2L_{RW}} \tag{4-80}$$

$$p_2^{RW}=\frac{2a(3d-t)B+d(2c+et^2)(4d+6hd-t-2ht)}{2L_{RW}} \tag{4-81}$$

$$p_{e1}^{RW}=\frac{t[2(a-c+hc)A+et(2t^2-2h^2t^2-12dt+bdt+8h^2dt+16d^2-6d^2h^2)]}{2L_{RW}} \tag{4-82}$$

$$p_{e2}^{RW}=\frac{t[2(a-c+hc)B+et(3t^2-3h^2t^2-20dt+2hdt+12h^2t+32d^2-12h^2d^2)]}{4L_{RW}} \tag{4-83}$$

$$w_2^{RW}=\frac{(4d-t)[2a-(1-h)(2c+et^2)]B}{4L_{RW}}+c \tag{4-84}$$

由均衡定价可得均衡的产品需求和延保需求分别为

$$q_1^{RW}=\frac{d[2a-(1-h)(2c+et^2)]A}{L_{RW}},\quad q_2^{RW}=\frac{d[2a-(1-h)(2c+et^2)]B}{2L_{RW}} \tag{4-85}$$

$$q_{e1}^{RW}=\frac{d[2(a-c+hc)A+cet(4t-16d+ht+6h^2d-2h^2t)]}{2L_{RW}} \tag{4-86}$$

$$q_{e2}^{RW}=\frac{d[2(a-c+hc)B+et(12h^2d^2-8h^2dt+h^2t^2+2hdt-32d^2+12dt-t^2)]}{4L_{RW}} \tag{4-87}$$

进一步可得均衡的零售商利润和制造商利润分别为

$$\Pi_{R1}^{RW} = \frac{\{4(4d-t)(a-c+hc)[a-(1-h)(c+et^2)]A^2+de^2t^3[2(h^2-1)(h+2)t^3}{+(4h^4-14h^3-45h^2+16h+48)dt^2-4(6h^4-6h^3-41h^2+8h+48)d^2t}}{(2L)^2}-r_1T_1$$

(4-88)

$$\Pi_{R2}^{RW} = \frac{d\{4(4d-t)(a-c+hc)[a-(1-h)(c+et^2)]B^2+e^2t^3[3(1-h^2)^2t^4-4(8h^4-h^3}{-21h^2+h+13)dt^3+4(32h^4-6h^3-109h^2+8h+84)d^2t^2-16(14h^4-2h^3}}{(4L_{RW})^2}$$

(4-89)

$$\Pi_{M1}^{RW} = r_1T_1, \quad \Pi_{M2}^{RW} = \frac{(4d-t)[2a-(1-h)(2c+et^2)]^2dB^2}{8L_{RW}^2}$$

(4-90)

为保证各均衡结果为正，要求延保期和产品初始市场需求规模满足条件 $0<t\leq 2d$ 和 $a>a^{RW}$，其中 $a^{RW}=(1-h)c-(12h^2d^2-8h^2dt+h^2t^2+2hdt-32d^2+12dt-t^2)et/(2B)$。经计算，$a^{RW}-a^{WW}=hcdt(4d-t)/B$，显然当 $0<t\leq 2d$ 时，$a^{RW}>a^{WW}$。可见，相比于两条供应链同时实施批发价格合同的情形，混合模式下只有当延保期相对更短且产品初始需求相对更大时，两个零售商才会同时提供延保服务，否则至少会有一个零售商不提供延保服务。

3. RR 模式

两条竞争供应链均采用销售回扣合同时，通过同第 3.2 节类似的分析过程可得，为保证销售回扣合同能够协调供应链，制造商的批发价格和订货阈值决策分别满足 $w_i=r_i+c$ 和 $0<T_i<T^{RR}$，其中 $T_i^{RR}=[2a-(1-h)(2c+et^2)]d/L_{RR}$，$L_{RR}=4d-2hd-t+ht$。RR 模式下零售商的定价优化问题为

$$\underset{p_i,p_{ei}\geq 0}{\text{Max}}\ \Pi_{Ri}=(p_i-r_i-c)(a-p_i+hp_{3-i})+r_i(a-p_i+hp_{3-i}-T_i)^+$$
$$+(p_{ei}-et^2)\left(a-p_i+hp_{3-i}-\frac{dp_{ei}}{t}\right)$$

(4-91)

由式(4-91)可得 RR 模式下的均衡结果：

$$p_i^{RR}=\frac{(2d-t)a+(2c+et^2)d}{L_{RR}}, \quad p_{ei}^{RR}=\frac{t[a-c+hc+(2d-hd-t+ht)et]}{L_{RR}}$$

(4-92)

$$q_i^{RR}=\frac{d[2a-(1-h)(2c+et^2)]}{L_{RR}}, \quad q_{ei}^{RR}=\frac{e[a-c+hc-t(2-h)de]}{L_{RR}}$$

(4-93)

$$R_i^{RR} = \frac{d\{(4d-t)(a-c+hc)[a-(1-h)(c+et^2)] + (4d-t-4hd+ht+h^2d)de^2t^3\}}{L_{RR}^2} - r_iT_i$$

$$\tag{4-94}$$

$$\Pi_{Mi}^{RR} = r_iT_i \tag{4-95}$$

为保证零售价格和延保价格、订货量、延保需求、制造商利润、零售商利润等均衡结果为正，延保期和产品初始市场需求规模必须满足条件 $0<t\leqslant 2d$ 和 $a>a^{RR}$，其中 $a^{RR}=(1-h)c+t(2-h)de$。经计算：$a^{RR}-a^{RW}=et(4d-t)(4d-2h^2d-t+h^2t)/(2B)$，且当 $0<t\leqslant 2d$ 时，$a^{RR}>a^{RW}$。由此可见，相比于混合模式，两条供应链同时实施销售回扣合同时，只有当产品市场潜在需求规模相对更大时两个零售商才会同时提供延保服务。为保证零售商提供延保服务，以下分析将假设 $0<t\leqslant 2d$ 且 $a>a^{RR}$ 成立；同时为保证销售回扣合同的有效性，假设 $0<T_i<T^{RR}$（注意：当 $0<t\leqslant 2d$ 且 $a>a^{RR}$ 时，$T^{RR}<T^{RW}$）。

4.4.2　竞争供应链销售回扣合同选择策略

本节主要考察给定竞争对手供应链纵向合同策略时（批发价格合同或者销售回扣合同），本链选择销售回扣合同时的占优性市场条件和参数范围。首先给出命题 4-30 的结论。

命题 4-30　给定竞争对手供应链的纵向合同选择策略，相比于采用批发价格合同，本链采用销售回扣合同可以实现更低的产品价格，更高的产品需求、延保价格和延保需求。

产生命题 4-30 的结论是因为给定竞争对手供应链的纵向合同策略，本链采用批发价格合同会产生制造商和零售商的双重加价行为，因此本链采用销售回扣合同更能够驱使零售商实施低价促销策略；同时销售回扣合同下较高的产品需求派生出较高的延保需求，而较高的延保需求又抬高了延保价格。

记 $\Pi_{M1}^{RW}=\Pi_{M1}^{WW}$，$\Pi_{R1}^{RW}=\Pi_{R1}^{WW}$，$\Pi_{M1}^{RR}=\Pi_{M1}^{WR}$，$\Pi_{R1}^{RR}=\Pi_{R1}^{WR}$ 关于销售回扣参数 r 的边界值为 r_{1a}、r_{1b}、r_{1c}、r_{1d}。相对称地，记 $\Pi_{M2}^{WR}=\Pi_{M2}^{WW}$、$\Pi_{R2}^{WR}=\Pi_{R2}^{WW}$、$\Pi_{M2}^{RR}=\Pi_{M2}^{RW}$、$\Pi_{R2}^{RR}=\Pi_{R2}^{RW}$ 关于销售回扣参数 r 的边界值为 r_{2a}、r_{2b}、r_{2c}、r_{2d}，则对 $i=1,2$ 有

$$r_{ia} = \frac{d(4d-t)[2a-(1-h)(2c+et^2)]^2}{8T_iL_{WW}^2} \tag{4-96}$$

$$r_{ib} = \cfrac{d(4d-t)^2(4d-t-3h^2d+b^2t)(48d^2-24h^2d^2+17h^2dt-24dt-3h^2t^2+3t^2)}{[2a-(1-h)(2c+et^2)]^2}{16T_iL_{RW}{}^2L_{WW}{}^2} \tag{4-97}$$

$$r_{ic} = \frac{d(4d-t)(4d-t+2hd-bt)^2[2a-(1-b)(2c+et^2)]^2}{8T_iL_{RW}{}^2} \tag{4-98}$$

$$r_{id} = \cfrac{d(4d-t)^2(4d-t-2h^2d+h^2t)(48d^2-16h^2d^2+14h^2dt-24dt-3h^2t^2+3t^2)}{[2a-(1-h)(2c+et^2)]^2}{16T_iL_{RW}{}^2L_{RR}{}^2} \tag{4-99}$$

记 $\Pi_{Si}^{RR}=\Pi_{Si}^{WW}$、$\Pi_{S1}^{RW}=\Pi_{S1}^{WW}$、$\Pi_{S2}^{RR}=\Pi_{S2}^{RW}$ 关于产品替代性参数的边界值为 h_1、h_2 和 h_3，则有

$$h_1 = \frac{4d-t}{2(3+\sqrt{3})d-t}, \quad h_2 = \frac{4d-t}{\sqrt{(3d-t)\left[2(3+\sqrt{3})d-t\right]}}, \quad h_3 = \frac{4d-t}{\sqrt{(2d-t)\left[2(3+\sqrt{3})d-t\right]}} \tag{4-100}$$

可以证明 $h_1 < h_2 < h_3$ 成立。给定竞争对手供应链的纵向合同策略，命题 4-31 给出了能够同时实现本链制造商和零售商利润的帕累托改进的销售回扣合同的占优性条件。

命题 4-31　给定竞争对手供应链的纵向合同策略，本链在两种不同合同策略下的制造商利润和零售商利润满足如下结论：

(1)当 $0 < h < h_2$，$r_{1a} < r_1 < r_{1h}$ 时，有 $\Pi_{M1}^{RW} > \Pi_{M1}^{WW}$，$\Pi_{R1}^{RW} > \Pi_{R1}^{WW}$；

(2)当 $0 < t < 0.84532d$，$0 \leqslant h < h_3$ 或 $0.84532d < t < 2d$ 时，如果 $r_{2c} < r_2 < r_{2d}$，则有 $\Pi_{M2}^{RR} > \Pi_{M2}^{RW}$，$\Pi_{R2}^{RR} > \Pi_{R2}^{RW}$。

由对称性和命题 4-30 结论(1)共同表明，对基于竞争对手供应链实施批发价格合同的供应链而言，如果产品替代性程度低于某一较小阈值，则该链制造商和零售商将采用销售回扣合同并通过设置合理的销售回扣参数实现双方利润的帕累托改进。命题 4-31 结论(2)表明，对基于竞争对手供应链实施销售回扣合同的供应链而言，当延保期较短且产品替代性程度低于某一较大阈值，或者延保期较长时，该链制造商和零售商将采用销售回扣合同并通过设置合理的销售回扣参数实现双方利润的帕累托改进。

由命题 4-31 及其证明过程可知，当 $0 < h < h_2$ 时，有 $\Pi_{S1}^{RW} > \Pi_{S1}^{WW}$ 成立；当 $0 < t < 0.84532d$，$0 \leqslant h < h_3$ 或 $0.84532d < t < 2d$ 时，有 $\Pi_{S2}^{RR} > \Pi_{S2}^{RW}$ 成立，即销售回扣合同实现制造商和零售商利润双赢的前提是能够获得高于采用批发价格合同时的整体渠道利润。设 $S_i = (p_i - c)q_i$，$E_i = (p_{ei} - et^2)q_{ei}$ 分别表示供应链 i 的产品增

值利润和延保增值利润，显然，供应链整体渠道利润包含产品增值利润和延保增值利润两部分。由命题 4-29 可以推出 $E_1^{RW} > E_1^{WW}$，$E_2^{RR} > E_2^{RW}$，再结合对称性可以表明，给定竞争对手供应链的纵向合同策略，本链实施销售回扣合同可以获取更高的延保增值利润。这是因为延保需求是产品需求的派生需求，销售回扣合同下较高的产品需求派生出较高的延保需求，客观上抬高了延保价格和延保利润。本链在不同纵向合同下的产品增值利润的定量分析则比较复杂。为直观地揭示市场竞争强度和延保期对本链在不同纵向合同下的延保增值利润和产品增值利润的影响，取 $a = 350$，$c = 100$，$e = 10$，$d = 2$，$T = 100$ 进行数值模拟，得到如图 4-23 ~ 图 4-26 所示的结果。

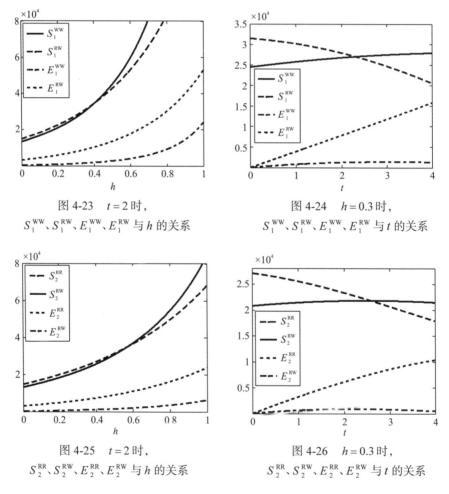

图 4-23　$t = 2$ 时，
S_1^{WW}、S_1^{RW}、E_1^{WW}、E_1^{RW} 与 h 的关系

图 4-24　$h = 0.3$ 时，
S_1^{WW}、S_1^{RW}、E_1^{WW}、E_1^{RW} 与 t 的关系

图 4-25　$t = 2$ 时，
S_2^{RR}、S_2^{RW}、E_2^{RR}、E_2^{RW} 与 h 的关系

图 4-26　$h = 0.3$ 时，
S_2^{RR}、S_2^{RW}、E_2^{RR}、E_2^{RW} 与 t 的关系

　　图 4-23 ~ 图 4-26 表明，给定竞争对手供应链的纵向合同策略，本链采用销售回扣合同比采用批发价格合同可以获取更高的延保增值利润，并且本链在销

售回扣合同与批发价合同下产生的延保增值利润之差随着延保期的延长或者市场竞争的加剧而扩大；当延保期或市场竞争强度低于其特定阈值时，本链采用销售回扣合同比采用批发价格合同可以获取更高的产品增值利润，当延保期或者市场竞争强度超过其特定阈值时，采用销售回扣合同时的产品增值利润低于采用批发价格合同时的产品增值利润，本链在销售回扣合同与批发价合同下产生的产品增值利润之差随着延保期的延长或者市场竞争的加剧而逐渐减小至负值。再结合命题 4-30 可知，给定竞争对手供应链的合同策略，当市场竞争强度和延保期都处于较低水平时，相比于采用批发价格合同，本链采用销售回扣合同能够同时获取较高的产品增值利润和延保增值利润，因而能够获取较高的供应链整体渠道利润，此时该链制造商和零售商将达成一致采用销售回扣合同并通过设置合理的回扣合同参数来实现双方利润的帕累托改进。随着市场竞争的加剧或者延保期的延长，相比于采用批发价格合同，本链采用销售回扣合同的产品增值利润偏低而延保增值利润偏高，因此会产生两种可能的结果：延保增值利润在整体渠道利润中占据主导地位而导致较高的整体渠道利润，此时该链制造商和零售商将采用销售回扣合同以实现利润双赢；或者产品增值利润在整体渠道利润中占据主导地位而导致较低的整体渠道利润，此时该链制造商和零售商将采用批发价格合同。

考察竞争供应链纵向合同选择均衡。由命题 4-31 的结论，注意到 $h_2 < h_3$ 成立，即可得到命题 4-32 的结论。

命题 4-32　基于零售商提供延保服务的链与链竞争模型：

（1）当 $0 \leqslant h < h_2$ 时，两条供应链同时采用销售回扣合同的 RR 模式是唯一竞争均衡；

（2）当 $h_2 < h < \max\{h_3, 1\}$（即 $0 < t < 0.84532d$ 且 $h_2 < h < h_3$ 或 $0.84532d < t < 2d$ 且 $h > h_2$）时，两条供应链采用相同合同的 RR 和 WW 模式同时成为竞争均衡；

（3）当 $h > \max\{h_3, 1\}$（即 $0 < t < 0.84532d$ 且 $h > h_3$）时，两条供应链同时采用批发价格合同的 WW 模式是唯一竞争均衡。

命题 4-32 表明，两条供应链采用相同合同的对称模式都有可能成为竞争均衡。当延保期较短且产品替代程度低于较大阈值 h_3 时或者当延保期较长时，RR 模式成为竞争均衡；当产品替代程度大于较小阈值 h_2 时，WW 模式成为竞争均衡。两个阈值 h_2 和 h_3 关于延保期 t 和延保需求对单位延保价格的敏感程度 d 两个参数的单调性满足命题 4-33 的结论。

命题 4-33

（1）当 $0 < t < 1.5520d$ 时，$\partial h_2 / \partial t < 0$，$\partial h_2 / \partial d > 0$；当 $1.5520d < t < 2d$ 时，$\partial h_2 / \partial t > 0$，$\partial h_2 / \partial d < 0$；

(2) $\partial h_3 / \partial t > 0$，$\partial h_3 / \partial d < 0$。

由式(4-100)和命题 4-32 可知参数 t 和 d 对阈值 h_2 和 h_3 的影响恰为反方向。命题 4-33 结论(1)表明，延保期逐渐延长(或者延保需求对单位延保价格的敏感程度逐渐降低)，使得 WW 模式成为竞争均衡的产品替代程度的范围先缓慢扩大后又开始缓慢缩小(图 4-27 中的区域 $\Omega_3 + \Omega_4$)；命题 4-33 结论(2)表明，延保期越长(或者延保需求对单位延保价格的敏感程度越低)，使得 RR 模式成为竞争均衡的产品替代程度的范围越大，尤其当延保期延长到一定程度时(或者当延保需求对单位延保价格的敏感程度降低到一定程度时)，无论产品替代程度如何，RR 模式必然成为竞争均衡(图 4-27 中的区域 $\Omega_1 + \Omega_2 + \Omega_3$)。

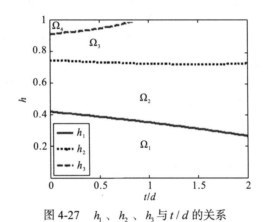

图 4-27 h_1、h_2、h_3 与 t/d 的关系

记 $\Pi_{Mi}^{RR} = \Pi_{Mi}^{WW}$，$\Pi_{Ri}^{RR} = \Pi_{Ri}^{WW}$ 关于销售回扣参数 r_i 的边界值为 r_{ie}、r_{if}，$i=1,2$，则

$$r_{ie} = \frac{d(4d-t)[2a-(1-h)(2c+et^2)]^2}{8T_i L_{WW}^{\ 2}} \quad (4\text{-}101)$$

$$r_{if} = \frac{d(1-h)(4d-t)^2(12d-8hd-3t+3ht)[2a-(1-h)(2c+et^2)]^2}{16T_i L_{RR}^{\ 2} L_{WW}^{\ 2}} \quad (4\text{-}102)$$

比较边界值 r_{ij}（$j = a, h, c, d, e, f$）的大小关系，可以得到引理 2 的结论。

引理 2 当 $0 \leq h < h_1$ 时，$r_{ic} < r_{ia} = r_{ie} < r_{if} < r_{id} < r_{ih}$（$i=1,2$）。

对链与链竞争的两个均衡结果 RR 和 WW 进行静态比较分析，可得命题 4-34 的结论。

命题 4-34 基于零售商提供延保服务的链与链竞争模型，RR 和 WW 模式下的决策均衡、制造商利润和零售商利润分别满足如下结论：

(1) $p_i^{RR} < p_i^{WW}$，$q_i^{RR} > q_i^{WW}$；$p_{ei}^{RR} > p_{ei}^{WW}$，$q_{ei}^{RR} > q_{ei}^{WW}$；

(2) 当 $0 \leqslant h < h_1$ ，$r_{ie} < r_i < r_{if}$ 时，$\Pi_{Mi}^{RR} > \Pi_{Mi}^{WW}$ ，$\Pi_{Ri}^{RR} > \Pi_{Ri}^{WW}$ ；

(3) $0.2679 < h_1 < 0.4226$ ，且 $\partial h_1 / \partial t < 0$ ，$\partial h_1 / \partial d > 0$ 。

命题 4-34 结论(1)表明，相比于 WW 模式，RR 模式会导致更低的产品零售价格和更高的产品需求；RR 模式下较高的产品需求派生出较高的延保需求，客观上抬高了延保价格且不会以降低延保增值利润为代价。命题 4-34 结论(2)表明，如果市场竞争不是非常激烈，且销售回扣参数设置在特定范围之内，则 RR 模式是实现零售商和制造商利润双赢的占优均衡。命题 4-34 结论(3)表明，使得市场上所有制造商和零售商实现利润的帕累托改进的 RR 模式的产品替代性程度的占优性范围(图 4-27 中的区域 Ω_1)随着延保期的延长而逐渐缩小，随着延保需求对单位延保价格的敏感程度的增加而逐渐扩大。

分别考虑市场竞争和延保期对能够同时实现竞争供应链所有制造商和零售商利润的帕累托改进的销售回扣合同的回扣参数范围 (r_{ie}, r_{if}) 的影响。由命题 4-34 可以进一步推出，从市场竞争的视角来看，当市场竞争强度较低时(即 $0 \leqslant h < h_1$)该回扣参数范围存在，当市场竞争强度较高时(即 $h > h_1$)该回扣参数范围不存在。从延保期的视角来看，能够同时实现竞争供应链所有制造商和零售商利润的帕累托改进的销售回扣合同的回扣参数范围，受延保期动态变化的影响依赖于市场竞争强度：当市场竞争强度较低时(即 $0 \leqslant h < 0.2679$)，该回扣参数范围始终存在；当市场竞争强度适中时(即 $0.2679 < h < 0.4226$)，该回扣参数范围在延保期较短时存在，而在延保期较长时不存在；当市场竞争强度较高时(即 $0.4226 < h < 1$)，该回扣参数范围不存在。为直观地显示销售回扣参数边界值同市场竞争强度和延保期的关系，取参数值 $a = 350$，$c = 100$，$e = 10$，$d = 2$，$T = 100$ 进行数值模拟得到 r_{ij} ($j = a, h, c, d, e, f$) 与参数 h 和 t 的函数关系，如图 4-28 和图 4-29 所示。

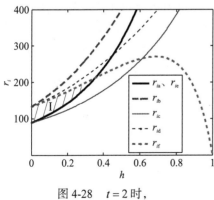
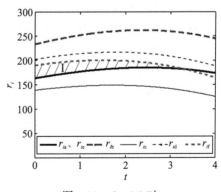

图 4-28　$t = 2$ 时，
r_{ij} ($j = a, h, c, d, e, f$) 与 h 的关系

图 4-29　$b = 0.3$ 时，
r_{ij} ($j = a, h, c, d, e, f$) 与 t 的关系

图 4-28 表明，能够同时实现竞争供应链所有制造商和零售商利润的帕累托改进的销售回扣参数范围，随着产品替代程度的增加而逐渐缩小直至消失（图 4-28 中阴影部分），这是因为市场竞争的加剧充分弱化了批发价格合同的双重加价行为，从而使得销售回扣合同的优势地位逐渐减弱直至消失。图 4-29 表明，当市场竞争强度适中时（注意 $h=0.3$），该销售回扣参数范围随着延保期的延长而逐渐缩小直至消失，说明此时延保成本的增加会削减实施销售回扣合同带来的系统利润增长空间。

4.4.3 小结

本书主要构建了两个竞争性制造商和两个排他性零售商组成的竞争供应链博弈模型，其中零售商提供有偿延保服务。通过比较分析竞争供应链在不同纵向合同（批发价格合同和以协调为目的的销售回扣合同）策略下的决策均衡和绩效，基于制造商和零售商利润双赢的角度探讨竞争供应链采用销售回扣合同时的市场条件和参数范围，最终揭示了价格竞争和零售商延保服务的叠加效应对竞争供应链纵向合同选择博弈均衡的影响。研究表明：

(1) 竞争供应链零售商选择提供有偿延保服务的市场条件为延保期较短且产品潜在需求规模较大，且具体市场条件随着链与链竞争模式的不同而不同。零售商选择提供延保服务的产品潜在需求规模下限在销售回扣合同链与链竞争模式（RR 模式）下达到最大，在批发价格合同链与链竞争模式（WW 模式）下达到最小。

(2) 对竞争对手供应链实施批发价格合同的供应链而言，当市场竞争强度相对较低时，该链制造商和零售商将实施协调的销售回扣合同并实现利润双赢；对竞争对手供应链实施销售回扣合同的供应链而言，当零售商延保期较短且市场竞争没有达到异常激烈时，或者当零售商延保期较长时，该链制造商和零售商将实施协调的销售回扣合同并实现利润双赢。

(3) 行业内链与链竞争均衡为两条供应链选择相同合同，当且仅当市场竞争比较微弱（体现为产品替代程度低于延保期有关的特定阈值）时，两条供应链同时实施销售回扣合同成为唯一的竞争均衡，实现行业内所有零售商和制造商利润的帕累托改进。

参 考 文 献

艾兴政, 唐小我, 涂智寿, 2008. 不确定环境下链与链竞争的纵向控制结构绩效[J]. 系统工程学报, 28(2): 188-193.

王素娟, 胡奇英, 2010. 基于延保服务吸引力指数的服务模式分析[J]. 计算机集成制造系统, 16(10): 2277-2284.

徐兵, 孙刚, 2011. 需求依赖于货架展示量的供应链链间竞争与链内协调研究[J]. 管理工程学报, 25(1): 197-202

赵海霞, 艾兴政, 马建华, 等, 2015. 需求不确定和纵向约束的链与链竞争固定加价[J]. 管理科学学报, 18(1): 20-31.

Ai X, Chen J, Ma J, 2012. Contracting with demand uncertainty under supply chain competition[J]. Annals of Operations Research, 201(1): 17-38.

Albert Y H, Shilu T, 2008. Contracting and information sharing under supply chain competition[J]. Management Science, 54(4): 701-715.

Amaeshi K, Osuji O K, Nnodim P, 2008. Corporate social responsibility in supply chains of global brands: A boundaryless responsibility? Clarifications, exceptions and implications[J]. Journal of Business Ethics, 81 (1), 223-234.

Anderson E, 1977. Product price and warranty terms: An optimization model[J]. Operations research, 28(3): 739-741.

Blischke W R, Murthy D N P, 1992. Product warranty management — I : A taxonomy for warranty policies[J]. European Journal of Operational Research, 62(2): 127-148.

Bouguerra S, Chelbi A, Rezg N, 2012. A decision model for adopting an extended warranty under different maintenance policies[J]. International Journal of Production Economics, 135(2): 840-849.

Cachon G P, Lariviere M A, 2005. Supply Chain Coordination with Revenue-Sharing Contracts: Strengths and Limitations[J]. Management Science, 51(1): 30-44.

Chao G H, Iravani S M, Savaskan R C, 2009. Quality improvement incentives and product recall cost sharing contracts[J]. Management Science, 55(7): 1122-1138.

Chen J, Liang L, Yang F, 2015. Cooperative quality investment in outsourcing[J]. International Journal of Production Economics, 162: 174-191.

Choi T M, Li Y, Xu L, 2013. Channel leadership, performance and coordination in closed loop supply chains[J]. International Journal of Production Economics, 146(1): 371-380.

Cralg A, Kelley, Jeffrey S, et al., 1991. Extended Warranties: Consumer and Manufacturer Perceptions[J]. Journal of Consumer Affairs, 25(1): 68-83.

Desai P, Padmanabhan P, 2004. Durable good, extended warranty and channel coordination [J]. Review of Marketing Science, 2(2): 1-23.

Fan J, Ni D, Tang X, 2017. Product quality choice in two-echelon supply chains under post-sale liability: Insights from wholesale price contracts[J]. International Journal of Production Research, 55 (9) : 2556-2574.

Fang Y, Shou B, 2015. Managing supply uncertainty under supply chain Cournot competition[J]. Europe Journal of Operational Reasearch, 1 (16) : 156-176.

Gallego G, Wang R, Ward J, et al., 2014. Flexible-duration extended warranties with dynamic reliability learning[J]. Production and Operations Management, 23 (4) : 645-659.

Gao C, Cheng T C E, Shen H, et al., 2016a. Incentives for quality improvement efforts coordination in supply chains with partial cost allocation contract[J]. International Journal of Production Research, 54 (20) : 6216-6231.

Gao J, Han H, Hou L, et al., 2016b. Pricing and effort decisions in a closed-loop supply chain under different channel power structures[J]. Journal of Cleaner Production, 112 (3) : 2043-2057.

Gupta S, Loulou R, 2008. Channel structure with knowledge spillovers[J]. Marketing Science, 27 (2), 247-261.

Gupta S, Loulou R, 1998. Process innovation, production differentiation, and channel structure: Strategic incentives in a duopoly[J]. Marketing Science, 17 (4) : 301-316.

Haixia Z, Xingzheng A, Jianhua M, Xuefeng H, 2015. Retailer's fixed markup of chain-to-chain competition under demand uncertainty and vertical restraints[J]. Journal of Management Science, 18 (1) : 20-31.

Heese S, 2008. Supply chain dynamics under extended warranty sales [D]. Working Paper, Indiana University.

Hennessy D A, Roosen J, Miranowski J A, 2001. Leadership and the provision of safe food[J]. American Journal of Agricultural Economics, 83 (4) : 862-874.

Ingene C A, Parry M E, 1995. Coordination and manufacturer profit maximization: The multiple retailer channel[J]. Journal of Retailing, 71 (2) : 129-151.

Jack N, Murthy D N P, 2007. A flexible extended warranty and related optimal strategies[J]. Journal of the Operational Research Society, 58 (12) : 1612-1620.

Jindal P, 2014. Risk preferences and demand drivers of extended warranties[J]. Marketing Science, 34 (1) : 39-58.

Kunpeng Li, Suman Mallik, Dilip Chhajed, 2012. Design of extended warranties in supply chains under additive demand[J]. Production and Operations Management, 21 (4) : 730-746.

Lam Y, Lam P K W, 2001. An extended warranty policy with options open to consumers[J]. European Journal of Operational Research, 131 (3) : 514-529.

Levy D J, 2009. Auto supplier hit with $47.7 M tab for recalls[N]. Michigan Lawyers Weekly.

Li K, Mallik S, Chhajed D, 2012. Design of extended warranties in supply chains under additive demand[J]. Production and Operations Management, 21 (4) : 730-746.

Liu Y, Fry M J, Raturi A S, 2009. Retail price markup commitment in decentralized supply chain[J]. European Journal of Operational Research, 192 (1) : 277-292.

Lilien G, Kotler P, Moorthy K S, 1992. Marketing models[J]. Prentice-Hall, Englewood Cliffs, NJ.

Lutz N A, Padmanabhan V, 1998. Warranties, extended warranties, and product quality[J]. International Journal of Industrial Organization, Elsevier, 16(4): 463-493.

Lutz N A, 1989. Warranties as signals under consumer moral hazard[J]. Journal of Economics, 20(2): 239-255.

Ma P, Wang H, Shang J, 2013. Supply chain channel strategies with quality and marketing effort-dependent demand[J]. International Journal of Production Economics, 144(2): 572-581.

Mcguire T W, Staelin R, 1983. An industry equilibrium analysis of downstream vertical integration[J]. Marketing Science, 27(1): 115-130.

Mortimer J H, 2002. The effects of revenue-sharing contracts on welfare in vertically-separated markets: Evidence from the video rental industry[J]. SSRN Electronic Journal, 28(2): 1832-1837.

Padmanabhan V, 1995. Usage heterogeneity and extended service contracts[J]. Journal of Economics and Management Strategy, 4(1): 33-54.

Padmanabhan V, Rao R C, 1993. Warranty policy and extended service contracts: Theory and an application to automobiles[J]. Marketing Science, 12(3): 230-247.

Rouvière E, Latouche K, 2014. Impact of liability rules on modes of coordination for food safety in supply chains[J]. European Journal of Law and Economics, 37(1): 111-130.

Shapiro E, 1998a. Movies: Blockbuster seeks a new deal with Hollywood[J]. Wall Street Journal (March 25) B1.

Sinha S, Sarmah S P, 2011. Price and warranty competition in a duopoly supply chain[M]. Berlin, Heidelberg: Springer-Verlag: 281-314.

Taylor T, 2002. Coordination under channel rebates with sales effort[J]. Management Science, 48(8): 992-1007.

Tsay A A, Nahmias S, Agrawal N, 1999. Modeling supply chain contracts: A review[J]. Quantitative Models for Supply Chain Management, 17: 299-336.

Vittal S, Phillips R, 2007. Modeling and optimization of extended warranties using probabilistic design[C]. Reliability and Maintainability Symposium, (1): 41-47.

Warren A, Peers M, 2002. Video retailers have day in court—Plaintiffs say supply deals between Blockbuster Inc and studios violate laws[J]. Wall Street Journal-Eastem Edition, 239(115): 10.

Wu C C, Chou C Y, Huang C, 2009. Optimal price, warranty length and production rate for free replacement policy in the static demand market[J]. Omega, 37(1): 29-39.

Xingzheng A, Xiaowo T, Zhishou T, 2008. Performance of vertical control structure of chain to chain competition under uncertainty[J]. Journal of System Engineering, 23(2): 188-193.

Yan X, Zhao H, Tang K, 2015. Requirement or promise? An analysis of the first-mover advantage in quality contracting[J]. Production and Operations Management, 24(6): 917-933.

Yan X, Zaric G S, 2016. Families of supply chain coordinating contracts in the presence of retailer effort[J]. International Journal of Production Economics, 175(5): 213-225.

第 5 章　智能制造单元间联动的价值共创与运营机制

5.1　工业物联网智能制造系统介绍

5.1.1　工业物联网与工业 4.0

如今，物联网不仅逐渐渗透到生活的方方面面，为日常生活带来巨大便利，象征物联网的那只蝴蝶还扇动它的翅膀，在工业领域掀起了产业革命与科技变革的风暴。工业物联网实现了人与机器、机器与机器的互联互通，使人们创造价值的方式发生了巨大改变，极大地推动了传统产业向数字化、网络化、智能化转型。全球知名咨询机构 Industry ARC 预测，在 2025 年之前工业物联网有可能会每年产生 11.1 万亿美元的经济价值[①]，埃森哲联合 Frontier Economics 预估在中国当前政策和投资趋势助推下，未来 15 年，仅在制造业，物联网就可以创造 1960 亿美元的累计 GDP 增长[②]，物联网正在为工业生产描绘一幅全新的画卷。

工业物联网的英文名称是 industrial internet of things(IIOT)，顾名思义是物联网在工业领域的应用,《2017 年工业物联网白皮书》将其定义为通过工业资源的网络互联、数据互通和系统互操作，实现制造原料的灵活配置、制造过程的按需执行、制造工艺的合理优化和制造环境的快速适应，达到资源的高效利用，从而构建服务驱动型的新工业生态体系[③]。工业物联网可以看作是信息技术(information technology，IT)与运营

---

① 德勤研究中心. 从 "后知后觉" 到 "先见之明" ——释放物联网工业领域价值[EB/OL]. [2017-05-07]. https://www.sohu.com/a/138805180_483389.

② 埃森哲.物联网：推动中国产业转型[EB/OL]. [2015-09-09]. https://wenku.baidu.com/view/9f45d8a4760bf78a6529647d27284b73f2423691.html.

③ 中国电子技术标准化研究院. 工业网物联网白皮书(2017 版)[EB/OL]. [2017-9-13]. http://www.cesi.cn/201709/2919.html.

技术（operational technology，OT）在工业制造方面的融合，即"IIOT=IT+OT+IT"，通过运用感知控制技术、网络通信技术、信息处理技术以及安全管理技术，对设计、生产、销售、物流、服务等制造活动的各个环节进行实时、智能的数据采集、传递、分析和应用，实现工业信息系统与工业控制系统的高度结合，从而提升产品的质量和工业生产效率，进一步降低生产管理成本和资源消耗。

　　工业物联网的出现除了得益于快速发展的物联网技术，还与世界各国纷纷推出的智能制造战略有着密不可分的联系。2013 年，德国率先在"汉诺威工业博览会"上提出了工业 4.0 的概念。工业 4.0 是在大规模定制的需求驱使下，以物联网、大数据等新技术作为支撑，使工业进入智能化时代的变革。工业 4.0 包含两大目标：智能制造与智能工厂。工信部在 2015 年出台的《中国制造 2025》中明确将智能制造列为中国版工业 4.0 的核心主攻方向，通过不断向产品智能化、装备智能化、生产智能化、服务智能化和管理智能化转型，实现"两提升、三降低"的目标：生产效率提升、资源综合利用率提升、研发周期大幅缩短、运营成本大幅下降、产品不良品率大幅下降[①]。而工业物联网的部署实施无疑推动了智能制造的发展进程，作为一种技术手段或解决方案，其最终目的就是实现工业制造领域的转型升级，这与智能制造的目标不谋而合。工业物联网与工业 4.0 的概念既有相似之处，又有差别。工业 4.0 强调的是以智能制造为主导的工业发展阶段，它为制造业指明了智能化的发展方向；而工业物联网则是实现工业 4.0 的具体方式，是工业 4.0 最为关键的要素，智能制造的实现离不开工业物联网的应用。物联网、工业物联网与工业 4.0 之间的关系如图 5-1 所示。工业物联网是物联网集中在工业生产方面的应用，属于物联网的子集；工业 4.0 涵盖整个制造生态系统，包含并延伸了工业物联网。

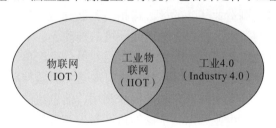

图 5-1　物联网、工业物联网和工业 4.0 的概念关系

5.1.2　智能制造系统内部生产与物流的联动特征

　　2020 年农历庚子年的春节，给每一个中国人都留下了难以忘怀的记忆，新冠

① 人民论坛. 中国制造 2025：智能时代的国家战略[M]. 北京：人民出版社，2015：6.

疫情来势汹汹，夺走了一个又一个鲜活的生命，同时这场疫情也给我国的制造业带来了强大冲击。受到劳动力紧缺、原材料供给难、物流不畅等问题的影响，新冠肺炎疫情下，我国的许多制造企业生产线都几乎一度停摆，但也有一些企业依靠智能制造实现了逆风翻盘。宝山钢铁股份有限公司(简称：宝钢股份)把上海宝山基地的冷轧热镀锌智能车间变成了一座 24 小时运转却不需要多人值守的"黑灯工厂"，企业通过机器人作业和行车无人化，既保证了疫情期间的病毒防控，又实现了高效的生产运作。如果将宝钢智能化生产制造的各个环节看作是人体内脏器官，那么贯穿于整个生产制造过程的物流活动则是血液，是联动各个环节的纽带，物料搬运机器人、无人吊机等智能搬运设备将原材料、半成品、产成品等物料在原料进料、锌锅捞渣、钢卷打捆贴标以及钢卷入库等各个环节之间不停地转移，这种转移也是生产物流。生产物流与社会物流不同，它是制造企业在生产制造过程中的物流活动，物流范围起于原材料、燃料、外购件的投入，止于产成品入库，是指物料(原材料、燃料、外购件)投入生产后，经过下发料，运送到各加工点和储存点，以在制品的形态在各个生产单元之间流转的过程，搬运是生产物流的主要活动，本章中所提及的物流皆为生产物流(黄中鼎，2005)。

　　生产与物流密切相关，如果物流中断，则生产过程也会随之中断。据统计，以我国的机械制造企业为例，加工时间仅占企业生产过程的 5%～10%，而物料的停滞、装卸、搬运、包装和运送等物流活动时间却占到了 90%～95%。此外，原材料、在制品等物料占用了流动资金的 74.9%(宫华和许可，2015)。由此可见，物流是提高生产效率、降低成本，进而创造生产附加价值的关键，物流活动与生产加工过程紧密相连。近年来，德国、美国、中国等工业大国相继部署实施了"工业 4.0 战略"，这些制造业战略的核心均指向智能制造，各国都将其作为确立制造业竞争优势的关键举措。在智能制造大环境的推动下，众多企业纷纷购买先进生产设备，以提升生产车间的自动化水平。虽然单个生产单元的效率得到了一定的提升，但由于工业设备之间连接不足，并且缺乏实时监控和智能感知技术，蕴藏在系统中的海量数据无法得到充分挖掘和利用，信息流的不畅通使得生产加工与物流之间缺乏关联，企业难以从全局的角度对生产和物流活动协同优化，各生产单元犹如一座座孤岛，容易导致生产效率低下、订单交付延期、库存周转速度慢、成本增加等问题产生。例如，在加工工艺复杂、用料多样的情况下，原料仓库管理人员很难及时捕捉到加工过程中的缺料情况，导致原料配送供给滞后，影响后续生产环节。信息流通不畅给生产和物流带来的负向影响在不确定环境下更加显著，企业难以对机器故障、订单临时修改、叉车故障等动态干扰事件进行及时感知和响应。以新冠肺炎疫情这一黑天鹅事件为例，与前文中提及的宝钢股份不同，许多中小型制造企业平常主要依靠工人对生产加工设备进行监控和管理，疫情期间由于人员紧缺，难以动态实时地获取生产加工设备的运转情况，当故障出现时，必然会对物料在后续生产单元间的流转及加工产生影响。从上述分析中不难看出，生产和物流之间不能各行其是，需要协同协调，换句话说就是联动，生产和物流环节的有效联动是企业提高生产效率、降低成本的必然要求。企业要想实现真正的智能制造，仅仅做到生产自动化是远远不够的，单个生产单元效率的提升不能带动整个生产制造过程效率的提升，企业需要打通信息流，形成数据流、信息流、物料流和价值流的良性循环，实现生产原材料仓—产线—各个工序—测试—成品仓各环节的全面智能联动。

随着工业 4.0 战略的推进实施，工业物联网、云计算、大数据和人工智能等新兴技术为智能制造赋予了新的活力，生产和物流活动的大量沉睡数据得以被挖掘、存储、整合和分析，并形成互联互通的信息流。畅通的信息推动了生产和物流环节的有效联动运作，进而创造了价值流，使价值持续地流动起来。作为智能制造的神经系统，工业物联网是智能制造的核心技术之一，在该技术的应用之下，生产子系统与物流子系统（包括搬运子系统和仓储子系统）中基于物联网连接的各工业设备通过"联结""联动"创造价值，并最终构建为价值共创共享的"联合生态体"，物联网实时数据驱动下的"连接—联结—联动—联体"价值共创架构与模式如图 5-2 所示。

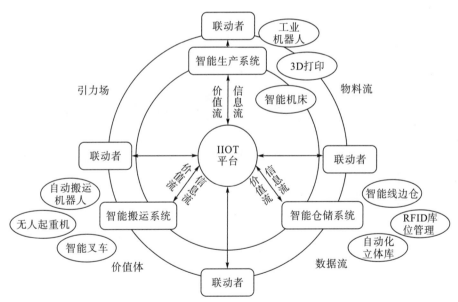

图 5-2　"连接—联结—联动—联体"价值共创架构与模式

首先，生产子系统、搬运子系统和仓储子系统内的机器设备通过物联网、互联网等实现了物理层面的连接，组成一个价值共创的网络；其次，网络产生联结，相较于之前各项活动孤立的状态，生产、搬运和仓储活动之间的关联与联系被建立起来；然后，联结带来了联动，随着智能机床、物料加工机器人、自动搬运机器人（AGV）、移动线边仓等越来越多的智能机器设备连入工业物联网，生产与物流环节的衔接更加紧密，活动的联结更加频繁。在智能传感、射频识别（RFID）技术的支持下，大量机器设备运转所产生的工业数据被随时随地地采集，采集到的数据通过工业网关、短距离无线通信等互联互通技术实时、准确地传递出去，并在数据挖掘、云计算等技术手段的基础上从中提取出有价值的信息，实现生产、搬运和仓储各环节之间更大程度的数据、信息共享，将各生产制造单元更好地串联在一起，达到了生产和物流智能联动的目的，从而使价值流能够真正地流动起来。最后，在网络"联结—联动"的基础上，随着价值的不断创造，网络中形成了巨大的引力场，更多的工业智能设备、软件系统作为联动者被吸引、吸纳，价值共创参与者的联合体将更加庞大。生产和物流的运作催生了海量数据，借助于大数据、人工智能、云计算等新兴技术，又可以从数据中进一步挖掘出有价值的信息，发现提高产品生产效率、订单交付能力和降低生产成本的新途径，从而创造更大的价值，结成价值共创共享的"联合生态体"，即工业物联网技术应用环境下基于数据驱动的"连接—联结—联动—联体"价值共创架构与模式。

通过前文分析，可以总结归纳出智能制造系统内生产与物流联动创造价值的特征。

（1）数据驱动。生产和物流运作过程中产生了大量数据，在工业物联网技术的支持下，这些数据被感知和采集，并且汇集到云计算平台进行存储、处理和分析，蕴藏在数据中的有价值的信息被挖掘提取出来，数据与信息在生产、搬运和仓储环节之间循环流动，各环节之间的闭环因此被打破，企业可以更好地对生产与物流活动进行协同协调，以数据驱动流程的优化，实现智能联动，进而创造更大的价值。

（2）实时动态。复杂的生产和物流系统各环节涉及人员、智能机器设备、物料、环境等大量的动态数据，智能感知作为工业物联网的基础，能够帮助生产车间及时快速地捕捉系统内的动态信息，如机器故障、临时订单等，全面了解生产和物流系统的实时运作状态，为生产与物流的高效协同运作提供重要的支撑。基于实时数据信息，企业能够在不确定生产环境下对系统进行实时动态的联动决策。

（3）全局协调。智能制造系统内生产与物流的联动意味着生产、搬运和仓储各环节不再是孤立分散的状态。关联的单元间协同决策，从以往各生产单元内的局部优化转变为了全局的系统优化，这有助于实现整个生产制造过程的全局最优。

随着工业物联网和智能制造技术的迅猛发展，自动化制造系统已广泛应用于半导体制造等行业。这类先进制造系统的运作要求有稳定持续的生产计划，但实际环境中各类干扰事件给系统运作带来了剧烈扰动，甚至导致整个系统崩溃。同时，在生态环境保护约束下，企业不仅需要提升生产效率，还需要考虑制造系统的能耗和对环境的影响。5.2 节将针对具有物料搬运机器人的自动化制造系统，提出工件随机到达情景下的干扰管理策略。当工件随机到达系统时，原调度方案中已有工件的加工顺序和机器人搬运工件顺序保持不变。由此，新工件加工作业和搬运作业分别安排在工作站和物料搬运机器人的空闲时段内进行。基于上述干扰管理策略，研究将调度优化问题转化为对工作站和物料搬运机器人的空闲时段的枚举，并开发了基于局部调整思想的构造式启发式算法。在 5.3 节中，研究将物料搬运机器人能耗成本建模为搬运机器人运行时间的成本函数，以同时优化制造系统的生产效率和搬运机器人的能耗成本为目标，建立了在给定机器人搬运作业执行顺序下的自动化制造系统多目标调度模型。为了保证搜索到的非支配解集尽量覆盖帕累托前沿，提出根据最大在制品数 (work-in-process, WIP) 将搜索空间划分为多个子空间。利用混合离散差分进化算法平行搜索多个子空间，使搜索到的非支配解集逼近帕累托前沿。

5.2　针对随机干扰事件的制造单元联动策略与生产调度

5.2.1　随机干扰事件分类以及影响

新冠肺炎疫情之下，人民群众的健康安全受到巨大威胁，口罩成为医护人员和普通人工作、出行的必备物品，口罩需求量剧增，这给口罩生产企业带来了不小的挑战。剧增的需求、短缺的生产设备和原料、劳动力不足等诸多不确定因素使企业原先拟定好的生产计划变得混乱甚至不可行，使整个生产系统变得不正常而陷入低效率的运行中。除上述事件外，影响生产计划方案的不确定事件还包括机器故障、工人旷工、用电受限、工件到达时间变化等，管理者在面对复杂多变的生产情况时，必须要在保证生产的同时通过对生产方案做出调整，对不确定事件作出快速、准确地反应，调整后的生产方案要尽可能地接近原方案，以尽可能小的代价恢复生产调度系统的正常运行，即干扰管理。

由于这些随机干扰事件对生产调度系统造成的影响各不相同，所以针对这些干扰事件采用的度量方法也应有所区别。为了更好地度量这些扰动，对干扰事件进行合理的分类十分重要。Vieira 等 (2003) 将生产调度过程中经常出现的干扰事件总结为以下几类：①机器故障；②紧迫工件到达；③工件加工时间改变及取消；④交货期改变；⑤材料短缺或者到达延误；⑥工件优先权的改变；⑦质量问题或者返工；⑧对加工工期估计不足和估计过剩；⑨工人旷工等。Gang 等(1996)将干扰事件分为 7 类：①环境变化；②不可预测事件；③系统参数改变；④可用资源改变；⑤新约束加入；⑥系统执行不确定性；⑦初始条件改变。本节采用唐海波等(2012)的分类标准，将影响生产系统的随机干扰事件分为两类：一类是由生产系统内部因素波动产生的干扰，另一类是由生产系统外部因素波动产生的干扰。生产系统内部因素由机器、加工时间、加工程序、工件材料以及人员用工情况等构成，包含机器故障、质量问题或返工、工人旷工、对加工工期估计不足和估计过剩、工件加工时间改变等干扰事件；生产系统外部因素包含了生产系统外部不能由生产系统控制的因素，主要包括紧迫工件到达、工件取消、交货期改变、材料短缺或者到达延误等。

这些干扰事件的发生将对车间生产加工过程产生负面影响，具体体现在两个方面：①增加了与调度方案总完工时间和加工时间变长等相关的生产费用，以及工人加班费用、外包费用、额外资源消耗费用和运输费用等方面的成本；②对原始调度方案造成扰动影响，包含受扰任务完工时间的提前或者延误、加工次序的变化以及"机器－任务"的重新指派等(王杜娟, 2015)。因此，如何在干扰事件发生后，快速有效地制定应对方案，从而在降低干扰事件对生产加工系统造成的消极影响的同时，增强系统运作的稳定性，使经过调整后的调度方案与原有调度方案的偏离程度较小，是具有现实意义的研究工作。

当前，智能制造系统已在半导体制造、医药食品加工和机械零部件表面加工处理等行业中广泛应用。在经典文献中，这类先进制造系统对应的生产计划问题又被称为具有自动化物料搬运机器人的生产调度问题(hoist scheduling problem, HSP)。该问题在理论上已经被证明是 NP 难问题(Lei and Wang, 1989)。大部分文献研究了静态环境下的确定性周期生产计划方法。在确定性环境下，由于所有加工任务以及它们的加工信息都是提前已知的，因此可采用重复性周期的生产模式来制定生产计划方案。在后文研究的 HSP 问题中，为了最大化系统生产效率，需要合理确定生产周期内物料机器人的搬运作业顺序以及搬运作业的开始时间。有关智能制造系统的周期生产计划相关研究可参看相关文献(Crama et al., 2000; Dawande et al., 2005; Hall et al., 1998; Manier and Bloch, 2003; Liu and Kozan, 2017)。

本节主要针对具有物料搬运机器人的自动化制造系统，提出了工件随机到达情景下的干扰管理策略。为了避免加工任务的随机到达对生产系统稳定性运作造成严重扰动，后文假设机器人的当前搬运作业次序不能改变，但是可以对搬运作业的开始时间进行适当的调整。值得注意的是，上述假设也被文献(Hoogeveen and Lenté, 2012; Hall and Potts, 2004)使用。当新加工任务到达时，将该任务加工作业和搬运作业分别安排插入制造系统中工作站和搬运机器人的可用(空闲)时段中。如果安排进入的可用时段过短，即可用时段不足以完成相应的加工作业或者搬运作业，则在不改变原有搬运作业执行顺序的前提下，适度调整这些搬运作业计划的开始时间，以增加可用时段的时长。为此，研究设计开发了具有多项式计算时间的动态调整方法。研究的另一项贡献为，通过仿真实验模拟了一个长期持续的制造环境。在该仿真制造环境下，多个新加工任务随机陆续到达系统。本节利用提出的方法连续的更新生产计划。同时还将本节方法和文献(Zhao et al.，2013；Chauvet et al.，2000)中的两种方法所连续产生的生产计划进行了对比分析。对比结果表明，利用本节方法所制定的生产计划比利用 FBEST 方法(Chauvet et al.，2000)制定的生产计划具有更高的生产效率，同时比利用 Zhao 等(2013)提出的混合整数规划方法具有更好的系统稳定性。

5.2.2　研究问题描述

本节研究的电镀自动生产线由一个物料搬运机器人和 N 个工作站组成，工作站记为 M_1，M_2，…和 M_N。不同工件随机到达制造系统，每个工件需要经过 N 个工作站的加工来完成相应工序。所有工件都从输入站 M_0 进入系统，完成全部工序后，从输出站 M_{N+1} 离开系统。工件的每一道工序必须在给定的时间窗(time-window)内完成加工，否则加工后的产品将会有质量瑕疵。另外，在工作站上加工还需要满足无等待(no-wait)约束条件，即当工件在工作站上完成加工后，必须由机器人马上搬运到下一道工序对应的工作站进行加工作业。本节称搬运机器人将一个工件从一个工作站搬运到下一个工作站为一个搬运作业(move)，其中包括了 3 个步骤：①机器人从当前工作站上卸载工件；②将工件搬运至下一个工作站；③将工件装载在下一个工作站上。机器人在没有搬运工件时的移动，被称为空载移动(void move)。在任何时候，工作站或者搬运机器人最多只能加工或者搬运一个工件。

本节假设新工件以较高频率到达系统，并且采用"先到先服务"的规则来处理新到达工件。因此在本节中，假设在每一个决策时间内，只有一个新工件到达。当一个编号为 J 的新工件到达系统时，我们假设当前有 $J-1$ 个工件已经到达系统。这些已到达的工件称为现有加工工件，要么正在系统里被加工处理，要么在输入站 M_0 等待加工。对于现有加工工件 j，$1 \leqslant j \leqslant J-1$，记该工件所有未加工工序中的第一道工序为 $s(j)$，且有 $0 \leqslant s(j) \leqslant N$，$N$ 是该工件的最后一道工序。

在下节中，称当新工件到达时，正在被制造系统执行的生产计划为当前生产计划。在当前生产计划中未完成的加工工序和搬运作业被称为剩余工序和剩余搬运作业。本节使用的主要符号见表 5-1。

表 5-1　本节使用的主要符号

参数		参数的意义
	J	工件总数量，包括 J–1 个现有工件和 1 个新工件 J
	T	新工件 J 到达系统的时间
	$s(j)$	工件 j 待加工工序中的第一道工序，$1 \leqslant j \leqslant J$–1
	$O_{i,j}$	工件 j 的第 i 道加工工序，$s(j) \leqslant i \leqslant N$，$1 \leqslant j \leqslant J$
	$m(i,j)$	工序 $O_{i,j}$ 对应的工作站编号，$s(j) \leqslant i \leqslant N$，$1 \leqslant j \leqslant J$，$0 \leqslant m(i,j) \leqslant N+1$ 并且 $m(s(j),j) \neq m(s(j)+1,j) \cdots \neq m(N,j)$
	$[a_{i,j}, b_{i,j}]$	工序 $O_{i,j}$ 的加工时间窗，$s(j) \leqslant i \leqslant N$，$1 \leqslant j \leqslant J$
已知参数	move(i,j)	机器人将工件从工序 $O_{i,j}$ 的工作站搬运至工序 $O_{i+1,j}$ 的工作站，$s(j) \leqslant i \leqslant N$，$1 \leqslant j \leqslant J$，其中工序 $O_{N+1,j}$ 是卸载站 M_{N+1} 上的虚拟工序
	$d_{i,j}$	机器人执行搬运作业 move(i,j) 所需的时间，$s(j) \leqslant i \leqslant N$，$1 \leqslant j \leqslant J$
	$\omega_{e,f}$	机器人从工作站 e 空载移动到工作站 f 所需的时间，$0 \leqslant e,f \leqslant N+1$
	$X_{i,j}^0 = \{x_{i,j}^0 \mid s(j) \leqslant i \leqslant N\}$	工件 j 在当前生产计划中剩余加工工序的开始时间集合，$1 \leqslant j \leqslant J$–1，$x_{i,j}^0$ 为剩余加工工序 $O_{i,j}$ 的开始时间
	$Y_{i,j}^0 = \{y_{i,j}^0 \mid s(j) \leqslant i \leqslant N\}$	工件 j 在当前生产计划中剩余搬运作业的开始时间集合，$1 \leqslant j \leqslant J$–1，$y_{i,j}^0$ 为剩余搬运作业 move(i,j) 的开始时间
	$X_j = \{x_{i,j} \mid s(j) \leqslant i \leqslant N\}$	工件 j 在新生产计划中加工工序的开始时间集合，$1 \leqslant j \leqslant J$，$x_{i,j}$ 为工序 $O_{i,j}$ 的开始时间
决策变量	$Y_j = \{y_{i,j} \mid s(j) \leqslant i \leqslant N\}$	工件 j 在新生产计划中搬运作业的开始时间集合，$1 \leqslant j \leqslant J$，$y_{i,j}$ 为搬运作业 move(i,j) 的开始时间

5.2.3　联动策略与模型构建

使用表 5-1 中定义的符号，在新工件 J 到达前，当前生产计划可以表示为

$$S^0 = \bigcup_{j=1}^{J-1} (X_j^0 \bigcup Y_j^0) \tag{5-1}$$

因此包含新工件 J 和现有工件的新生产计划则可表示为

$$S = \bigcup_{j=1}^{J} (X_j \bigcup Y_j) \tag{5-2}$$

本节的决策优化目标是当一个新工件到达系统时，如何最小化所有工件的总完工时间，即

$$C = \min \sum_{j=1}^{J} c_j = \min \sum_{j=1}^{J} (y_{N,j} + d_{N,j}) \tag{5-3}$$

其中，$c_j = y_{N,j} + d_{N,j}$，是工件 j 的完工时间，即工件完成最后一道工序后到达卸载站 M_{N+1} 的时间。

由于在新的生产计划 S 中，已经制定好的机器人搬运作业顺序保持不变，这意味着原调度方案中已有工件的加工顺序和机器人搬运工件的顺序保持不变。因此，我们将新工件 J 的加工作业和搬运作业分别安排在工作站和物料搬运机器人的空闲时段内进行。由此，问题转化为如何通过调整剩余搬运作业的开始时间，获得合适的加工设备和机器人可用时段，最终生成比 FBEST 方法更优的生产计划。

本节所指的工作站和搬运机器人的可用时段是指在当前生产计划中工作站和机器人空闲时段。对于新工件的加工和搬运作业，这些可用时段可通过下面的方法事先被构造出来。

对工序 $O_{i,J}$，$s(J) \leq i \leq N$，为了获得它在对应工作站 $m(i, J)$ 上的可用加工时段，首先对剩余工件在工作站 $m(i, J)$ 的开始加工时间按升序排序。两个紧邻的剩余工件之间的时段就是工序 $O_{i,J}$ 的可用加工时段。该可用时段的下界为前一个剩余工件的加工结束时间，上界为下一个剩余工件的开始加工时间。设工序 $O_{i1,j1}$ 和 $O_{i2,j2}$ 为工作站 $m(i, J)$ 经过排序后的两个紧邻的剩余加工工序，并且有 $x_{i1,j1}^0 < x_{i2,j2}^0$，那么这两个工序之间的可用加工时段可以表示为 $[y_{i1,j1}^0, x_{i2,j2}^0]$。

为了方便表述，用 $\alpha_{i,k}$ 和 $\beta_{i,k}$ 表示工作站 $m(i, J)$ 的第 k 个可用时段的下界和上界。这样工序 $O_{i,J}$ 的所有可用时段集合可以表示为

$$W_i = \{[\alpha_{i,k}, \beta_{i,k}] \mid 1 \leq k \leq K_i\} \tag{5-4}$$

其中，K_i 是集合 W_i 中所有可用时段的数量，并且对于 $2 \leq k \leq K_i$ 有关系 $T \leq \alpha_{i,k-1} < \beta_{i,k-1} < \alpha_{i,k} < \beta_{i,k}$，$W_i$ 中最后一个可用时段 K_i 的上界为 $\beta_{i,K_i} = +\infty$。

类似地，我们对机器人剩余搬运作业的开始时间进行升序排序，可以获得机器人的可用时段集合为

$$V = \{[\gamma_l, \delta_l] \mid 1 \leq l \leq L\} \tag{5-5}$$

其中，γ_l 和 δ_l 分别是第 l 个可用时段的下界和上界；L 为所有可用时段的数量，并且对于 $2 \leq l \leq L$ 有关系 $T \leq \gamma_{l-1} < \delta_{l-1} < \gamma_l < \delta_l$，且 $\delta_L = +\infty$。

对于工序 $O_{i,J}$ 的可用时段集合 W_i，使用 $k(i)$，$1 \leq k(i) \leq K_i$ 表示可用时段的编号，对于机器人搬运作业 move(i, J) 的可用时段集合 V，使用 $l(i)$，$1 \leq l(i) \leq L$ 表

示可用时段的编号。本节研究的问题就是为新工件 J 选择合适的 $k(i)$ 和 $l(i)$ 以决定新工件对应的加工工序开始时间和对应的搬运作业开始时间，以便于最小化所有工件的总完工时间。

在正式开发算法前，先给出有关 $k(i)$ 和 $l(i)$ 值的以下两条数学性质，这两个性质将用于加速求解过程。

命题 5-1　对于任意加工工序 $O_{i,J}$ 和搬运作业 $\text{move}(i, J)$，$s(J) \leqslant i \leqslant N$，如果加工可用时段 $[\alpha_{i,k(i)}, \beta_{i,k(i)}]$ 和搬运可用时段 $[\gamma_{l(i)}, \delta_{l(i)}]$ 被选中，那么这两个可用时段的下界和上界应该满足如下关系式：

$$\delta_{l(i)} \geqslant \alpha_{i,k(i)} + a_{i,J} \tag{5-6}$$

$$\gamma_{l(i)} \leqslant \beta_{i,k(i)} \tag{5-7}$$

证明：由于无等待时间约束限制，当工序 $O_{i,J}$ 完成后，机器人必须马上执行搬运作业 $\text{move}(i,J)$。因此，搬运作业空闲时段的上界（即 $\delta_{l(i)}$）不能小于工序 $O_{i,J}$ 的最早完成时间（即 $\alpha_{i,k(i)} + a_{i,J}$），同时搬运作业空闲时段的下界（即 $\gamma_{l(i)}$）不能大于工序 $O_{i,J}$ 的最晚完成时间（即 $\beta_{i,k(i)}$），因此有不等式(5-6)和(5-7)成立。

命题 5-2　对于加工工序 $O_{i+1,J}$ 和搬运作业 $\text{move}(i, J)$，$s(J) \leqslant i < N$，如果加工可用时段 $[\alpha_{i+1,k(i+1)}, \beta_{i+1,k(i+1)}]$ 和搬运可用时段 $[\gamma_{l(i)}, \delta_{l(i)}]$ 被选中，那么这两个可用时段的下界和上界应该满足如下关系式：

$$\beta_{i+1,k(i+1)} \geqslant \gamma_{l(i)} + d_{i,J} \tag{5-8}$$

$$\alpha_{i+1,k(i+1)} \leqslant \delta_{l(i)} \tag{5-9}$$

证明：性质 2 的证明和性质 1 的证明类似，此处略。

5.2.4　重调度算法开发

1. 方法思路和流程

本节提出的启发式算法首先从枚举工作站和搬运机器人的可用时段开始，为工序 $O_{i,J}$ 和搬运作业 $\text{move}(i, J)$ 分别选择相应的可用时段编号 $k(i)$ 和 $l(i)$，其中 $k(i) = 1, 2, \cdots, K_i$，$l(i) = 1, 2, \cdots, L$，并且有 $s(J) \leqslant i \leqslant N$。当选择的可用时段能够满足新工件的加工作业和搬运作业要求时，则调用 FBEST 方法生成新的生产计划。否则，说明至少有一个工序的可用加工时段或者搬运作业可用时段是不可行（infeasible）的。在此情况下，生产计划进入调整过程。该过程通过对当前生产计划中剩余搬运作业的开始时间进行调整（推迟或者提前），将不可行时段的长度扩大。若调整后的可用时段可行，则调用 FBEST 方法生成新的生产计划；否则枚举可行时段编号。图 5-3 展示了启发式算法的流程图。

算法首先将 $k(i)$ 和 $l(i)$ 的值初始化为 1，即令 $k(i)=l(i)=1$，$s(J)\leqslant i\leqslant N$。然后增加 $l(i)$ 的值直到不等式(5-6)和式(5-7)成立，之后再增加 $k(i+1)$ 的值直到不等式(5-8)和式(5-9)成立。

对于给定的 $k(i)$ 和 $l(i)$，我们使用与 FBEST 方法中类似的计算过程确定新工件的最早开始加工时间及搬运作业的最早开始时间，记为 X_J 和 Y_J。然后使用如下两式检查所选择的可用时段对各加工工序和搬运作业是否可行。

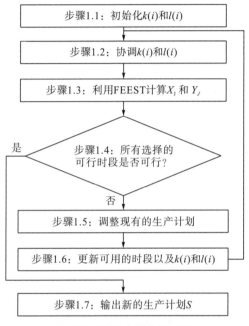

图 5-3　启发式算法流程图

$$y_{i,J}\leqslant\beta_{i,k(i)},\ s(J)\leqslant i\leqslant N \tag{5-10}$$
$$x_{i,J}+\omega_{m(i,J),m'(l(i-1))}\leqslant\delta_{l(i-1)},\ s(J)+1\leqslant i\leqslant N \tag{5-11}$$

不等式(5-10)表示工序 $O_{i,J}$ 的完成时间($y_{i,J}$)不能晚于所选择的工作站可用时段的上界。不等式(5-11)表示搬运作业 move$(i-1,J)$ 的完成时间($x_{i,J}$)不能晚于所选择机器人可用时段的上界，同时必须小于机器人执行空载移动从工作站 $m(i,J)$ 到工作站 $m'(l(i-1))$ 的时间（即 $\omega_{m(i,J),m'[l(i-1)]}$）。这里 $m'[l(i-1)]$ 是搬运作业 move$(i-1,J)$ 的紧后剩余搬运作业的工作站编号，其开始时间等于第 $l(i-1)$ 个可用时段的上界值。

如果选择的可用时段满足不等式(5-10)和式(5-11)，那么可用时段对于 X_J 和 Y_J 可行。本节使用 $S=S^0\bigcup X_J\bigcup Y_J$ 来表示新生产的最优生产计划。对不满足不等式(5-10)或式(5-11)的可用时段，则进行调整，然后计算 X_J 和 Y_J 并检查调整后的可用时段的可行性。在极端情况下，如果没有足够的空闲时间可用于调整，则调整步骤可能会失败，此时方法跳过不可行可用时段并选择下一个可用时段。方法的调整终止条件是不等式(5-10)和式(5-11)都被满足。

2. 调整步骤

如上所述，当不等式(5-10)或式(5-11)不被满足时，进入调整步骤。没有满足的约束条件的上界值(即 $\beta_{i,k(i)}$ 或 $\delta_{l(i-1)}$)对应于某个剩余工件的开始时间或者其搬运作业的开始时间。这种情况下，识别出的剩余加工工件被称为冲突加工工件，记为 r。调整步骤将通过延迟冲突加工工件 r 的对应的加工工序开始时间来扩展可用时段的长度。尽管这样的延迟可能会影响到工件的最后完成时间，但是仍旧满足工件的加工时间窗约束。当搬运作业的可用时段不可行时，我们也采取类似的方法来对其进行扩展。

为了避免调整过程的死循环，我们一次最多对一个工件进行调整。如果检测到冲突加工工件已经被调整过，则调整过程立即终止并从当前的生产计划回滚恢复到上一个生产计划，我们使用集合 Ω 来保存已经调整过的冲突加工工件。图 5-4 展示了调整的具体步骤。

冲突工件 r 的调整过程

步骤 2.1：将冲突工件 r 加入空集合 Ω；

步骤 2.2：为工件 r 构建可用时段，对所有的 $s(r) \leqslant i \leqslant N$ 设置 $z(i) \Leftarrow 1$，其中 $z(i)$ 是为 move(i,r) 选择的可用时段；

步骤 2.3：计算工件 r 的最早可能开始时间和搬运作业的最早可能开始时间，即 $X_r = \{x_{i,r}| s(r) \leqslant i \leqslant N\}$ 和 $Y_r = \{y_{i,r}| s(r) \leqslant i \leqslant N\}$；

步骤 2.4：检查 X_r 和 Y_r 的可行性

情况(i)：如果 $\sum_{r \in \Omega}(c_r - c_r^0) \geqslant c_J' - c_J$，那么将 X_r 和 Y_r 恢复为 X_r^0 和 Y_r^0（对于 $\forall r \in \Omega$ ）；

情况(ii)：如果 $y_{i,r} \geqslant \beta_i^r$，$\exists i$，$s(r) \leqslant i \leqslant N$，那么识别新的冲突工件 r'，它的第一个阶段的开始时间为 β_i^r；如果 $r' \notin \Omega$，那么设置 $r \Leftarrow r'$ 并且回到步骤2.2；否则，将 X_r 和 Y_r 恢复为 X_r^0 和 Y_r^0，对于 $\forall r \in \Omega$；

情况(iii)：如果 $x_{i,r} + \omega_{m(i,r),M[z(i-1)]} > \delta_{i,z(i-1)}$，$\exists i$，$s(r)+1 \leqslant i \leqslant N$，那么 $z(i) \Leftarrow z(i)+1$ 并且回到步骤2.3。

图 5-4　调整的具体步骤

上述调整方法中，对于检测到的冲突加工工件 r，步骤 2.2 基于当前的生产计划对其构造可用加工时段和可用搬运时段，同时将选择的时段 $z(i)$ 初始化为 1。由于当前工件的生产计划不能改变，所以对于工序 $O_{i,r}$ 只有一个可用时段，记为 $[\alpha_i^r, \beta_i^r]$。对于搬运作业 move(i,r)，$s(r) \leqslant i \leqslant N$，可能存在多个可用时段，因为一个初始可用时段可能被插入多个搬运作业。将对工件 r 新构造的搬运作业可用时段记为 $[\gamma_{i1}^r, \delta_{i1}^r]$，$[\gamma_{i,2}^r, \delta_{i,2}^r]$，…，$[\gamma_{i,z(i)}^r, \delta_{i,z(i)}^r]$，其中 $z(i)$ 是搬运作业

move(i, r) 的可用时段的总数量。如果 $s(r) > 1$，则搬运作业 move$(s(r)-1, r)$ 的可用时段只有一个，即 $[x^0_{s(r),r} - d_{s(r),r}, x^0_{s(r),r}]$，这是因为上一个加工工序 $O_{s(r)-1,r}$ 已经完成。步骤 2.3 为工件 r 的搬运作业选择一个可用时段，并且计算工件 r 的最早开始时间和搬运作业的最早开始时间，其中使用了和 FBEST 方法类似的方法。

对工件 r 调整后的生产计划可能和其他加工工件冲突，因此步骤 2.4 检查调整后生产计划的可行性，可能出现如下几种情况。

情况 1：$\sum_{r \in \Omega}(c_r - c^0_r) \geqslant c'_J - c_J$，表示调整后的生产计划的目标函数值比调整前的生产计划的目标函数值差。其中，$\sum_{r \in \Omega}(c_r - c^0_r)$ 是调整后的生产计划所增加的完成时间。c'_J 和 c_J 分别是工件 J 在调整生产计划之前和之后的完成时间。

情况 2 和情况 3 分别验证工序 $O_{i,r}$ 搬运作业 move(i,r) 能否在其对应的可用时段内完成。

如果上述 3 种情况都没有发生，那么对生产计划的调整就是成功的。如果调整步骤失败，则将从当前的生产计划中回滚到上一个生产计划，并且选择下一个可用时段。在实际中如果情况 3 出现，为了减少递归迭代次数，对于搬运作业 move(i,r) 已选择的可用时段我们将不做调整并且将已选择的可用时段编号按 $z(i) = z(i) + 1$ 的方式来考虑下一个可用时段。

3. 方法计算效率(时间复杂度)分析

定理 1　在最坏的情况下，本节提出的插入式启发式调整方法的计算时间复杂度为 $O(N^4 J + N^3 J^2)$。

证明：当新工件到达时，系统中当前共有 J–1 个工件，当前每个工件最多有 N 道剩余工序和 N+1 个剩余搬运作业，如果该工件还未开始进行加工，那么在当前的生产计划中每个工作站最多有 J–1 道剩余工序，而机器人最多有 $(N+1)(J-1)$ 个剩余搬运作业。因此在最坏的情况下，每个可用时段集合 W_i 中最多有 $O(J)$ 个可用时段，而搬运作业可用时段 V 中最多有 $O(NJ)$ 个可用时段。

下面我们再分析启发式调整方法的主要步骤。在图 5-3 中，步骤 1.1 初始化 $k(i)$ 和 $l(i)$ 的时间为 $O(N)$。步骤 1.2 ~ 1.6 中，根据 Chauvet 等 (2000) 的研究结果，如果可用时段集合 W_i 和 V 中所有的可用时段都可行，那么这些步骤的执行时间将是 $O(NJ)$。在枚举过程中，步骤 1.2 根据性质 1 和 2 在 $O(N)$ 时间内对 $k(i)$ 和 $l(i)$ 的值进行调整。之后对于给定的 $k(i)$ 和 $l(i)$ 的值，步骤 1.3 和 1.4 需要 $O(N)$ 时间进行计算。因此方法的复杂度将取决于步骤 1.5 的运算时间，当不等式 (5-10) 或式 (5-11) 未被满足时，方法就会进入步骤 1.5。

在图 5-4 所示的调整步骤中，步骤 2.1 将消耗 $O(J)$ 时间来清空集合 Ω，如果当前的工件加工出现冲突，则步骤 2.2 需要 $O(J)$ 次迭代来进行调整。在每一轮迭代中，步骤 2.2 需要 $O(N)$ 时间来对冲突加工工件 r 构造可用时段，因此步骤 2.2 总的运算时间为 $O(NJ)$。注意：当步骤 2.4 中的情况 2 或情况 3 发生时，步骤 2.3 将被执行。我们已知情况 2 和情况 3 中最多有 $O(N+J)$ 种不同的情形，因此在最坏的情况下，步骤 2.3 需要进行 $O(N+J)$ 次迭代。对于情况 2 和情况 3 中的冲突加工工件 r，步骤 2.3 将使用和 FBEST 方法类似的步骤在 $O(N)$ 时间内计算 X_r 和 Y_r。因此步骤 2.3 的总的运算时间为 $O(N^2+NJ)$。最后步骤 2.4 需要 $O(N)$ 时间来计算 X_r 和 Y_r 是否可行，而步骤 2.4 最多迭代 $O(N+J)$ 次，因此其总的运算时间为 $O(N^2+NJ)$。

综上，方法每次调用调整步骤时，其时间复杂度为 $O(N^2+NJ)$，而主要步骤和每一次调用调整步骤之间一共有 $O(N^2J)$ 种关系需要检查，因此在最坏的情况下，整个方法的复杂度为 $O(N^4J+N^3J^2)$。

5.2.5　算例分析

接下来，将通过仿真实验在系统的生产效率和稳定性两个方面对本节方法、FBEST 方法 (Chauvet et al.，2000) 和 Zhao 等 (2013) 的混合整数规划模型进行对比。在实验中，我们使用这 3 种方法分别生成新的生产计划。FBEST 方法和本节方法都在现有的生产计划中插入一个新工件。FBEST 方法保持现有的生产计划不变，本节方法保持机器人剩余搬运作业次序不变，但在必要时对其剩余搬运作业的开始时间进行适当的调整。Zhao 等 (2013) 的混合整数规划模型中加入额外的约束条件后，当发现一个更优的生产计划时，可完全改变原来的生产计划。实际上，FBEST 方法采用完全不调整原生产计划的策略，Zhao 等 (2013) 的混合整数规划方法采用完全调整原生产计划策略，而本节方法为部分调整原生产计划，介于两者之间。

我们使用 C++计算机语言建立了仿真制造环境，并使用商业优化软件 IBM ILOG-CPLEX 求解 Zhao 等 (2013) 的方法。实验随机生成大量不同特征的算例，并使用上述 3 种方法为算例生成新的生产计划。

1. 实验方法

在 Chauvet 等 (2000) 和 Zhao 等 (2013) 的研究中，只模拟了某个决策时刻一个新工件到达系统的情况。我们则仿真模拟了一个长期持续的生产环境。在仿真实验中，制造系统在初始状态中没有任何加工工件，所有工件都是按照它们的序号陆续随机地到达系统。系统按照"先到先服务"的规则处理到达的工件。

实验使用 Ross(1992)研究中的设计方法产生工件的到达时间,并分别考虑工件高频率到达和低频率到达的情况。实验使用泊松分布来模拟工件的到达时间,因此对于两个紧邻的工件,其到达时间间隔服从下面的指数分布。

$$\Delta t(j,j-1) = \frac{-\ln(U(0,1))}{\lambda}, \quad 2 \leqslant j \leqslant J \tag{5-12}$$

其中,$U(0,1)$ 表示服从 0~1 均匀分布的随机数。

分别设置 $1/\lambda=100$ 和 500(时间单位)来表示工件高频率和低频率到达的情况,因此工件到达时间可由如下公式计算:

$$T(j) = T(j-1) + \Delta t(j,j-1) \quad 2 \leqslant j \leqslant J, \ T(1)=0 \tag{5-13}$$

使用如下两种方法来分别对工序 $O_{i,j}$ 生成较窄的和较宽的加工时间窗约束。方法(1):$a_{i,j}=U(30,60)$,$b_{i,j}=a_{i,j}+U(30,90)$;方法(2):$a_{i,j}=U(30,60)$,$b_{i,j}=a_{i,j}+U(90,200)$。

对于每一组给定的参数,我们随机生成 30 个算例,具体参数设置见表 5-2。最后分别使用上述的 3 种方法来求解这些算例生成新的生产计划。

表 5-2　用于生成算例的参数

参数	值/方法
N	5, 10, 15
J	3, 6, 9, 12, 15
$[a_{i,j}, b_{i,j}]$	窄时间窗口:$a_{i,j}=U(30,60)$,$b_{i,j}=a_{i,j}+U(30,90)$; 宽时间窗口:$a_{i,j}=U(30,60)$,$b_{i,j}=a_{i,j}+U(90,200)$
$1/\lambda$	100, 500
$m_{i,j}$	$U(1,N)$ 和 $m_{i,j} \neq m_{i-1,j} \cdots \neq m_{1,j}$ 如果 $1 \leqslant i \leqslant N, 1 \leqslant j \leqslant J$
$\omega_{e,f}$	$\lvert e-f \rvert \times U(1,5)$,$0 \leqslant e,f \leqslant N$
$d_{i,j}$	$\omega_{m(i,j),m(i+1,j)}+10$,$0 \leqslant i \leqslant N, 1 \leqslant j \leqslant J$

2. 评价标准

实验采用 J 个工件的总完工时间来衡量系统的生产效率,并给出下面两个指标来评估每个方法在生产效率方面的差距。

(1)Imp:与 FBEST 方法相比,本节方法在生产效率方面的平均改进比。

(2)Gap:与 Zhao 等(2013)的方法相比,本节方法在生产效率方面的平均差距比。

这两个指标的计算公式如下：

$$\text{Imp} = \frac{\sum_{i=1}^{30}\left(\frac{C_i^{\text{FBEST}} - C_i^{\text{Ours}}}{C_i^{\text{FBEST}}}\right)}{30} \tag{5-14}$$

$$\text{Gap} = \frac{\sum_{i=1}^{30}\left(\frac{C_i^{\text{Ours}} - C_i^{\text{Zhao's}}}{C_i^{\text{Zhao's}}}\right)}{30} \tag{5-15}$$

其中，C_i^{Ours}、C_i^{FBEST} 和 $C_i^{\text{Zhao's}}$ 分别表示对于第 i 个算例使用本节方法、FBEST 方法和 Zhao 等(2013)的方法生成的生产计划完成生产的总时间。

关于生产系统稳定性的影响，实验使用在工件 j 到达并加入生产计划之前的生产计划和之后重新制定的生产计划之间的偏差来衡量干扰时间对系统稳定性的影响，并且使用如下公式来计算两个生产计划之间的平均偏差：

$$dm_j = \frac{\sum_{t=\mu(j)}^{j-1}\left(\sum_{i=s(t)}^{N}\frac{\left|y_{i,t}^{j} - y_{i,t}^{j-1}\right|}{N - s(t) + 1}\right)}{j - \mu(j)} \qquad (2 \leqslant j \leqslant J) \tag{5-16}$$

其中，$\mu(j)$ 表示当工件 j 到达时当前未完成加工工件中序号最小的工件；如果当前系统中没有工件，则 $dm_j = 0$；$y_{i,t}^{j}$ 和 $y_{i,t}^{j-1}$ 分别表示在工件 j 到达并加入生产计划之后和之前的剩余搬运作业 move(i, t) 的开始时间。

我们关注搬运作业次序的稳定性，并用生产计划改变之前和之后的搬运作业次序之间的平均偏差来衡量系统的稳定性。因此使用式(5-16)中的分母来减少在不同算例中不同剩余搬运作业的影响。

在 J 个工件加入系统后，生产计划累计的平均偏差由如下公式计算：

$$DM = \sum_{j=1}^{J} dm_j \tag{5-17}$$

3. 计算结果

1)系统生产效率对比

参数 $1/\lambda$=100 和 500 情况下 Imp 和 Gap 的值见表 5-3 和表 5-4。在两种参数值下，本节的方法与 FBEST 方法相比，对系统生产效率的平均改进分别为 47%和 57%；与 Zhao 等(2013)的方法的平均差距分别为 34%和 16%。总体来说，本节的方法所生成的生产计划比 FBEST 方法所生成的生产计划具有更高的生产效率，并且更加接近使用 Zhao 等(2013)的方法所生成的生产计划。

对比表 5-3 和表 5-4 中 Imp 一栏数据，本节方法在较宽加工时间窗约束参数上的性能表现更好。主要原因是本节方法就是利用加工时间窗的柔性对原生产计划进行调整，从而提高系统的生产效率，因此较宽的加工时间窗约束可以提供更大的调整空间。

表 5-3　第一种情形下($1/\lambda=100$)的系统生产率实验结果

N	J	窄时间窗		宽时间窗	
		Imp	Gap	Imp	Gap
5	3	0.24	0.19	0.31	0.24
	6	0.38	0.25	0.46	0.36
	9	0.47	0.32	0.58	0.40
	12	0.56	0.45	0.62	0.56
	15	0.68	0.53	0.71	0.62
10	3	0.22	0.14	0.21	0.27
	6	0.29	0.36	0.33	0.28
	9	0.39	0.30	0.52	0.32
	12	0.51	0.35	0.61	0.46
	15	0.64	0.47	0.76	0.61
15	3	0.12	0.14	0.21	0.14
	6	0.25	0.15	0.33	0.27
	9	0.43	0.21	0.55	0.41
	12	0.56	—	0.61	—
	15	0.67	—	0.78	—

表 5-4　第二种情形下($1/\lambda=500$)的系统生产率实验结果

N	J	窄时间窗		宽时间窗	
		Imp	Gap	Imp	Gap
5	3	0.31	0.00	0.34	0.29
	6	0.66	0.09	0.69	0.12
	9	0.72	0.10	0.73	0.13
	12	0.78	0.15	0.76	0.27
	15	0.79	0.13	0.81	0.16
10	3	0.32	0.12	0.36	0.16
	6	0.45	0.22	0.49	0.23
	9	0.56	0.14	0.70	0.21
	12	0.65	0.11	0.72	0.15
	15	0.68	0.06	0.77	0.12

N	J	窄时间窗		宽时间窗	
		Imp	Gap	Imp	Gap
15	3	0.26	0.11	0.36	0.11
	6	0.37	0.12	0.48	0.30
	9	0.49	0.11	0.57	0.21
	12	0.40	0.11	0.63	0.29
	15	0.65	0.17	0.73	0.21

此外，在生产效率方面，使用 Zhao 等(2013)的方法制定的生产计划要高于使用本节方法制定的生产计划，而使用本节方法制定的生产计划要高于 FBEST 方法制定的生产计划。然而在 30 个算例中，有 2 个算例 FBEST 方法制定的生产计划的生产效率要高于使用本节方法制定的生产计划。这是因为当有新的工件到达时，这两种方法的目标都只关注将当前时间点上系统中所有工件的加工时间最小化。对于同一个新到达的工件 j，这两种方法使用不同的调整策略产生新的生产计划。当所有的工件都到达系统后，FBEST 方法制定的最终生产计划有可能比本节方法制定的生产计划有更短的总加工时间。

为了进一步分析本节方法在表 5-2 中对于一组给定的参数的 30 组算例在 Imp和 Gap 两个指标上的差异，我们使用箱形分析每一组算例的 Imp 和 Gap 指标的最小值、第一四分位数、中位数、第三四分位数和最大值。由于篇幅有限，我们仅给出如下的结论而不给出具体的箱形图。在每组算例中，Imp 和 Gap 的中位数都随着 J 值的增大而增大。第二种情形下的 Imp 和 Gap 的四分位数间距都要小于在第一种情形下的 Imp 和 Gap 的四分位数间距，说明本节方法在工件到达频率低的情况下具有更好的稳定性。

在计算时间方面，本节方法和 FBEST 方法在所有算例上的运行时间都没有超过 2s，这是因为本节的方法和 FBEST 方法都被证明为多项式求解。由于本节的方法涉及递归调整步骤，在运算时间上要比 FBEST 方法稍微长一点。使用 CPLEX求解 Zhao 等(2013)的模型所用的时间范围在 28.12～2350.35s，其计算时间要远长于其他两种方法。在第一种情形下，使用 Zhao 等(2013)的方法在 24h 内不能求解有 15 个工作站的算例和工件总数超过 12 个的算例。

2) 系统稳定性对比

表 5-5 给出了两种情形下在窄时间窗和宽时间窗的算例中，3 种方法所制定的生产计划的平均累计偏差。本节方法的平均累计偏差总是小于 Zhao 等(2013)的方法，表示本节方法在系统稳定性方面要优于 Zhao 等(2013)的方法。这是因为本节的方法只对搬运作业的开始时间进行适当的调整而不改变原有的搬运作业次序，而 Zhao 等(2013)的方法中允许对原有的搬运作业次序进行修改。

表 5-5   所有算例的平均累计偏差

情形	窄时间窗		宽时间窗	
	Ours	Zhao 等(2013)	Ours	Zhao 等(2013)
第一种	100.89	147.51	102.85	182.22
第二种	71.16	83.57	98.43	115.66

下面比较本节方法与 Zhao 等(2013)的方法的中间偏差(dm_j)。为了便于分析，首先对每一组算例计算它们的偏差平均值，然后将这些平均值进行标准化，得到一组范围在[0,1]的数据。图 5-5(a)和图 5-5(b)展示了在第一种情形下 $N=9$ 时，标准化后的偏差平均值，图 5-5(c)和图 5-5(d)展示了在第二种情形下 $N=15$ 时，标准化后的偏差平均值。如图 5-5(a)和图 5-5(b)所示，在第一种情形下本节方法的中间平均偏差总是小于 Zhao 等(2013)的方法的中间平均偏差。如图 5-5(c)和图 5-5(d)所示，在第二种情形下本节方法中间平均偏差在某些 j 值的情况下接近甚至超过了 Zhao 等(2013)的方法。这意味着在工件到达频率高的情况下，本节方法在稳定性方面要优于 Zhao 等(2013)的方法。在两种情形下，宽时间窗约束的算例的平均偏差要高于窄时间窗约束的算例的平均偏差，这是因为宽时间窗约束的算例为本节方法提供更多的调整空间，从而导致了更大的平均偏差。

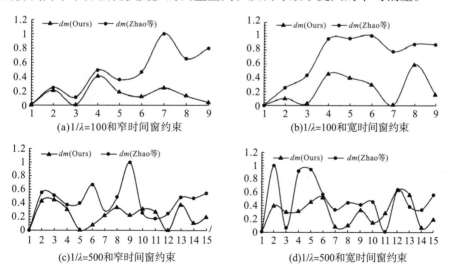

图 5-5   本节方法和 Zhao 等(2013)的方法在长期持续生产环境下对原生产计划的中间偏差

综上，上述仿真实验结果表明，相比 FBEST 方法和 Zhao 等(2013)的方法，本节方法在系统生产效率和系统运作稳定性方面有更好的权衡。本节方法在工件到达率低的情形下和加工时间窗约束较窄的算例中具有更好的性能表现。

5.2.6　小结

本节研究了新加工任务随机到达情景下的智能制造系统生产计划动态调整问题。为了减少干扰事件对系统稳定性造成的负面影响，我们假设已经制定好的机器人搬运作业执行顺序不能被修改。本节提出的启发式调整方法能将新加工任务插入现有的生产计划中，并对现有的生产计划做适当的调整。在最坏的情况下，本节提出的方法的复杂度为 $O(N^4J + N^3J^2)$。仿真实验结果表明，本节提出的方法在系统生产效率和系统稳定性的权衡取舍方面要优于文献中的 FBEST 方法和 Zhao 等(2013)的方法。

5.3　考虑生产效率和能耗成本的
制造单元联动策略与生产调度

5.3.1　智能制造系统的环保与生产效率分析

制造业作为工业化社会的支柱，消耗了全球几乎一半的能源并排放了大量的温室气体(Ross, 1992; Jovane et al., 2008)，为实现可持续发展目标，制造业应该集中精力减少资源和能源的消耗(Rachuri et al., 2010)。我国作为工业和制造业大国，近年来虽然在工业发展上取得了瞩目的成就，但依然没有摆脱高投入、高消耗、高排放的粗放模式，在过去的数十年间，我国生产制造企业仍然将目光聚焦于制造系统的效率和质量提升方面，而忽视了对生态资源保护和能源节约的重视。这一方面给生态环境造成了恶劣的影响，另一方面也使资源能源的瓶颈问题日益突出。在此背景下，2015 年，我国制造强国战略明确提出了"创新驱动、质量为先、绿色发展、结构优化、人才为本"的基本方针，强调坚持把可持续发展作为建设制造强国的重要着力点，走生态文明的发展道路，全面推行绿色制造，并将之列入九大战略任务、五大重大工程之中。《中国制造 2025：智能时代的国家战略》也明确提出了全面推行绿色制造，加快高耗能、高污染制造业绿色化改造，积极引导新兴产业绿色低碳化发展，构建绿色制造体系的要求[①]。

　　然而在实际的车间生产调度中，节能环保指标并非孤立，而是与其他指标相互关联、相互影响，如果仅仅考虑能耗指标，则可能会对车间生产效率产生较大影响，造成产品拖期、交货时间延后等问题。因此，生产制造企业既要保证生产效率，又要尽可能地降低能耗，实现生产效率与能耗的同时优化。近年来，自动化物料搬运机器人已广泛应用于智能制造行业，如半导体制造、医药食品加工、机械零部件加工和装配等。在这些先进智能制造系统中，工作站(加工设备)负责对物料进行加工处理，机器人负责将物料从一个工作站搬运到另一个工作站。物料的搬运操作一般包含 3 个基本步骤：①从当前工作站上卸载物料；②将物料搬运至下一个工作站；③将物料装载到这下一个工作站上。在实际生产中，机器人的搬运作业需要消耗一定的时间和电力能源。因此对机器人的搬运作业进行合理的规划对提高系统生产效率和降低能源消耗有着重要的作用(Manier and Bloch，2003；Leung and Levner，2006)。由于半导体制造等行业在加工方面的特殊性，硅晶圆(物料)在每个工作站中的加工处理时间并不是固定的，而可以是给定时间窗(time window)内的任意值。如果硅晶圆的加工时间低于给定时间区间的下界或高于上界，那么加工后的半导体芯片将会有质量瑕疵。所以在这样的智能制造系统中，生产计划的制定不仅需要合理安排机器人的搬运作业路线，还要考虑物料在工作站上的加工时间。这类生产计划问题在文献中又被称为具有物料搬运机器人的生产调度问题并且已经被 Lei 和 Wang(1989)证明是一个 NP 难问题。1976 年，Phillips 和 Unger(1976)首次针对该问题建立了完整的基于混合整数规划技术的生产计划决策模型。他们假设搬运机器人周期性地重复执行一组相同的搬运作业，并且当机器人完成这样一组搬运作业后制造系统回到初始状态。执行这样一组固定搬运作业所需要的时间被称为周期生产时间(cyclic time)。因此，最大化系统生产效率等价于最小化周期生产时间(Levner et al.，2010；Crama et al.，2000；Hall et al.，1998；Dawande et al.，2005；Chen et al.，1998；Lei et al.，2014；Che et al.，2014；Che et al.，2015)。在此基础上，其他学者对此类生产计划决策问题进行了深入研究并提出了各种生产计划方法(Manier and Bloch，2003；Levner et al.，2010；Dawande et al.，2005；Hall et al.，1997；Brauner，2008)。在半导体制造企业中，物料搬运机器人所消耗的电力成本往往非常高。在一些智能制造系统中，搬运机器人的能耗成本甚至占到整个制造系统能耗成本的 80%(Tompkin and White，1984；Lee et al.，1997)。因此在实际生产中，管理者不仅需要考虑提升系统的生产效率，而且还需要考虑机器人的能耗成本。然而前期研究发现，这两项指标往往是相互冲突的。降低物料搬运的能耗成本会降低系统的生产效率，反之亦然

---

① 人民论坛. 中国制造 2025：智能时代的国家战略[M]. 北京:人民出版社，2015: 6.

（Feng et al., 2014）。在本节中将针对具有物料搬运机器人的智能制造系统的生产计划问题，以最小化周期生产时间和机器人能耗成本为优化目标，对具有可重入工作站的智能制造系统建立双目标生产计划决策模型，并根据模型特征提出了基于混合离散差分进化的生产计划方法。

5.3.2　研究问题描述

本节研究的智能制造系统如图 5-6 所示。该系统由 M 个工作站和一个用于物料装载与卸载的虚拟工作站组成。一个由计算机控制的搬运机器人负责将物料从一个工作站搬运到另一个工作站。假设物料的类型相同，每一种物料都需要经过 N 道工序加工，并且部分工序是在可重入工作站上完成的。不失一般性，假设 $M \leqslant N$。物料在各个工作站上的加工时间都必须满足加工时间窗（time-window）约束。搬运机器人和工作站一次只能处理一种物料。为了保证物料的加工质量，当物料完成一道工序的加工后，必须立即被搬运到下一个工作站开始加工，任何在工作站上的加工延迟或者等待都会影响物料的加工质量。这类无等待（no-wait）加工约束在以半导体制造为代表的高精度加工行业较为普遍。本节研究的目标为如何制定制造系统中机器人的搬运作业排序，以优化系统的周期生产时间和机器人能耗成本（即运行时间）。为了便于分析和建模，本节对使用的变量符号进行了定义，见表 5-6。

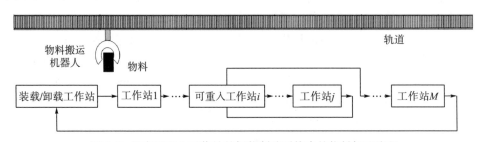

图 5-6　具有可重入工作站的智能制造系统中的物料加工流程

表 5-6　本节使用符号的定义

参数	符号	含义
	M	工作站的数量（不包含虚拟工作站）
	R	可重入工作站的数量
变量	N	所有加工工序的数量
	$O = \{O_0, O_1, \cdots, O_{N+1}\}$	加工工序集合，其中 O_0 和 O_{N+1} 分别对应工件在虚拟工作站上的装载和卸载

续表

参数	符号	含义
变量	$W = \{W_0, W_1, \cdots, W_M\}$	所有工作站的集合，其中 W_0 为虚拟工作站
	$f(i)$	工序 O_i 所对应的工作站序号，$0 \leqslant f(i) \leqslant M, 0 \leqslant i \leqslant N+1$
	Z_l	可重入工作站 l 的加工工序集合，$1 \leqslant l \leqslant R$
	$[a_i, b_i]$	工序 O_i 的加工时间窗
	d_i	搬运机器人将物料从工序 O_i 对应的工作站搬运到下一个工序 O_{i+1} 对应的工作站所需要的时间
	move i	机器人搬运作业 i，即将物料从工序 O_i 对应的工作站搬运到工序 O_{i+1} 对应的工作站
	$c_{i,j}$	机器人空载时从工序 O_i 对应的工作站到工序 O_j 对应的工作站所需要的时间，$0 \leqslant i, j \leqslant N+1$
决策变量	$t = \{t_1, t_2, \cdots, t_N\}$	$t_i, 0 \leqslant i \leqslant N$，为物料的工序 O_i 的实际加工时间
	$S = \{s_0, s_1, \cdots, s_N\}$	$s_i, 0 \leqslant i \leqslant N$，为机器人将物料从工序 O_i 对应的工作站搬运到下一个工序 O_{i+1} 对应的工作站的开始时刻
	$X = ([0]=0, [1], [2], \cdots[N])$	机器人在一个周期内的搬运作业排序，其中 $[i] (0 \leqslant i \leqslant N)$ 表示 X 中第 i 个位置对应的搬运作业编号
	$T(X)$	在周期搬运作业排序 X 下的生产周期时间
	$C(X)$	机器人完成一个周期搬运作业排序 X 的运行时间

需注意，对于在同一个可重入工作站中进行的两道工序 O_i 和 O_j，我们假设：$0 \leqslant i < j-1 < N$。这是因为对于两道紧邻且在同一可重入工作站中进行的工序，可以将它们合并为一道工序。

5.3.3　联动策略与模型构建

如上所述，本节的优化目标有两个：最小化生产周期时间和最小化搬运机器人的运行时间。对于一个给定的搬运作业排序 X，这两个优化目标可分别表示为

$$\text{Min } T(X) \tag{5-18}$$

$$\text{Min} C(X) = \sum_{i=0}^{N} c_{[i]+1,[i+1]} + \sum_{i=0}^{N} d_i \tag{5-19}$$

其中，第一个目标函数是对于给定搬运作业排序 X，通过确定物料搬运加工时间以最小化生产周期时间；第二个目标函数包括机器人的物料搬运时间和空载运行

时间。对于任意一个 X，总的搬运时间 $\sum_{i=0}^{N}d_i$ 都是相同的，而总的空载运行时间 $\sum_{i=0}^{N}c_{[i]+1,[i+1]}$ 由给定的 X 唯一确定。因此我们将搬运机器人运行时间函数重写为

$$C(X)=\sum_{i=0}^{N}c_{[i]+1,[i+1]} \tag{5-20}$$

由于在相关文献(Liu et al., 2002；Zhang et al., 2013；Yan et al., 2012)中已经对单目标搬运机器人的调度问题进行了建模研究，并且已经给出了最优的搬运排序 X，所以针对本节研究的问题，给出如下模型。

Problem $P(X)$

$$\text{Min } F=(T(X),C(X)) \tag{5-21}$$

subject to

$$a_i\leqslant s_i-(s_{i-1}+d_{i-1})\leqslant b_i, \text{ if } s_i>s_{i-1} \text{ in } X, 1\leqslant i\leqslant N, \tag{5-22}$$

$$a_i\leqslant s_i-(s_{i-1}+d_{i-1})+T\leqslant b_i, \text{ if } s_i\leqslant s_{i-1} \text{ in } X, 1\leqslant i\leqslant N, \tag{5-23}$$

$$s_{[i-1]}+d_{[i-1]}+c_{[i-1]+1,[i]}\leqslant s_{[i]}, 1\leqslant i\leqslant N, \tag{5-24}$$

$$s_{[N]}+d_{[N]}+c_{[N]+1,0}\leqslant T, \tag{5-25}$$

$$s_{i-1}<s_i<s_{j-1}<s_j, \text{ or} \tag{5-26.1}$$

$$s_{j-1}<s_j<s_{i-1}<s_i, \text{ or} \tag{5-26.2}$$

$$s_i<s_{j-1}<s_j<s_{i-1}, \text{ or} \tag{5-26.3}$$

$$s_j<s_{i-1}<s_i<s_{j-1}, \tag{5-26.4}$$

$$\forall (O_i,O_j)\in Z_l, 1\leqslant i<j-1<N, 1\leqslant l\leqslant R$$

在上述模型中，对于给定搬运作业排序 X，若 move $i-1$ 在 move i 之前被搬运机器人执行，则约束条件(5-22)保证了物料的加工时间窗约束。若 move $i-1$ 在 move i 之后被执行，则约束条件(5-23)保证了物料的加工时间窗约束。约束条件(5-24)和(5-25)是搬运机器人的搬运能力约束，它们保证了下一个搬运作业的开始时间必须在上一个搬运作业完成之后。约束条件(5-26.1)~(5-26.4)是可重入工作站的能力约束，它们保证一个可重入工作站不能够同时进行两道工序 O_i 和 O_j。具体来说，约束条件(5-26.1)和(5-26.2)针对的情况是当一个生产周期开始时，工作站 l 处于空闲状态，而约束条件(5-26.3)和(5-26.4)针对的情况则是当一个生产周期开始时，工作站 l 处于正在加工物料的状态。最后，普通工作站的能力约束已经包含在约束条件(5-22)~(5-25)中了。

对于一个给定的搬运作业排序 X，其对应的生产周期时间 $T(X)$ 和调度方案可以通过求解问题 $P(X)$ 得到，求解的方法可以使用 Chen 等(1998)所提出的 CCP 算法，这是一个基于图论的多项式算法。而机器人空载的运行时间 $C(X)$ 则可以通过公式(5-20)直接获得。与单目标优化问题相比，双目标优化问题的最优解往往不

是唯一的，这里给出帕累托最优搬运作业排序的定义。

定义 1　对于满足约束条件(5-22) ~ (5-26)的任意两个搬运作业排序 X_1 和 X_2，如果有 $T(X_1) < T(X_2), C(X_1) \leqslant C(X_2)$ 或者 $T(X_1) \leqslant T(X_2), C(X_1) < C(X_2)$，则 X_1 是严格优于 X_2 的。

定义 2　如果没有其他任何搬运作业排序严格优于一个可行的搬运作业排序 X，则它是帕累托最优的。

定义 3　所有帕累托最优搬运作业排序对应的目标函数值所组成的集合被称为帕累托最优前沿。

由此，研究问题转化为找到一组帕累托最优搬运作业排序来获得帕累托最优前沿。

5.3.4　混合离散差分进化算法开发

近年来，智能进化算法在求解多目标优化问题中已经有了很多重要的应用。这主要是因为与其他多目标优化方法相比，智能进化算法能够更好地处理一组解并在平行方向上找到帕累托最优前沿(Ali et al., 2012)。离散差分进化算法是由 Storn 和 Price(1995)提出的一种相对较新的进化算法，它是差分算法的一种变体，目的是求解复杂的连续优化问题。与粒子群优化方法和简单的进化算法相比，差分进化算法的鲁棒性较好并且能够快速收敛(Vesterstrom and Thomsen, 2004)。由于差分进化算法容易实施，其在生产计划与调度领域已经有了许多成功的应用。Pan 等(2009)提出了一个新颖的混合离散差分进化算法来解决区块流水线制造系统的生产计划问题(blocking flow shop scheduling problem)，将离散差分进化算法应用于排列流水线制造系统的生产计划问题(permutation flow shop scheduling problem)。尤其是在多目标优化问题方面，Pan 等(2008)利用一个新颖的差分进化算法来处理双目标的无等待的流水线生产计划问题。最近，Balaraju 等(2014)利用离散差分进化算法来解决多目标的柔性制造系统的生产计划问题，他们同时以最小化最大完工时间、最小化机器总负荷和关键机器负荷为优化目标。根据问题 P(X)的特征，我们将使用一个混合离散差分进化算法来搜索一组帕累托最优搬运作业排序。在开发算法之前，我们先对经典的离散差分进化算法如何求解多目标优化问题进行简要介绍。

1. 经典的离散差分进化算法介绍

与其他进化算法相似，离散差分进化算法也是一种迭代搜索算法，其目标是寻找出一组帕累托最优解集。该算法在初始化阶段首先生成一个由 NP 个个体所组成的初始种群，记为 $X_i, i = 1, 2, \cdots, NP$ ，然后不断地迭代进化，直到达到最大

迭代次数 G_{max} 或者某些终止条件被满足。在每一代 $t(1 \leq t \leq G_{max})$ 中，每个父代个体 $X_i^{t-1}(1 \leq i \leq NP)$ 被选择为一个目标个体，其相对应的试验(trial)个体由下面的变异交叉算子生成。

$$U_i^{t-1} = X_a^{t-1} \oplus a(X_b^{t-1} - X_c^{t-1}) \tag{5-27}$$

$$V_i^{t-1} = X_i^{t-1} \otimes U_i^{t-1} \tag{5-28}$$

首先公式(5-27)生成一个变异个体 U_i^{t-1}，其中 3 个不同的个体 X_a^{t-1}、X_b^{t-1} 和 X_c^{t-1} ($a,b,c \in \{1,2,\cdots,NP\}$ 且 $a \neq b \neq c \neq i$) 是从父代个体中随机选择的。运算 $X_b^{t-1} - X_c^{t-1}$ 是为了获得个体 X_b^{t-1} 与 X_c^{t-1} 之间的差异 ΔX_{bc}^{t-1}，而 $\oplus$ 运算表示将该差异中随机放大后的部分 $a\Delta X_{bc}^{t-1}$ 加入个体 X_a^{t-1} 中。在公式(5-28)中，运算符号 $\otimes$ 表示交叉算子，即通过合并目标个体 X_i^{t-1} 和变异个体 U_i^{t-1} 来生成一个新的实验个体 V_i^{t-1}。

对于生成的实验个体 V_i^{t-1}，首先计算它对应的多个目标函数值。基于某种非占优(non-dominated)排序规则，V_i^{t-1} 和 X_i^{t-1} 中较好的一个个体将被选择成为下一代的个体。使用集合 **AS** 来保存当前已经找到的帕累托最优个体，并且在每一次迭代中都更新它。离散差分进化算法将重复执行上述步骤(变异、交叉、简化和选择)直到到达某一条件。

2. 混合离散差分进化算法介绍

为了避免离散差分进化算法由于缺少个体的多样性而陷入局部收敛，本节的算法将根据系统的最大在制品数(WIP)将整个种群划分为多个子种群。最大在制品数是一个重要的指标，用于评价生产系统的生产效率。在本研究中，将其定义为在一个生产周期内系统同时加工的物料数量(Chen et al., 1998; Che and Chu, 2007; Yan et al., 2012)。通常较高的在制品数对应于较短的周期生产时间，同时也对应于较长的搬运机器人的空载运行时间。反过来，较低的在制品数对应于较长的周期生产时间和较短的机器人空载运行时间。换句话说，具有不同在制品数的机器人搬运作业排序往往对应一对相互不占优的周期生产时间和机器人空载运行时间。

记 K_{max} 为问题 $P(X)$ 的最大在制品数，该参数可以由 Che 等(2014，2015)提出的一个多项式时间算法求得，记 $K(X)$ 为一个搬运排序 X 所对应的最大在制品数水平，且有 $0 \leq K(X) \leq K_{max}$。在本节的离散差分进化算法中将种群划分为 $K_{max}+1$ 个子种群，其中每个子种群 $SP_k(0 \leq k \leq K_{max})$ 由 P_k 个具有相同最大在制品数的个体组成。使用混合离散差分进化算法在每一个子种群中搜索帕累托最优个体。需要注意的是，在子种群 SP_0 中仅有一个非占优的个体 $X=(0,1,2,\cdots,N)$，它的最大在制品数为 0 并且机器人空载运行时间也为 0。我们将会把变异交叉后生成的不可行个体保存在这个特殊的种群中。图 5-7 说明了该离散差分进化算法的主要思想，图中不同圆圈中的点表示了在不同子种群中的个体。

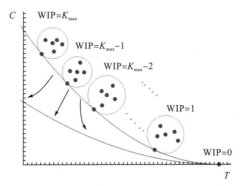

图 5-7　基于最大在制品数（WIP）的种群划分

使用上面介绍的思想，在初始化阶段，我们开发一个启发式算法为每一个子种群生成具有相同最大在制品数的初始化个体。我们使用混合变异交叉算子来生成新的实验个体。一个实验个体通过计算其对应的两个目标函数值来进化，如果该实验个体是不可行的，则计算其对应的松弛问题的目标函数值。这些有良好基因的不可行个体经过排序后放入子种群 SP_0 中，然后选择一个个体作为父代个体对其进行变异和交叉操作。我们提出了一个 1 对 1 的贪婪禁忌选择方法来高效地为生成下一代选择个体，并且该方法也能防止对已经搜索过的空间进行重复搜索。为了平衡搜索的深度与广度，我们将对每一个子种群计算它的占优率（子种群的占优率的定义将在下节中给出），然后扩大具有高占优率的子种群规模，同时减小占优率较小的子种群的规模。图 5-8 给出了本节提出的混合离散差分进化方法的流程图。

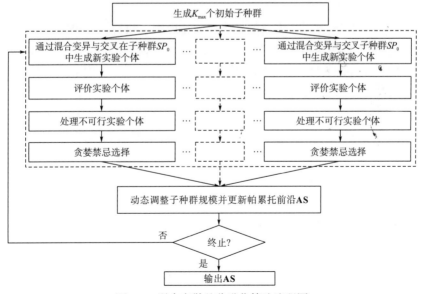

图 5-8　混合离散差分进化算法流程图

3. 混合离散差分进化算法的主要步骤

1）初始子种群的生成

直接令搬运作业排序 $X=(0,[1],[2],\cdots,[N])$ 作为初始个体的基因。对于每一个子种群 SP_k（$1\leq k\leq K_{max}$），为了生成 P_k 初始个体，我们设计出如下启发式算法。

在一个生产周期开始时，如果一个工作站正在加工一个物料，则这个工作站不能再同时加工另一个物料，直到它完成当前工序的加工并且该物料被搬运到另一个工作站。这是因为每个工作站都有自身的能力约束。因此，在一个生产周期开始时，若加工工序 O_i 所对应的工作站正在加工物料，则 move i 必须在 move $i-1$ 之前被执行，即要先把该工作站上的工件搬运走才能再加工下一个工件。我们将搬运机器人这一类型的搬运作业定义为优先搬运作业（priority move）。与此相对应，在生产周期开始时，机器人从一个空闲的工作站开始的搬运作业被定义为非优先搬运作业（non-priority move）。

对于没有可重入工作站的情况，针对一个给定的在制品数 k（$k=1,2,\cdots,K_{max}$），Yan 等（2012）给出了以下 3 条规则来构造一个搬运排序。

规则 H1　move 1 一定不是优先搬运作业，因为每一个生产周期都是从 move 0 开始的。

规则 H2　对于任意一个优先搬运作业　move i（$2\leq i\leq N$），其位置应该在 move $i-1$ 之前。

规则 H3　对于所有的非优先搬运作业，它们在搬运作业排序中的相对位置应该随它们序号的增加而增加。

我们进一步考虑在一个可行的搬运作业排序中，对同一个可重入工作站的不同搬运作业排序之间的相对位置的关系。对于任意两道在同一个可重入工作站 l 中完成的工序 O_i 和 O_j（$1\leq i<j-1<N$），即 $(O_i,O_j)\in Z_l$，我们考虑与其先后相关的 4 种搬运作业：move $i-1$、move i、move $j-1$ 和 move j。它们的开始时刻必须满足约束条件（5-26.1）~（5-26.4）中的任意一个。换句话说，如果工作站 l 在一个生产周期开始时是空闲的，那么约束条件（5-26.1）或者（5-26.2）就必须成立。若该工作站在一个生产周期开始时正在加工一个物料，那么约束条件（5-26.3）或者（5-26.4）就必须成立。为了进一步唯一地确定上述 4 个搬运作业的相对位置关系，我们首先考察以下 3 种从工序 O_{i+1} 到工序 O_{j-1} 所对应的工作站的布局。

简单布局（L1）：若从工序 O_{i+1} 到工序 O_{j-1} 所对应的工作站中没有可重入工作站，则称这些工作站的布局为简单布局，图 5-6 为这种布局的示意图。

内部嵌套布局（L2）：若从工序 O_{i+1} 到工序 O_{j-1} 所对应的工作站中有可重入工作站，并且对应其中任何一个可重入工作站 l 和其对应的工序 $(O_r,O_g)\in Z_l$ 同时满足关系：$f(r+1) \in \{f(i+1), \cdots, f(j-1)\}$ 和 $f(g+1) \in \{f(i+1), \cdots, f(j-1)\}$，我们称这一类型的工作站布局为内部嵌套布局，图 5-9 展示了该布局结构。

交叉嵌套布局(L3)：若从工序 O_{i+1} 到工序 O_{j-1} 所对应的工作站中仅有 1 个可重入工作站，且其对应的工序中至少有一对工序 $(O_r, O_g) \in Z_l$ 满足关系：$f(r+1) \notin \{f(i+1), \cdots, f(j-1)\}$ 或者 $f(g+1) \notin \{f(i+1), \cdots, f(j-1)\}$，则称这一类型的工作站布局为交叉嵌套布局，图 5-10 展示了该布局结构。

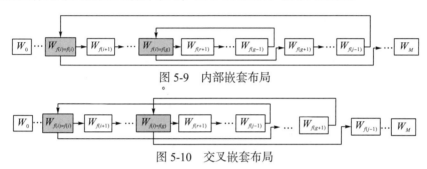

图 5-9　内部嵌套布局

图 5-10　交叉嵌套布局

因此对于任意一对工序 O_i 和 O_j，$1 \leqslant i \leqslant j-1 < N$，$(O_i, O_j) \in Z_l$，$1 \leqslant l \leqslant R$，我们提出以下几种情况，对于每一种情况上述 4 种搬运作业的可行相对位置关系能被唯一确定。

情况 1：如果在一个生产周期开始时，可重入工作站 $f(i)$ 处于空闲状态，并且工作站 $f(i+1), f(i+2), \cdots, f(i-1)$ 都处于空闲状态，那么约束条件(5-26.1)必须对 L1、L2 和 L3 三种布局都成立。

情况 2：如果在一个生产周期开始时，可重入工作站 $f(i)$ 处于空闲状态，但是工作站 $f(i+1), f(i+2), \cdots, f(i-1)$ 都正在加工工件，那么约束条件(5-26.2)必须对 L1 和 L2 两种布局都成立。

情况 3：如果在一个生产周期开始时，可重入工作站 $f(i)$ 正在加工工件，并且工作站 $f(i+1), f(i+2), \cdots, f(i-1)$ 也都正在加工工件，那么约束条件(5-26.3)和(5-26.4)对 L1 和 L2 两种布局都不成立。

情况 4：如果在一个生产周期开始时，可重入工作站 $f(i)$ 正在进行工序 O_i 的加工，并且工作站 $f(i+1), f(i+2), \cdots, f(i-1)$ 中至少有一个工作站处于空闲状态，那么约束条件(5-26.3)一定对 L1 和 L2 两种布局都成立。

情况 5：如果在一个生产周期开始时，可重入工作站 $f(i)$ 正在进行工序 O_i 的加工，那么约束条件(5-26.3)一定对 L3 布局成立。

通过整合 Yan 等(2012)的研究结果和上述的分析，对于一个给定的在制品数 $k(1 \leqslant k \leqslant K_{\max})$，生成初始个体 X 的过程如图 5-11 所示。

构建启发式算法，对于给定在制品数k生成初始个体X，$k \in \{1, 2, ..., K_{\max}\}$

步骤 1：初始化.
$X \leftarrow (0, 1, 2, ..., N)$；
从工作站 2 到工作站 M 中随机选择 k 个工作站作为被工件占用工作站

步骤 2：决定 X 中的优先搬运作业和非优先搬运作业
从 $m=1$ 到 M
如果 $|Z_m|=1$ 则
如果工作站 m 被工件占用则
将搬运作业 m 定义为优先搬运作业；
否则
将搬运作业 m 定义为非优先搬运作业；
如果 $|Z_m|>1$ 则
如果工作站 m 是空闲的则
将每一个搬运作业 i，$\forall O_i \in Z_m$ 定义为非优先搬运作业；

否则
随机选择搬运作业 i，$\forall O_i \in Z_m$ 作为优先搬运作业并将其他搬运作业 j，$\forall O_j \in Z_m$ 且 $j \neq i$ 定义为非优先搬运作业；

步骤 3：将 X 划分为 $k+1$ 个部分，其中 k 个优先搬运作业作为分割点：segment 0=(0, 1, ..., x_1-1)，segment 1=(x_1, x_1+1, ..., x_2-1)，...，segment k=(x_k, x_k+1, ..., N)，$x_1, x_2, ..., x_k$ 为优先搬运作业；

步骤 4：生成个体 X.
从 $i=1$ 到 k
在 segment 0 的搬运作业 0 和搬运作业 x_1-1 中随机选择一个位置插入 segment i 的第一个搬运作业 x_i；
从 $j=x_i+1$ 到 $x_{i+1}-1$
在之前的搬运作业 j_1-1 之后，在 segment 0 中插入 segment i 的搬运作业 j；

步骤 5：调整个体 X.
可重入工作站从 $l=1$ 到 R
对于四个关联搬运作业：搬运作业 i-1，搬运作业 i，搬运作业 j-1 和搬运作业 j，任意两个在同一个可重入工作站 l 完成的工序 O_i 和 O_j，$(O_i, O_j) \in Z_l$，$1 \leqslant i < j$-1 $< N$
如果从工序 O_{i+1} 到 O_{j-1} 对应的工作站布局为 L1 或 L2 则
如果情况(i)成立则
利用约束 (7.1) 调整四个搬运作业的相对位置；
否则如果情况(ii)成立则
利用约束 (7.2) 调整四个搬运作业的相对位置；
否则如果情况(iii)成立则
跳转到步骤 1；
否则如果情况(iv)成立则
如果搬运作业 i(搬运作业 j)是优先搬运作业，则利用约束条件(7.3)(约束条件(7.4))调整四个搬运作业的相对位置；
否则
通过随机选择约束条件(7.1)或(7.2)调整四个搬运作业的相对位置；
否则如果从工序 O_{i+1} 到 O_{j-1} 对应的工作站布局为 L3 则有
如果情况(i)成立则
通过约束条件(7.1)调整四个搬运作业的相对位置；
如果情况(v)成立则
如果搬运作业 i(搬运作业 j)是优先搬运作业，则通过约束条件(7.3)(约束条件(7.4))调整四个搬运作业的相对位置；
否则
利用随机选择约束条件(7.1)或(7.2)调整四个搬运作业的相对位置；

步骤 6：输出 X；

图 5-11　对于给定在制品数生成初始个体 X 的流程方法

2) 混合变异与交叉算子

混合离散差分进化算法采取了两种变异和交叉的方法来分别处理离散的和连续的基因。在第一种方法中，我们直接采用 Zhang 等(2013)提出的离散变异和交叉算子来处理选择出来的搬运作业排序个体。在第二种方法中，我们先从个体中提取出加工时间，再对该加工时间应用连续的变异和交叉算子，最后得到实验个体。

对于一个目标个体 X_i^{t-1}，首先随机从父代子种群中选择 3 个不同的个体 X_a^{t-1}、X_b^{t-1}、X_c^{t-1}，且保证 $a \neq b \neq c \neq i$。在第一种方法中，通过在个体 X_a^{t-1} 中加入个体 X_b^{t-1} 和 X_c^{t-1} 的差异生成一个变异个体 U_i^{t-1}，同时取模操作保证了变异个体中的每一个元素都是合法的。对一个个体的元素的变异操作公式为

$$\Delta x(j) = \begin{cases} x_b^{t-1}(j) - x_c^{t-1}(j), & \text{if rand()} \leqslant p_m \\ 0, & \text{其他} \end{cases} \quad (0 \leqslant j \leqslant N) \quad (5\text{-}29)$$

$$u(j)_i^{t-1} = \text{mod}\{[\Delta x(j) + x(j)_a^{t-1} + N + 1], N+1\} \quad (0 \leqslant j \leqslant N) \quad (5\text{-}30)$$

其中，$\Delta x(j)$ 是在搬运作业排序中第 j 个位置上 X_b^{t-1} 和 X_c^{t-1} 之间的差异；p_m 是取值在 $0 \sim 1$ 之间的变异参数；rand() 是一个用于生成范围在[0,1]的随机数的函数。

需要注意的是，在生成的变异个体中，有些搬运作业会出现多次，而有些搬运作业则一次都未出现。因此在交叉操作中，我们将那些重复的元素剔除再用目标个体中缺失的元素进行填充，经过这样的修复可以得到我们需要的实验个体。

在第二种方法中，对于目标个体 X_i^{t-1}，同样首先随机从父代子种群中选择 3 个不同的个体 X_a^{t-1}、X_b^{t-1}、X_c^{t-1}，且保证 $a \neq b \neq c \neq i$。通过对问题 $P(X)$ 求解可以获得它们对应的加工时间，我们将这些对应的加工时间记为 $(t_i^{k-1}(1), t_i^{k-1}(2), \cdots, t_i^{k-1}(N))$，$(t_a^{k-1}(1), t_a^{k-1}(2), \cdots, t_a^{k-1}(N))$，$(t_b^{k-1}(1), t_b^{k-1}(2), \cdots, t_a^{k-1}(N))$ 和 $(t_c^{k-1}(1), t_c^{k-1}(2), \cdots, t_c^{k-1}(N))$。我们通过下面的公式来生成变异个体的元素。

$$\Delta d(j) = t_b^{k-1}(j) - t_c^{k-1}(j) \quad (1 \leqslant j \leqslant N) \quad (5\text{-}31)$$

$$sd(j) = \begin{cases} \Delta d(j) \ \alpha, & \text{if rand()} \leqslant p_m \\ 0, & \text{其他} \end{cases} \quad (1 \leqslant j \leqslant N) \quad (5\text{-}32)$$

$$u(j) = \max\{a_j, \min[b_j, t_a^{k-1}(j) + sd(j)]\} \quad (1 \leqslant j \leqslant N) \quad (5\text{-}33)$$

其中，$\Delta d(j)$ $(1 \leqslant j \leqslant N)$ 是个体 X_b^{t-1} 和 X_c^{t-1} 在工序 O_j 的加工时间上的差异；α 是规模参数。

公式(5-33)保证了变异后的加工时间必须在其对应的时间窗口约束内。

对于变异个体 $U_i^t[u(1), u(2), \cdots, u(N)]$，实验个体的元素通过下面的公式生成。

$$v(j) = \begin{cases} u(j), & \text{if } \mathrm{rand}() \leqslant p_c \\ t_i^{t-1}(j), & \text{其他} \end{cases} \qquad (1 \leqslant j \leqslant N) \qquad (5\text{-}34)$$

其中，交叉系数 p_c 的取值范围在[0, 1]。

　　由于通过该连续变异和交叉算子生成的实验个体 V_i^t $(v(1), v(2), \cdots, v(N))$ $(1 \leqslant i \leqslant P_k)$，是加工时间的一个向量，所以它需要被重新编码成对应的离散的搬运作业排序。我们将这个问题化简为一个给定加工时间的无等待周期搬运机器人搬运作业排序问题，并且使用文献(Kats and Levner, 1997)所提出的多项式时间算法来求解它。

　　下面我们给出一个例子来说明上述连续变异与交叉算子。设物料需要经过 4 道工序的加工，并且每道工序对应的加工时间窗口为[20, 80]、[50, 200]、[30, 200]和[40, 300]。在我们的混合离散差分进化方法中，设置规模参数 $\alpha = 2.0$，变异参数 $p_m = 0.4$，交叉参数 $p_c = 0.5$。在 t 代中，对于子种群 SP_k $(1 \leqslant i \leqslant P_k, 1 \leqslant k \leqslant K_{\max})$ 中的一个目标个体 X_i^{t-1} 和其他随机选择的 3 个个体 X_a^{t-1}、X_b^{t-1}、X_c^{t-1}，假设它们对应的加工时间向量分别为(20, 100, 40, 260)、(30, 180, 50, 200)、(50, 200, 40, 220)和(40, 120, 60, 150)，通过公式(5-31)我们首先可以获得 X_b^{t-1} 和 X_c^{t-1} 之间的差异为(10, 80, -20, 70)。通过公式(5-32)我们可以得到随机缩放后的差分值为(20, 0, -40, 140)，其中 $\mathrm{rand}()$ 函数产生的随机数对于 $j=1, 3, 4$ 时的情况要小于参数 $p_m = 0.4$。这样再通过公式(5-33)我们就可以得到变异个体为 $U_i^t = (50, 180, 30, 300)$。最后通过目标个体 X_i^{t-1} 和变异个体 U_i^t，按照公式(5-34)我们可以得到实验个体 $V_i^t = (20, 180, 30, 260)$，其中 $\mathrm{rand}()$ 函数产生的随机数对于 $j=2, 3$ 时的情况要小于参数 $p_c = 0.5$。

　　第一种变异交叉算子对解空间有很好的广度搜索能力，但是不能保证生成的实验个体是可行的(Yan et al., 2012)。而第二种算子能保证生成的实验个体是可行的但是缺乏对解空间的广度搜索能力。因此，我们设置一个控制系数 p_{dc} 来从它们之间随机地选择一个生成实验个体。当生成的随机值大于 p_{dc} 时我们选择第一种方法，否则选择第二种方法。

　　3)个体评价和处理不可行个体

　　我们需要计算模型中两个目标函数的值来评价每个实验个体 V_i^t $(1 \leqslant i \leqslant P_k)$。我们公式(5-20)计算 $C(V_i^t)$，通过求解问题 $P(V_i^t)$ 获得 $T(V_i^t)$ 的值。而问题 $P(V_i^t)$ 可以转化为一个周期时间的评估问题，并使用基于图论的 CCP 算法求解，其计算时间复杂度为 $O(|V|^4 |E|^2)$，其中$|V|$是图的顶点数，$|E|$是图的弧的数量，算法的详细步骤参考相关文献(Chen et al., 1998)。

　　使用第一种方法生成的实验个体 V_i^t 可能是不可行的，并且在搜索过程中常常被丢弃。但是在我们的混合离散差分进化算法中，仍然通过松弛其不满足的约束条件并计算其相应的周期时间和机器人运行时间来评估它，我们将这两个指标记为 $T'(V_i^t)$ 和 $C'(V_i^t)$。在每一代中，我们从不可行的个体中选择非占优不可行个体，并将它们加入子种群 SP_0 中。具体的选择方法和下面将要介绍的对可行实验个体的选择方法一样。

我们对 CCP 算法进行相应的修正来计算 $T'(V_i^t)$。在我们的算法中，使用调整子算法找到最小的 $T(V_i^t)$，并将其作为生产周期时间 T 的下界值，然后增加它的值直到图中没有正回路。如果对于任意 T 值，在图中总是存在正回路，那么实验个体 V_i^t 就是不可行的。在我们的修正算法中，若找到一个正回路并且在可行的时间窗内不能被放松到任何 T 值，则我们将忽略该正回路并继续增大 T 值以防止其他正回路的出现。最后当所有的回路都被检查后，T 值就是放松后的周期时间 $T'(V_i^t)$。进而通过公式计算出 $C'(V_i^t)$。

4）选择算子

在这部分，我们使用贪婪禁忌算法来为下一代选择个体。选择算子包括一对一贪婪控制比较步骤和禁忌选择步骤，其描述如下。

第一步根据定义 1 在目标个体 X_i^{t-1} 和它对应的实验个体 V_i^t（$1 \leqslant i \leqslant P_k$）中进行 1 对 1 的占优对比，结果包括如下的 3 种情况。

情况 1：X_i^{t-1} 占优 V_i^t。

情况 2：V_i^t 占优 X_i^{t-1}。

情况 3：X_i^{t-1} 与 V_i^t 相互不占优。

对于情况 3，我们将当前所找到的帕累托最优个体 X_i^{t-1} 与 V_i^t 保存在集合 **AS** 中。

我们用 $Nd(X)$ 表示集合 **AS** 中被个体 X 占优的个体的数量，当 $Nd(X) > 0$ 时，说明在集合 **AS** 中有 $Nd(X)$ 个个体被个体 X 占优；当 $Nd(X) < 0$ 时，说明个体 X 被 **AS** 中的 $Nd(X)$ 个个体占优；当 $Nd(X) = 0$ 时，说明个体 X 与集合 **AS** 中的 $Nd(X)$ 个个体相互不占优。

因此对于情况 3，计算 $Nd(X_i^{t-1})$ 和 $Nd(V_i^t)$，有以下的 3 种选择规则。

规则 1：如果 $Nd(V_i^t) < Nd(X_i^{t-1})$，那么 X_i^{t-1} 应该被选择进入下一代。

规则 2：如果 $Nd(X_i^{t-1}) < Nd(V_i^t)$，那么 V_i^t 应该被选择进入下一代。

规则 3：如果 $Nd(X_i^{t-1}) = Nd(V_i^t)$，那么分别计算 X_i^{t-1} 和 V_i^t 在集合 **AS** 中的拥挤距离（crowding distance），并选择拥挤距离小的进入下一代，若它们的拥挤距离一样，则从它们中随机选择一个进入下一代。

在规则 3 中，个体 X 的拥挤距离表示为 $Cd(X)$，它被定义为"通过使用最近邻居作为顶点形成的长方体的周长的估计"（Ali et al.，2012）。在本节中，个体 X 的拥挤距离为集合 **AS** 中，个体 X 与它的右邻居 X_r 和它的左邻居 X_l 关于两个目标函

数值的距离之和，计算公式为

$$Cd(X) = \begin{cases} +\infty, & X在\mathbf{AS}的两端 \\ \dfrac{T(X_r) - T(X_1)}{T(X_{\mathrm{Nas}}) - T(X_0)} + \dfrac{C(X_1) - C(X_r)}{C(X_0) - C(X_{\mathrm{Nas}})}, & 其他 \end{cases} \tag{5-35}$$

其中，X_0 和 X_{Nas} 分别是集合 **AS** 中的第一个和最后一个个体。

此外，当 $Nd(V_i^t) \geqslant 0$ 时，试验个体 V_i^t 将被加入集合 **AS** 中，同时被占优的个体将被移除。

在第二步中，为了防止选择到在上一代已经被搜索过的个体，我们使用一个简单高效的基于哈希值表的禁忌选择机制。一个在第一步中被选择的个体 V_i^t，我们将会进一步再检查它的哈希值，若个体 V_i^t 的哈希值出现在之前已经被搜索过的个体的哈希值集合中，则它就不能再进入下一代。在这种情况下，个体 X_i^{t-1} 应该进入下一代，否则 V_i^t 进入下一代，并且把它对应的哈希值加入已搜索过的个体的哈希值表中。该表有固定的长度，当该表容量满后，会把最早进入该表的哈希值剔除。

这里我们将哈希冲突定义为两个个体拥有相同的哈希值，这种情况可能发生在哈希表长度有限时。为了尽量避免哈希冲突，在我们的算法中，使用下面的公式来计算个体 X 的哈希值。

$$h(X) = \sum_{j=0}^{N} ([j]\varphi_j)\%LP \tag{5-36}$$

其中，$[j]$ 是搬运排序 X 中第 j 个位置上的元素；φ_j 是一个随机生成的质数，且当 $0 \leqslant i < j \leqslant N$ 时，有 $\varphi_j \neq \varphi_i$；LP 是一个充分大的质数。

5）子种群规模的动态调整

为了平衡搜索的广度与深度，我们根据集合 **AS** 的占优率对子种群的规模进行动态的调整，占优率的定义如下：集合 **AS** 中来自同一个子种群的个体的比例。在第 t 代（$1 \leqslant t \leqslant G_{\max}$），子种群 SP_k 的占优率被表示为 D_k^t（$1 \leqslant k \leqslant K_{\max}$），其计算公式如下：

$$D_k^t = \frac{|\{X \mid k(X) = k, X \in \mathbf{AS}\}|}{|\mathbf{AS}|} \tag{5-37}$$

因此在下一代 $t+1$ 中，子种群 SP_k 的规模被调整为 $D_k^t \sum_{k=1}^{K} \max P_k$。如果子种群的规模 P_k 扩大了，那么我们将使用生成初始个体的方法生成新的个体并加入该子种群中。如果子种群的规模变小了，则在集合 **AS** 中占优最多的个体将被移除。需要注意的是，在经过数次迭代后，某些子种群可能会消失，因为这些子种群的个体没有被保存在集合 **AS** 中。

5.3.5　算例分析

本节将使用来自企业的基准案例和随机产生的算例对提出的基于混合离散差分进化的双目标生产计划方法进行测试，并与现有的 ε-约束法(Feng et al.，2014)和经典的离散差分进化方法(Storn and Price，1995)进行对比。由于现有的 ε-约束法没有考虑可重入工作站的情况，我们首先使用 Liu 等(2002)提出的方法，在 ε-约束法求解的模型中加入两个额外的约束条件，再使用 CPLEX 软件求解该扩展后的模型。经典的离散差分进化方法采用 DE/rand/1/bin 模式(Storn and Price，1995)，该模式使用完全随机的方法来生成初始化种群，离散的变异与交叉算子(Zhang et al.，2013)，并且丢弃不可行的个体。在个体选择算子设计上，该算法与本节的方法一样，都使用 1 对 1 的贪婪禁忌算法。本节使用 C++编程语言来实现提出的基于混合离散差分进化和经典离散差分进化的双目标生产计划方法，并且对它们设置相同的参数。我们通过多次重复试验来确定各个参数的合适的取值，设置 p_m =0.4，p_c = 0.5，p_{dc} =0.5，$G_{\max}$=500。在实际操作中如何选择控制参数的值，可以参考相关文献(Storn and Price，1995)。我们将每个初始子种群的规模设置为 30，即 P_k=30$(1\leqslant k\leqslant K_{\max})$。用于实验的计算机配置为 CPU Intel(R) Core(TM) i3 2.40GHz。

1. 评价指标

与现有的文献一样，本节使用 3 个指标：非占优解的平均数量(N_{ND})、所有非占优解的分散程度(R_{ND})和帕累托前沿到参考前沿的平均距离(D_R)来评价帕累托最优解的质量。使用算法的运行时间来评价算法的效率。非占优解的平均数量(N_{ND})的计算公式如下：

$$N_{ND} = |\mathbf{AS}| - |\{X \in \mathbf{AS} \,|\, \exists Y \in \mathbf{AS}^* : X \prec Y\}| \tag{5-38}$$

其中，$X \prec Y$ 表示个体 X 被个体 Y 占优；$\mathbf{AS}$ 是参考前沿集合。

所有非占优解的分散程度(R_{ND})是一个衡量评价收敛度的指标(Zitzler and Thiele，1999)，其计算公式如下：

$$R_{ND} = \frac{N_{ND}(\mathbf{AS})}{|\mathbf{AS}|} \tag{5-39}$$

当 $R_{ND} = 0$ 时，表示集合 $\mathbf{AS}$ 中所有的个体都被参考前沿集合 $\mathbf{AS}^*$ 中某一些个体占优。当 $R_{ND} = 1$ 时，表示集合 $\mathbf{AS}$ 中没有个体被集合 $\mathbf{AS}^*$ 中的个体占优。因此 R_{ND} 的值越大，集合 $\mathbf{AS}$ 的前沿就越好。

平均距离指标(Ishibuchi et al.，2003)被用来评价集合 $\mathbf{AS}$ 到参考前沿集合 $\mathbf{AS}^*$

的距离，其计算公式为

$$D_R = \frac{1}{|\mathbf{AS}^*|} \sum_{Y \in \mathbf{AS}^*} \min\{Dd_{X,Y} : X \in \mathbf{AS}\} \tag{5-40}$$

其中，$Dd_{X,Y}$ 衡量了两个解 X 和 Y 在目标函数值 $C()$ 和 $T()$ 上的距离。

$d_{X,Y}$ 的计算公式为

$$d_{X,Y} = \sqrt{\left[\bar{C}(X) - \bar{C}(Y)\right]^2 + \left[\bar{T}(X) - \bar{T}(Y)\right]^2} \tag{5-41}$$

其中，$\bar{C}()$ 和 $\bar{T}()$ 是根据参考前沿集合 $\mathbf{AS}^*$ 标准化后的目标函数值，计算公式分别为

$$\bar{C}() = \frac{C() - C_{\min}(\mathbf{AS}^*)}{C_{\max}(\mathbf{AS}^*) - C_{\min}(\mathbf{AS}^*)} \tag{5-42}$$

$$\bar{T}() = \frac{T() - T_{\min}(\mathbf{AS}^*)}{T_{\max}(\mathbf{AS}^*) - T_{\min}(\mathbf{AS}^*)} \tag{5-43}$$

D_R 的值越小，集合 $\mathbf{AS}$ 的前沿就越接近参考前沿集合 $\mathbf{AS}^*$。

需要注意的是，在计算上面两个指标之前，参考前沿 $\mathbf{AS}^*$ 需要提前已知。在本节中，对于 $N \leqslant 16$ 的情况，我们使用 ε-约束法找到完整的帕累托前沿作为参考前沿集合 $\mathbf{AS}^*$；对于更大规模的情况，则分别使用离散差分进化算法与我们的混合离散差分进化算法找出前沿，在剔除二者的被占优解之后，组合构成参考前沿集合 $\mathbf{AS}^*$。

2. 基准案例

我们使用 7 个来自企业实际生产的基准案例来测试上述的 3 个算法，这 7 个基准案例分别表示为 P&U、Bob1、Bob2、Ligne1、Ligne2、Ligne3 和 Ligne4。这些基准案例在 Phillips 和 Unger(1976)、Leung 和 Levner(2006) 以及 Manier 和 Lamrous(2008) 的文献中均有体现。在前 5 个案例中没有可重入工作站，Feng 等(2014) 最先研究出了它们的完整帕累托前沿。后面的 2 个案例则同时包含了可重入工作站和平行工作站。平行工作站的存在意味着有多个工作站被用来完成同一道工序。为了上述的 3 种算法能应用于这 2 个案例，我们将这些平行工作站 $G(G \geqslant 1)$，转换为一个用来完成工序 $O_i(i \in \{1, 2, \cdots, N\})$ 的可见的工作站。同时相对应地将该平行工作站的加工时间窗口修订为 $(a_i / G, b_i / G)$，并且设置 $c_{i,i} = 0$。使用混合离散差分进化方法找出这些案例的帕累托最优前沿，如图 5-12 所示。其中，不同颜色的点表示不同在制品数水平的帕累托最优解。同时从图 5-12 中的这些帕累托最优解在目标空间中的分布可以看出：根据在制品数水平来划分多个子种群是合理的。

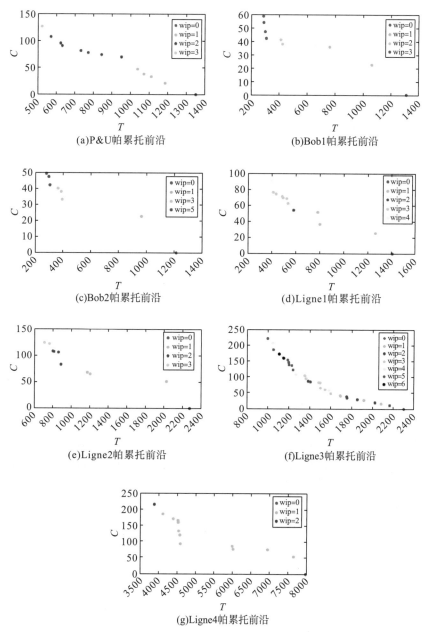

图 5-12　本节提出的混合离散差分进化算法在基准案例上找出的帕累托前沿

表 5-7 给出了 3 个算法求解基准案例的对比。从 N_{ND}、R_{ND} 和 D_R 3 个参数的值来看，本节提出的混合离散差分进化方法能够找到前 5 个案例中除 Linge2 之外的所有案例的帕累托最优前沿。而经典的离散差分进化方法则只能够找出所有

算例的帕累托前沿。在 Linge2 算例中，混合离散差分进化算法对应的 D_R 值与经典离散差分进化算法对应的 D_R 值相比要小很多，这意味着本节的混合离散差分进化算法找到的帕累托前沿已经非常接近真实的帕累托前沿。对后面的两个算例，分别设置 $N=18$ 和 35，使用 ε-约束法无法在 24h 内找出它们的帕累托前沿。因此将我们的混合离散差分进化方法找到的帕累托前沿与经典的离散差分进化算法找出的帕累托前沿组合在一起作为参考前沿。实验结果表明，本节的算法找出的帕累托最优解要占优于经典离散差分进化算法找出的帕累托最优解。在算法运行时间方面，本节的算法的运行时间比经典离散差分进化算法的运行时间稍长一点，但比 ε-约束法的运行时间短。总的来说，针对这 7 个基准案例的测试，本节的混合离散差分进化算法表现要优于经典离散差分进化算法，而运行速度比 ε-约束法要快。

表 5-7　基准案例计算结果

案例	N	R	本节的混合离散差分进化算法				经典离散差分进化算法				ε-约束法
			N_{ND}	R_{ND}	D_R	CPU 时间(s)	N_{ND}	R_{ND}	D_R	CPU 时间(s)	CPU 时间(s)
P&U	12	0	13	1.000	0.000	15.66	4	0.307	0.170	2.09	21.84
Bob1	11	0	9	1.000	0.000	14.33	2	0.222	0.180	2.10	12.05
Bob2	11	0	8	1.000	0.000	13.17	2	0.250	0.176	2.25	26.30
Ligne1	12	0	12	1.000	0.000	30.35	2	0.167	0.166	4.03	49.56
Ligne2	14	0	4	0.333	0.093	31.12	2	0.222	0.197	7.22	51.85
Ligne3*	18	2	34	1.000	0.000	103.45	15	0.441	0.054	9.93	—
Ligne4*	35	4	13	1.000	0.000	403.44	4	0.257	0.097	27.93	—

注：表中*是指：将混合离散差分进化算法找到的帕累托前沿与经典离散差分进化算法找出的帕累托前沿组合在一起作为参考前沿。

3. 随机算例测试结果

为了进一步测试这 3 种算法的性能，我们随机地生成大量测试算例，并且设置智能制造系统中工作站数 $N = 8, 12, \cdots, 32$。对于每一个随机算例，我们分别设置可重入工作站数 $R = 0, 2, 4$，并且对每一个可重入工作站，我们随机地选择两道工序 O_i 和 O_j，$1 \leqslant i < j-1 < N$，作为该工作站所对应的加工工序。本节使用 Feng 等（2014）提出的方法设置随机算例中的其他参数，即 a_i、b_i、d_i 和 $c_{i,j}$（$0 \leqslant i, j \leqslant N+1$）。对于每一组给定的 N 和 R 的值，我们随机生成 50 个算例。表 5-8 展示了对于求

解随机算例的实验结果。

表 5-8　随机数据算例计算结果

N	R	本节的混合离散差分进化算法				经典离散差分进化算法				ε-约束法
		平均 N_{ND}	平均 R_{ND}	平均 D_R	平均 CPU 时间(s)	平均 N_{ND}	平均 R_{ND}	平均 D_R	平均 CPU 时间(s)	平均 CPU 时间(s)
8	0	7.2	0.963	0.001	9.12	6.9	0.929	0.016	1.47	3.36
	2	4.8	0.803	0.012	10.81	2.0	0.332	0.189	1.52	3.22
	4	5.0	0.714	0.043	11.34	4.0	0.571	0.269	1.25	3.52
12	0	7.5	0.846	0.011	26.90	3.2	0.361	0.205	2.31	43.05
	2	5.5	0.562	0.048	29.65	4.3	0.445	0.833	2.93	40.55
	4	6.3	0.410	0.061	53.00	3.1	0.205	0.207	5.20	40.20
16	0	7.4	0.513	0.047	151.82	4.1	0.286	0.181	10.65	3514.52
	2	5.3	0.375	0.068	169.55	4.0	0.287	0.127	10.77	4637.37
	4	4.0	0.241	0.095	212.78	1.5	0.090	0.179	10.96	7110.06
20*	0	10.0	0.875	0.005	204.66	5.2	0.459	0.059	13.37	—
	2	10.4	0.971	0.001	160.14	2.1	0.200	0.038	10.37	—
	4	12.0	0.933	0.002	117.16	4.3	0.333	0.084	7.78	—
24*	0	7.7	0.887	0.004	265.63	3.8	0.432	0.053	19.05	—
	2	11.5	0.929	0.002	160.14	4.1	0.335	0.054	25.12	—
	4	8.7	0.917	0.003	328.67	3.2	0.338	0.062	24.81	—
28*	0	13.0	0.935	0.002	629.95	5.7	0.412	0.053	57.31	—
	2	9.5	0.930	0.008	350.59	5.4	0.533	0.063	27.58	—
	4	10.5	0.955	0.001	519.89	4.0	0.363	0.057	29.22	—
32*	0	18.5	0.922	0.020	109.88	17.6	0.877	0.056	164.61	—
	2	19.0	0.963	0.001	527.22	8.1	0.411	0.051	41.94	—
	4	16.5	0.956	0.001	585.33	5.7	0.330	0.050	41.39	—

注：表中*是指：将混合离散差分进化算法找到的帕累托前沿与经典离散差分进化算法找出的帕累托前沿组合在一起作为参考前沿。

　　对比 N_{ND}、R_{ND}、D_R 3 个指标的值，与经典离散差分进化算法相比，本节的混合离散差分进化算法可以找到更好的帕累托前沿。同时对于小规模的算例，即当 $N=8, 12$ 和 16 时，使用 ε-约束法找出的完整帕累托前沿作为参考前沿。在小规模算例中，本节的算法所对应的 N_{ND}、R_{ND}、D_R 3 个指标的平均值分别为 5.9、0.603、0.043，而经典离散差分进化算法所对应的 3 个指标的平均值为 3.7、0.390、0.246。当算例规模增大时，即当 $N=20, 24, 28$ 和 32 时，使用 ε-约束法无法在较短时间内找出完整的帕累托最优前沿，所以将混合离散差分进化算法找到的帕累托前沿与经典离散差分进化算法找到的帕累托前沿组合在一起作为参考前沿。在大规模算例中，本节提出的算法所对应的 N_{ND}、R_{ND}、D_R 3 个指标的平均值分别为 12.3、0.931、0.004，而经典离散差分进化算法所对应的 3 个指标的平均值为 5.8、0.419、0.057。而本节提出的算法找到了在参考前沿中最多的非占优解。因此在 N_{ND}、R_{ND}、D_R 3 个指标值的评价方面，本节提出的算法无论在小规模的算例上还是在大规模的算例上，表现性能都更好。在算法运行时间方面，除了 $N=8$ 的算例，本节的算法的运行速度都比 ε-约束法要快，特别是当 $N=20, 24, 28$ 和 32 时，本节的算法能在一个合理的时间内找出这些算例的帕累托最优前沿，而 ε-约束法则无法找到。

综上，本节提出的混合离散差分进化算法在基准案例和随机算例的求解上都要好于经典离散差分进化算法，本节的算法能够找到完整的帕累托前沿或者非常近似最优的帕累托前沿。与 ε-约束法相比，本节的算法无论是在小规模算例上的运行，还是在大规模算例上的运行，速度都要快得多。

5.3.6　小结

智能制造系统已被应用于半导体制造、医院食品加工等行业。通过文献回顾发现以最小化周期生产时间为目标的智能制造系统生产计划问题已经被广泛研究。本节同时以最小化周期生产时间和物料搬运机器人能耗成本为优化目标，对有可重入工作站的智能制造系统中的搬运机器人搬运作业规划进行了研究。在实际生产环境中，搬运机器人的能耗成本对整个智能制造系统的生产成本有非常重要的影响，但是却很少有文献研究。另外，本节关注如何找出帕累托最优或者近似最优的机器人搬运作业排序。针对该问题，本节提出了基于混合离散差分进化的生产计划方法，并且在使用系统的最大在制品数（WIP）来对种群进行划分的同时对子种群的规模进行动态调整。本研究创新性地设计进化算法中的初始子种群生成方法、混合变异交叉算子以及贪婪禁忌选择算法。这些算法使得设计出的生产计划方法比经典方法更加有效。特别地，当问题规模较大时，相对于文献中提出的 ε-约束法，本节提出的方法可在较短时间内获得较好的帕累托近似最优解集。

本研究使用物料搬运机器人的运行时间来度量制造系统中机器人的能耗成本。未来研究将建立一个更加符合实际的物料搬运机器人的能耗成本函数。此外，智能制造系统中的其他能耗成本，如物料加工设备能耗成本也应该被考虑。然而复杂的能耗成本函数会使得寻找问题的帕累托最优解变得更加困难。

参 考 文 献

宫华, 许可, 2015. 制造型企业生产物流优化理论与方法[M]. 北京: 国防工业出版社.

黄中鼎, 2005. 现代物流管理[M]. 上海: 复旦大学出版社.

唐海波, 叶春明, 马慧民, 等, 2012. 干扰管理在生产调度中的应用综述[J]. 上海电机学院学报, 15(03): 189-196.

王杜娟, 2015. 生产调度中应对干扰的重调度模型和算法研究[D]. 辽宁: 大连理工大学.

Ali M, Siarry P, Pant M, 2012. An efficient differential evolution based algorithm for solving multi-objective optimization problems[J]. European journal of operational research, 217(2): 404-416.

Balaraju G, Venkatesh S, Reddy B S P, 2014. Multi-objective flexible job shop scheduling using hybrid differential evolution algorithm[J]. International Journal of Internet Manufacturing and Services, 3(3): 226-243.

Brauner N, 2008. Identical part production in cyclic robotic cells: Concepts, overview and open questions[J]. Discrete Applied Mathematics, 156(13): 2480-2492.

Chauvet F, Levner E, Meyzin L K et al., 2000. On-line scheduling in a surface treatment system[J]. European Journal of Operational Research, 120(2): 382-392.

Che A, Chu C, 2007. Cyclic hoist scheduling in large real-life electroplating lines[J]. Or Spectrum, 29(3): 445-470.

Che A, Feng J, Chen H, Chu C, 2015. Robust optimization for the cyclic hoist scheduling problem[J]. European Journal of Operational Research, 240(3): 627-636.

Che A, Lei W, Feng J, Chu C, 2014. An improved mixed integer programming approach for multi-hoist cyclic scheduling problem[J]. IEEE Transactions on Automation Science and Engineering, 11(1): 302-309.

Chen H, Chu C, Proth J M, 1998. Cyclic scheduling of a hoist with time window constraints[J]. IEEE Transactions on Robotics and Automation, 14(1): 144-152.

Crama Y, Kats V, Klundert J V D, et al., 2000. Cyclic scheduling in robotic flowshops[J]. Annals of Operations Research, 96(1-4): 97-124.

Dawande M, Geismar H N, Sethi S P, et al., 2005. Sequencing and scheduling in robotic cells: Recent developments[J]. Journal of Scheduling, 8(5): 387-426.

Feng J, Che A, Wang N, 2014. Bi-objective cyclic scheduling in a robotic cell with processing time windows and non-Euclidean travel times[J]. International Journal of Production Research, 52(9): 2505-2518.

Gang Y, 1996. On the max-min 0-1 knapsack problem with robust optimization applications[J]. Operations Research, 44(2): 407-415.

Hall N G, Kamoun H, Sriskandarajah C, 1997. Scheduling in robotic cells: Classification, two and three machine cells[J]. Operations Research, 45(3): 421-439.

Hall N G, Kamoun H, Sriskandarajah C, 1998. Scheduling in robotic cells: Complexity and steady state analysis[J]. European Journal of Operational Research, 109(1): 43-65.

Hall N G, Potts C N, 2004. Rescheduling for new orders[J]. Operations Research, 52(3): 440-453.

Hoogeveen H C, Lenté V, 2012. Rescheduling for new orders on a single machine with setup times[J]. European Journal of Operational Research, 223(1): 40-46.

Ishibuchi H, Yoshida T, Murata T, 2003. Balance between genetic search and local search in memetic algorithms for multiobjective permutation flowshop scheduling[J]. IEEE Transactions on Evolutionary Computation, 7(2): 204-223.

Jovane F, Yoshikawa H, Alting L, et al., 2008. The incoming global technological and industrial revolution towards competitive sustainable manufacturing[J]. CIRP Annals-Manufacturing Technology, 57(2): 641-659.

Kats V, Levner E, 1997. A strongly polynomial algorithm for no-wait cyclic robotic flowshop scheduling[J]. Operations Research Letters, 21(4): 171-179.

Lee C Y, Lei L, Pinedo M, 1997. Current trends in deterministic scheduling[J]. Annals of Operations Research, 70(0): 1-41.

Lei L, Wang T J, 1989. A proof: The cyclic hoist scheduling problem is NP-hard[D]. New Jersey: Rutgers University.

Lei W, Che A, Chu C, 2014. Optimal cyclic scheduling of a robotic flowshop with multiple part types and flexible processing times[J]. European Journal of Industrial Engineering, 8(2): 143-167.

Leung M Y, Levner E, 2006. An efficient algorithm for multi-hoist cyclic scheduling with fixed processing times[J]. Operations Research Letters, 34(4): 465-472.

Levner E, Kats V, David Alcaide López de Pablo, et al., 2010. Complexity of cyclic scheduling problems: A state-of-the-art survey[J]. Computers & Industrial Engineering, 59(2): 352-361.

Liu J, Jiang Y, Zhou Z, 2002. Cyclic scheduling of a single hoist in extended electroplating lines: a comprehensive integer programming solution[J]. Institute of Industrial Engineers Transactions, 34(10): 905-914.

Liu S Q, Kozan E, 2017. A hybrid metaheuristic algorithm to optimise a real-world robotic cell[J]. Computers & Operations Research, 84: 188-194.

Manier M A, Bloch C A. 2003. Classification for hoist scheduling problems[J]. International Journal of Flexible Manufacturing Systems, 15(1): 37-55.

Manier M A, Lamrous S, 2008. An evolutionary approach for the design and scheduling of electroplating facilities[J]. Journal of Mathematical Modelling and Algorithms, 7(2): 197-215.

Pan Q K, Tasgetiren M F, Liang Y C, 2008. A discrete differential evolution algorithm for the permutation flowshop scheduling problem[J]. Computers & Industrial Engineering, 55(4): 795-816.

Pan Q K, Wang L, Qian B, 2009. A novel differential evolution algorithm for bi-criteria no-wait flow shop scheduling problems[J]. Computers & Operations Research, 36(8): 2498-2511.

Phillips L W, Unger P S, 1976. Mathematical programming solution of a hoist scheduling program[J].

AIIE Transactions, 8 (2): 219-225.

Rachuri S, Sriram R D, Narayanan A, et al., 2010. Sustainable manufacturing: Metrics, standards, and infrastructure-workshop summary[J]. International Journal of Sustainable Manufacturing, 2 (2/3): 144-149.

Ross M, 1992. Efficient energy use in manufacturing[J]. Proceedings of the National Academy of Sciences of the United States of America, 89 (3): 827-831.

Storn R, Price K, 1995. Differential evolution: A simple and efficient adaptive scheme for global optimization over continuous spaces[M]. ICSI Berkeley.

Tompkin J A, White J A, 1984. Facilities Planning[M]. New York: Wiley.

Vesterstrom J, Thomsen R, 2004. A comparative study of differential evolution, particle swarm optimization and evolutionary algorithms on numerical benchmark problems[C]. IEEE Congress on Evolutionary Computation, 1980-1987.

Vieira G E, Herrmann J W, Lin E, 2003. Rescheduling manufacturing systems: a framework of strategies, policies, and methods[J]. Journal of Scheduling, 6 (1): 39-62.

Yan P, Che A, Yang N, Chu C, 2012. A tabu search algorithm with solution space partition and repairing procedure for cyclic robotic cell scheduling problem[J]. International Journal of Production Research, 50 (22): 6403-6418.

Zhang S, Yan P, Che A, 2013. A discrete differential evolution algorithm for cyclic scheduling problem in re-entrant robotic cells[C]. 10th International Conference on Service Systems and Service Management Hongkong: 273-277.

Zhao C, Fu J, Xu Q, 2013. Real-time dynamic hoist scheduling for multistage material handling process under uncertainties[J]. Aiche Journal, 59 (2): 465-482.

Zitzler E, Thiele L, 1999. Multiobjective evolutionary algorithms: a comparative case study and the strength Pareto approach[J]. IEEE Transactions on Evolutionary Computation, 3 (4): 257-271.

第6章 共享平台价值共创与运营机制

6.1 物联网环境下的租车平台价值共创与运营机制

6.1.1 问题背景

对于平台企业来讲,价值共创治理主要体现在激励参与主体良好的行为方式而限制较差或损害平台利益的行为出现。这种治理思想对于租车平台也不例外。随着经济的发展和人们消费观念的改变,出行方式随之改变,租车旅行已经成为越来越多人的选择,消费者更专注车辆使用权而非拥有权。中国旅游研究院、携程旅游大数据联合实验室曾做过专门调查,结果显示,从交通方式看,被调查者中选择自驾游的比例最高,达 41%,其次是高铁 29%,普通客车 16%,飞机 14%。根据中国旅游研究院数据统计,2019 年上半年全国自驾游超过 2.8 亿人次,租车自驾总人次与 2018 年同比增长 44.6%。2020 年 4 月 16 日,携程租车发布《国内租车自驾游复兴报告》,显示租车自驾游因自由、舒适、干净、私密等优势,成为疫情稳定以来携程恢复情况最好的旅游业务之一。目前,携程租车预订单量已达去年同期的 70%。伴随需求增加的是大量租车平台的出现。据相关数据显示,目前我国共有 6300 余家汽车租赁企业,租赁车辆总数约达 20 万辆,并以每年 20%左右的速度增长。2018 年,我国汽车租赁行业市场规模超过了 800 亿元,预计在2023 年将增长至 1464 亿元左右。

然而,在汽车租赁快速发展的背景下,租赁平台普遍出现部分租赁用户在使用所有权不属于自己的汽车时,驾驶行为较差。例如,重庆的汽车共享项目(又名

Car2go)在投入使用之后，多家媒体报道部分用户在使用过程中出现损坏车内设备，甚至直接将租赁汽车进行抵押贷款等不良行为。平台对于这些不良行为，其中部分可被事后直接观测到，从而汽车租赁平台可以根据观测到的不良行为进行索赔。然而，大部分用户的不良行为，如随意踩刹车、猛轰油门等，虽然会对汽车的使用寿命产生较大的影响，但由于这些行为的隐蔽性较强，损失通常由租赁平台承担。随着物联网技术的发展，智能系统的出现，如云智慧智能系统可以监测汽车具体所在位置、车速、刹车次数、有无故障报警等；国际通用的车载自动诊断系统(on-board diagnostics，OBD)，可实时、高效地跟踪和记录驾驶人的行车数据，并根据驾驶数据对驾驶行为习惯进行客观公正的评价。因此，运用技术手段，汽车租赁平台不仅可以收集到租赁用户行为的大量数据信息，还可以对租赁过程中租赁用户的行为进行实时监测。当租赁用户到达租赁平台时，一方面，平台可以根据历史行为数据识别该用户以往的驾驶习惯，并基于该驾驶习惯确定接受还是拒绝该顾客的预订请求；另一方面，在租赁服务结束后根据实时监测结果判断用户此次驾驶行为的属性，并基于驾驶行为给予顾客奖励或惩罚，从而激励顾客在驾驶汽车时保持良好的驾驶行为。

因此，本节研究的核心问题如下：①当平台面对顾客需求到达时，应如何根据顾客的历史行为数据决定是否租赁汽车给该用户，即如何设计事前的容量控制策略；②(物联网技术)监测到用户的驾驶行为后，如何根据租赁用户的行为设计价格补贴策略以激励租赁用户在驾驶汽车时选择良好的行为；③如何设计有效的价值共创治理机制，实现平台价值最大化。

6.1.2 随机动态规划模型构建

1. 假设与符号说明

假定汽车租赁平台采用智能设备对顾客行为进行监测，从而利用行为数据信息将顾客分为两类：行为较好的顾客(好顾客)与行为较差的顾客(坏顾客)。假设平台只有单一等级的汽车，如电动汽车的租赁为同一类型的汽车租赁，分时租赁中所提供的汽车类型是以时间计算费用，也可视为同一类型汽车。在汽车租赁行业中，顾客在租赁汽车时一般都要求提前预订汽车，假设汽车租赁平台最多允许提前 N 天预订，顾客租赁汽车的提前期是随机的。同时假设汽车租赁平台允许汽车租期最长为 L 天。相关重要符号说明见表 6-1。

表 6-1 本节重要符号说明

符号	说明
t	表示预订周期
$b_{n,l}^{(i)}$	表示第 i 类顾客在第 n 天取车租期为 l 的预订限，$(n=0,1,2,\cdots,N$；$l=1,2,\cdots,L$；$i=1,2)$
$d_{n,l}^{(i)}$	表示第 i 类顾客在第 n 天取车租期为 l 的需求量，$(n=0,1,2,\cdots,N$；$l=1,2,\cdots,L$；$i=1,2)$
p_l	表示租期为 l 的租赁价格
K_l	表示当顾客租赁行为良好时，租期为 l 的补贴
$\alpha^{(i)}$	表示第 i 类顾客保持行为一致性的概率

2. 模型的建立

若将好顾客类型记为 1，坏顾客类型记为 2，则当顾客到达租赁平台时，平台先判断顾客类型，然后决定是否愿意接受该顾客的预订，以及如何设计预订激励/惩罚机制。由于提前期和租期具有随机性，因此，可将租期和提前期绑定视为一个产品 (Li and Pang，2016)，将预订后第 n 个周期取车 ($n=0,1,2,\cdots,N$)，且租期为 l 的需求视为一种产品 ($l=1,2,\cdots,L$)，记为 (n,l)。$n=0$ 表示当前周期取车。每个决策发生在预订周期期初，预订周期记为 t ($t=1,2,\cdots,T$)，每个预订周期可视为 1 天，即考虑的是无限周期的租赁预订问题。考虑到汽车出租后，在整个租期内，该汽车不可再次租赁，而当租期结束后，该汽车恢复其可租赁性。因此，当前预订周期的决策最多能够影响 $N+L-1$ 天，用 X 表示系统的状态变量，有 $X=(x_0,x_1,\cdots,x_{N+L-2})$，其中 x_i 表示第 i 天已经预订或已经出租的车辆。若汽车租赁平台初始容量为 C 辆汽车，则 $0 \le x_i \le C$ ($i=0,1,2,\ldots,N+L-2$)。用 $b^{(1)}=(b_{n,l}^{(1)})_{1\times[(N+1)\times L]}$ 表示当前状态为 X 时，平台愿意分配给好顾客的预订限，$b^{(2)}=(b_{n,l}^{(2)})_{1\times[(N+1)\times L]}$ 表示当前状态为 X 时，平台愿意分配给坏顾客的预订限。显然预订限 $b=(b^{(1)},b^{(2)})$ 不能超过初始容量，因此当前状态为 X 时，预订限满足下面的约束条件：

$$A(X)=\left\{ b \left| \sum_{i=1}^{2}\sum_{n=0}^{\min(j,N)}\sum_{l=j-n+1}^{L} b_{n,l}^{(i)} \le C-x_j, 0 \le j \le N+L-2, i=1,2 \right. \right\} \tag{6-1}$$

决定预订限后，当需求为 $d_{n,l}^{(i)}$ 时，系统的下一个状态 $\tilde{X}$ 为

$$\tilde{X}=\left(x_1+\sum_{i=1}^{2}\sum_{n=0}^{1}\sum_{l=2-n}^{L}\min\{b_{n,l}^{(i)},d_{n,l}^{(i)}\}, x_2+\sum_{i=1}^{2}\sum_{n=0}^{2}\sum_{l=3-n}^{L}\min\{b_{n,l}^{(i)},d_{n,l}^{(i)}\}, \cdots \right.$$
$$\left. x_{N+L-2}+\sum_{i=1}^{2}\sum_{n=0}^{N+L-2}\sum_{l=N+L-1-n}^{L}\min\{b_{n,l}^{(i)},d_{n,l}^{(i)}\}, \sum_{i=1}^{2}\min\{b_{N,L}^{(i)},d_{N,L}^{(i)}\} \right) \tag{6-2}$$

假设租赁平台对产品 (n, l) 的价格事先制定为 p_l。由于顾客在租赁汽车的过程中，驾驶行为可能会出现一定的随机性，如以前的行为习惯较好，但是此次租赁过程中由于心情或其他因素可能会出现不良行为。平台在决定租赁汽车给顾客后，会监测顾客在驾驶过程中的行为。若顾客的此次驾驶行为良好，则平台事后会给予顾客一定的价格补贴，设租期为 l 的产品补贴记为 K_l；若顾客的驾驶行为较差，则平台会按照之前制定的价格 p_l 进行收费。不良的驾驶行为会为租赁平台带来额外的损耗，将租期为 l 的产品因不良驾驶行为带来的损耗成本记为 C_l，则租赁产品 (n, l) 给不同行为顾客的期望价格为

$$p_l^{(1)} = \alpha^{(1)}(p_l - K_l) + (1-\alpha^{(1)})(p_l - C_l) = p_l - \alpha^{(1)}K_l - (1-\alpha^{(1)})C_l \quad (6\text{-}3)$$

$$p_l^{(2)} = (1-\alpha^{(2)})(p_l - K_l) + \alpha^{(2)}(p_l - C_l) = p_l - (1-\alpha^{(2)})K_l - \alpha^{(2)}C_l \quad (6\text{-}4)$$

一般而言，平台事先制定的租赁价格 p_l 会高于不良行为造成的成本(不包含重大事故造成的损失)以及给予的补贴，即有 $p_l \geqslant C_l$ 且 $p_l \geqslant K_l$。随着租期 l 的增加，p_l、C_l、K_l 也会增加，即若 $l \leqslant m$，则 $p_l \leqslant p_m$，$C_l \leqslant C_m$，$K_l \leqslant K_m$。同时平台在制定补贴策略时，一般会设置补贴低于不良行为所造成的平均成本，即 $C_l \geqslant K_l$。考虑无限周期决策，用 $R[b(X_t)]$ 表示 t 周期状态为 X_t 的期望收益，其表达式为

$$\begin{aligned}R[b(X_t)] &= E\left(\sum_{i=1}^{2}\sum_{n=0}^{N}\sum_{l=1}^{L} p_l^{(i)} \min\{b_{n,l}^{(i)}(X_t), d_{n,l}^{(i)}\}\right) \\ &= \sum_{i=1}^{2}\sum_{n=0}^{N}\sum_{l=1}^{L} p_l^{(i)} E(\min\{b_{n,l}^{(i)}(X_t), d_{n,l}^{(i)}\})\end{aligned} \quad (6\text{-}5)$$

当初始状态为 X 时，$t=0$ 到未来无穷多周期的总收益由每周期的期望收益之和构成，因此若用 $V(X)$ 表示总的期望收益的最大值，则其具体表达式如下：

$$V(X) = \max_{b\in A(X)}\{R[b(X_0)] + \gamma R[b(X_1)] + \gamma^2 R[b(X_2)] + \cdots\} = \max_{b\in A(X)}\sum_{t=0}^{\infty}\gamma^t R[b(X_t)] \quad (6\text{-}6)$$

其中，$X_0 = X$；$\gamma \in [0,1]$，为贴现因子。

式 (6-6) 可以写成以下的递推方程形式，即一般的动态规划模型(dynamic programming，DP)：

$$V(X) = \max_{b\in A(X)}\{R[b(X)] + \gamma V(\tilde{X})\} \quad (6\text{-}7)$$

由于考虑的是无限周期决策，从任何决策周期出发，剩下的决策周期仍然为无限周期，因此同一个初始状态下的最优策略应该与所处决策周期无关。由于 γ^t 随着时间的推移将趋近于 0，故考虑贴现因子后，$\sum_{t=0}^{\infty}\gamma^t R(b(X_t))$ 将趋于一个有限值 $s(b)$。因此，在进行无限期决策时，可考虑前 N_0 个周期的决策，使得

$\left| V(X) - \max_{b \in A(X)} \sum_{t=0}^{N_0} \gamma^t R(b(X_t)) \right| < \varepsilon$ （其中 ε 为任意小的整数）即可。为进一步求解该模型，接下来讨论 $V(X)$ 的性质。

命题 6-1　$V(X)$ 是 X 的单调不增函数。其中，$V(X)$ 表示当初始状态为 X 时，未来的期望总收益。若已预订以及已出租的车辆数越多，则未来所剩余的车辆数越少，因此未来所获得的期望收益将单调不增。

命题 6-2　当 $\alpha^{(1)} \geq 1 - \alpha^{(2)}$ 时，$p_l^{(1)} \geq p_l^{(2)}$，反之亦然。当好顾客保持行为一致性的概率大于坏顾客转为好顾客的概率时，可以保证租赁 1 单位产品给好顾客所获得的收益不小于租赁 1 单位产品给坏顾客所获得的收益。租赁相同产品给不同类型顾客的单位收益依赖于顾客行为一致性的概率。

由于平台制定补贴策略时，总会让补贴低于以往不良驾驶习惯所造成的平均成本。因为若平台提供的补贴超过了平均成本，则对于平台而言采取补贴策略不存在任何意义。而在此前提下，命题 6-2 说明，租赁 1 单位产品给不同类型的顾客所获得的期望收益将极大程度地依赖于顾客保持行为一致性的概率。

由于平台的目的是实现期望总收益最大，而期望总收益依赖于单位产品的期望收益，则根据命题 6-2 可得，产品的单位期望收益依赖于顾客保持行为一致性的概率。因此期望总收益除依赖于分配策略外，还依赖于顾客保持行为一致性的概率。所以接下来讨论为实现期望收益最大化，平台制定的补贴策略对行为一致性的影响。

对于租赁平台而言，目的是实现收益最大化，因此租赁平台若愿意实施补贴策略激励顾客的行为，则一定是因为补贴的增加不会导致期望总收益减少，即实施补贴策略的基本条件为当实施补贴策略时，其对期望总收益的影响应该是单调不减的。由于期望总收益的表达式为 $\sum_{t=0}^{\infty} \gamma^t R[b(X_t)]$，故实施补贴策略时需要满足

$\dfrac{\partial \sum_{t=0}^{\infty} \gamma^t R[b(X_t)]}{\partial K_l} \geq 0$。将式（6-5）代入，可得

$$\sum_{t=0}^{\infty} \gamma^t \left(\sum_{i=1}^{2} \sum_{n=0}^{N} \sum_{l=1}^{L} \frac{\partial p_l^{(i)}}{\partial K_l} E(\min\{b_{n,l}^{(i)}(X), d_{n,l}^{(i)}\}) \right) \geq 0$$

当需求和初始状态不变时，要使得期望总收益是补贴的单调不减函数，则该问题可以近似简化为要求 $\dfrac{\partial p_l^{(i)}}{\partial K_l} \geq 0$。

考虑到转变概率是因为补贴所引起的变化，所以转变概率可以视为补贴的函

数，即 $\dfrac{\partial p_l^{(1)}}{\partial K_l} = -\alpha^{(1)} + \dfrac{\partial \alpha^{(1)}}{\partial K_l}(C_l - K_l) \geqslant 0$。根据前面的分析假设，有 $C_l - K_l \geqslant 0$，

因此若 $\dfrac{\partial \alpha^{(1)}}{\partial K_l} < 0$，则 $\dfrac{\partial p_l^{(1)}}{\partial K_l} < 0$，即若补贴引起好顾客保持行为一致性的概率减小

时，随着补贴的增加平台租赁单位产品的期望价格不断降低，则平台不会考虑实施补贴策略。若平台考虑补贴策略，则必是因为补贴能够引起顾客选择好行为的可能性增加，从而导致单位产品的期望价格以及期望总收益增加，所以 $\dfrac{\partial \alpha^{(1)}}{\partial K_l} \geqslant 0$。

若 $\dfrac{\partial p_l^{(1)}}{\partial K_l} \geqslant 0$，则有 $\dfrac{\partial \alpha^{(1)}}{\partial K_l} \geqslant \dfrac{\alpha^{(1)}}{C_l - K_l}$ 成立，所以当补贴引起好顾客保持一致性的概

率的变化速度大于 $\dfrac{\alpha^{(1)}}{C_l - K_l}$ 时，平台愿意采取补贴作为激励策略。故当平台将补贴

制定为 $K_l \in \left[0, C_l - \dfrac{\alpha^{(1)}}{\dfrac{\partial \alpha^{(1)}}{\partial K_l}}\right]$ 时，随着平台补贴的增加，单位产品的期望价格单调不

减，从而总收益单调不减。

　　同理，对于坏顾客而言，若补贴的增加使得总的期望收益单调不减，则平台愿意采取补贴作为激励策略，根据上述分析可转换为要求 $\dfrac{\partial p_l^{(2)}}{\partial K_l} \geqslant 0$，即

$\dfrac{\partial p_l^{(2)}}{\partial K_l} = -1 + \alpha^{(2)} + \dfrac{\partial \alpha^{(2)}}{\partial K_l}(K_l - C_l) \geqslant 0$ 成立，由于 $\dfrac{\partial \alpha^{(2)}}{\partial K_l} > 0$ 必有 $\dfrac{\partial p_l^{(2)}}{\partial K_l} < 0$ 成立，即若

增加补贴引起坏顾客选择不良行为的概率增加，从而使得坏顾客的单位产品收益以及期望总收益减少，则平台不会采取补贴作为激励策略。因此，平台采取补贴策略的前提是补贴可以使得坏顾客选择不良行为的概率减小，即 $\dfrac{\partial \alpha^{(2)}}{\partial K_l} \leqslant 0$，在此

前提下，若 $\dfrac{\partial \alpha^{(2)}}{\partial K_l} \leqslant \dfrac{\alpha^{(2)} - 1}{C_l - K_l}$，即 $\left| \dfrac{\partial \alpha^{(2)}}{\partial K_l} \right| \geqslant \left| \dfrac{\alpha^{(2)} - 1}{C_l - K_l} \right|$，则坏顾客所获得的单位收益单

调不减，即若补贴引起坏顾客选择不良行为的概率减小，且减小速度大于 $\dfrac{1 - \alpha^{(2)}}{C_l - K_l}$，

则平台一定愿意采取补贴策略来激励坏顾客选择好的行为。故当平台制定的补贴

$K_l \in \left[0, C_l - \dfrac{\alpha^{(2)} - 1}{\dfrac{\partial \alpha^{(2)}}{\partial K_l}}\right]$ 时，随着补贴的增加，期望总收益单调不减。平台的决策目

标是实现收益最大化，所以平台制定的最优补贴策略应该为

$$K_l^* = C_l - \max\left\{\frac{\alpha^{(1)}}{\dfrac{\partial \alpha^{(1)}}{\partial K_l}}, \frac{\alpha^{(2)}-1}{\dfrac{\partial \alpha^{(2)}}{\partial K_l}}\right\}$$

即随着补贴的增加，好顾客选择良好行为的概率变化较大，或引起坏顾客行为转变的速度较大时，可以增加补贴，而两个速度均较小时，补贴对顾客行为的激励作用较小，平台将不会再增加补贴。当平台根据历史行为数据能够判断顾客以往保持行为一致性的概率时，可以尝试以较小的补贴开始，测试补贴引起行为的转变速度，再根据上述分析构建合理的补贴策略以保障在不影响平台利润的前提下，激励顾客采取良好的驾驶行为。

综上，在补贴影响顾客行为的情况下，租赁平台制定补贴策略促使顾客选择良好行为的同时，还可以保证未来期望收益不会随着补贴的增加而减少，因此补贴策略可以对顾客的行为产生激励，从而保障租赁行业健康发展。接下来讨论，当实施补贴策略时，租赁平台在两类顾客之间的容量分配策略。

命题 6-3 若不同类型顾客的需求独立且分布不同，即顾客的需求 $d_{n,l}^{(i)}$ 独立且分别服从分布 $F_{n,l}^{(i)}(d)$，则针对产品 (n,l) 的分配策略如下：

(1) 若 $\dfrac{p_l^{(1)}}{p_l^{(2)}} \geq \dfrac{1-F_{n,l}^{(2)}(b_{n,l}^{(2)})}{1-F_{n,l}^{(1)}(b_{n,l}^{(1)})}$，则分配给好顾客；

(2) 若 $\dfrac{p_l^{(1)}}{p_l^{(2)}} < \dfrac{1-F_{n,l}^{(2)}(b_{n,l}^{(2)})}{1-F_{n,l}^{(1)}(b_{n,l}^{(1)})}$，则分配给坏顾客。

若不同类型顾客的需求独立同分布，即顾客的需求 $d_{n,l}^{(i)}$ 独立且都服从分布 $F_{n,l}(d)$，则针对产品 (n,l) 的分配策略如下：

(1) 若 $\dfrac{p_l^{(1)}}{p_l^{(2)}} \geq \dfrac{1-F_{n,l}(b_{n,l}^{(2)})}{1-F_{n,l}(b_{n,l}^{(1)})}$，则分配给好顾客；

(2) 若 $\dfrac{p_l^{(1)}}{p_l^{(2)}} < \dfrac{1-F_{n,l}(b_{n,l}^{(2)})}{1-F_{n,l}(b_{n,l}^{(1)})}$，则分配给坏顾客。

特别地，在独立同分布的情况下，若 $p_l^{(1)} \geq p_l^{(2)}$，则 $b_{n,l}^{(1)} \geq b_{n,l}^{(2)}$，反之亦然。

命题 6-3 说明，平台在面对不同类型顾客的同一产品需求时，并非总是满足行为较好的顾客，而是会综合考虑租赁价格以及该类型顾客需求出现的可能性。由于产品租赁的期望价格依赖于顾客的行为一致性、补贴以及顾客不良行为所造成的损失，因此再次说明实行补贴策略的重要性。

值得注意的是，式 (6-7) 可以运用值迭代的方法计算出最优预订限的分配策略。但是对于动态规划而言，其算法的复杂度将随着状态维度的增加而呈指数增长趋势。由于式 (6-7) 的状态变量维度为 $N+L-1$，决策变量的维度为

$2 \times (N+1) \times L$，因此式(6-7)在求解过程中将遭遇维度灾难，很难进行求解。虽然命题 6-3 对同一产品在不同顾客之间的分配给出了策略，但是并没有从本质上简化其维度，所以直接对式(6-7)进行最优预订限额的计算将非常困难。为了能够实现该模型的求解，接下来我们提出近似算法以求得其近似解。

6.1.3　算法设计

1. 单日近似动态规划算法

为使该模型能够得到有效的求解，思考在无穷期的决策中，平台在当前期的决策影响是有限的。随着时间的推移，当前决策周期所做决策的影响将逐渐减少。因此若考虑平台是短视的，由于贴现因子的存在，平台在考虑决策时，更倾向于使得当前决策周期收益最大化，因此第一种近似算法是仅考虑当前决策周期的最大化，即考虑 $R(b)$ 最大。由以下模型运用单日近似动态规划算法 (approached dynamic programming by daily，ADPD) 进行近似计算：

$$\text{ADPD：} \quad \tilde{V}_D(X) = \sum_{t=0}^{\infty} \gamma^t \max_{b \in A(X)} R(b) \tag{6-8}$$

在这样的近似下，平台在无穷周期的决策简化为单日决策。接下来讨论 $R(b)$ 的性质，以设计适当的算法进行求解。

首先根据式(6-29)以及分布函数的单调不减性质，可以知道 $R(b)$ 是 b 的单调不减函数，即单日收益将随着预订限的上升而增加或者不变。随着预订限的增加，当日收益不会减少，其变化的大小既依赖于租赁价格也依赖于租赁需求出现的概率。对于同一类顾客，若存在 $\Delta_{b_{n',l'}^{(i)}} R \geqslant \Delta_{b_{n,l}^{(i)}} R$，则可优先考虑增加 (n', l') 的预订限。说明在单日优化决策中，平台的最优预定限分配决策一定是将所剩的产品以某种分配组合的方式全部分配给不同产品。

命题 6-4　$\Delta_{b_{n',l'}^{(i)}} R$ 是 b 的单调不增函数，即随着产品预订限的增加，租赁该产品获得的边际收益将减少或者不变。

根据命题 6-4，可以设计如下 ADPD 算法。

Step1：给定当前状态 X，先设置 $b=0$，分别计算每一个产品增加一个预订限的边际收益。

Step2：当预订限在 $A(X)$ 可行域范围内时，重复以下步骤。

(1) 在 Step1 中选择边际收益最大的产品，将其预订限增加 1，然后继续计算该产品的边际收益。

(2) 若某一产品的预订限已到达所能允许的最大上限，则不再计算其边际收益，而对剩下的产品重复步骤(1)，直至所有的剩余产品分配完。

　　显然，ADPD 算法与式(6-7)相比，其计算难度大大降低，最多需要重复计算附录三中式(6-29)的 $2 \times (N+1) \times L + \sum_{i=0}^{N+L-2}(C-x_i)$ 次。但是 ADPD 算法是基于平台短视的前提下，若贴现因子较小，则平台更愿意看中眼前的利益。在实际进行无穷期决策的过程中，平台更愿意以一定的周期进行决策，如以三天、一个星期或者半个月等作为决策周期，进行有限期的决策。在这样的情况下，我们提出第二种近似算法：周期性近似决策(approached dynamic programming by periodicity，ADPP)。

2. ADPP 算法

　　考虑在实际生活中，平台很难以无穷期作为决策周期，而是以一定时间窗口做决策。假设平台以 T_0 个周期作为决策周期，则式(6-6)可由如下表达式近似：

$$\tilde{V}_P(X) = \max_b \sum_{t=0}^{T_0-1} \gamma^t R(b(X_t)) + \max_b \sum_{t=T_0}^{2T_0-1} \gamma^t R(b(X_t)) + \cdots \qquad (6\text{-}9)$$

　　平台做决策时以 T_0 个周期的收益最大化作为其目标函数，如图 6-1 所示。根据式(6-9)，在进行决策时，可以考虑优化 T_0 个周期，使其收益最大化，从而将无穷个周期有效地转换为有限个周期。在每 T_0 个周期做决策时，不考虑下一 T_0 个周期的收益。因此在做周期性决策时，决策目标函数为 T_0 个周期的总期望收益最大。式(6-9)与原有模型相比，决策周期缩短，但是其状态的维度与决策变量的维度未发生实质性改变。当 T_0 较大时，并未实现简化算法的目标，仍然存在维度灾难问题。考虑到状态维度较高的原因是在租赁过程中，一旦产品租赁出去之后，其在整个租赁期间有效，因此租赁周期内每一天都具有很强的相关性，所以导致状态维度较高。为此考虑弱化租赁周期内的相关性，假设顾客的租赁时间可局部被接受，如顾客要求租赁 5 天，则平台可以提供 3 天的租赁，在这样的情况下，考虑将产品(n,l)进一步分解为产品(n,l,0)，(n,l,1)，…，(n,l,l-1)，其中(n,l,i)表示在第 n 天提取，租期为 l 天，租赁到第 i+1 天的产品(Li and Pang，2016)，具体分解过程如图 6-2 所示。

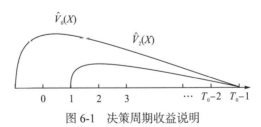

图 6-1　决策周期收益说明

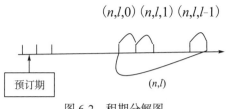

图 6-2 租期分解图

将周期内任意一天记为 $d[d\in(0,T_0-1)]$，在 d 天已经租赁出去或者 d 天提取的汽车数量由预订周期所决定。能够影响 d 天预订或者租赁车辆数量的预订周期，最多可以追溯到 $(N+L-1)$ 天前。假设用 s 表示提前预订的天数，即 $s=0$ 表示 d 天，$s=1$ 表示 $d-1$ 天，以此类推。d 天已经租赁出去的汽车或者 d 天提取的汽车数量主要由产品 (n,l,d) 构成，其中 $0\leqslant n\leqslant N, 1\leqslant l\leqslant L, 0\leqslant d\leqslant L-1$。$d$ 天的收益实际上由 $s=\{0,1,2,\cdots,\min\{d-1,N+L-2\}\}$ 的分配策略决定，用 $\tilde{R}_s(x_s)$ 表示提前 s 天且已出租或车辆为 x_s 的分配策略在 d 天的收益：

$$\tilde{R}_s(x_s) = E\left(\sum_{i=1}^{2}\sum_{(n,l)\in\Phi_s}\frac{p_l^{(i)}}{l}\min\{b_{n,l,s}^{(i)},d_{n,l}^{(i)}\}\right) \tag{6-10}$$

其中，$\Phi_s=\{(n,l)\,|\,n+l\geqslant s+1,\ n\leqslant s,\ s=0,1,2,\cdots,\ \min\{d-1,N+L-2\}\}$；$b_{n,l,s}^{(i)}$ 表示第 i 类顾客在预订周期 s 时产品 (n,l) 的预订限，因此 d 天的期望总收益表示为以下形式：

$$\tilde{v}_d(x_d) = \sum_{s=0}^{\min\{d-1,N+L-2\}}\tilde{R}_s(\tilde{x}_s) \tag{6-11}$$

其中，$\tilde{x}_0=x_d$；$\tilde{x}_{s-1}=\tilde{x}_s+\sum_{i=1}^{2}\sum_{(n,l)\in\Phi_s}\min\{b_{n,l,s}^{(i)},d_{n,l}\}$。

由于某一天的决策最多可以影响 $N+L-1$ 天，在 ADPP 算法中，可以看到动态规划状态维度由原来的 $N+L-1$ 维降到了 1 维。给定初始变量 X，由于 ADPP 算法考虑的是将租赁周期拆分成单日，考虑到第 $N+L-1$ 天已经不受初始状态的影响。因此，在这种算法的思想下，若当前状态为 $X=(x_0,x_1,\cdots,x_{N+L-2})$，则显然在第 $N+L-1$ 天出租出去的车辆数为 0，因此后面决策周期的初始状态均是从 0 出发。综上，可以得到 0 到 T_0-1 周期的总收益为

$$\tilde{V}_0(X)=\sum_{t=0}^{T_0-1}\gamma^t\tilde{v}_t(x_t)=\begin{cases}\sum_{t=0}^{N+L-2}\gamma^t\tilde{v}_t(x_t)+\sum_{t=N+L-1}^{T_0-1}\gamma^t\tilde{v}_t(0), & T_0>N+L-1\\[2mm]\sum_{t=0}^{T_0-1}\gamma^t\tilde{v}_t(x_t), & T_0\leqslant N+L-1\end{cases} \tag{6-12}$$

考虑 0 到 T_0-1 周期的总收益 $\hat{V}_0$ 最大时，可以转换为考虑 $\tilde{V}_0(X)$ 最大以寻找近似预订限额。因此周期性决策问题转化为以下优化问题：

$$\max_b \tilde{V}_0(X) = \max_b \sum_{t=0}^{T_0-1} \gamma^t \tilde{v}_t(x_t) \tag{6-13}$$

将式(6-13)改写为以下递推式：

$$\max_b \tilde{V}_t(X) = \max_b (\tilde{v}_t(x_t) + \tilde{V}_{t+1}(X)) \tag{6-14}$$

其中，$\tilde{V}_t(X)$ 表示在 0 到 $T_0 - 1$ 周期决策时，当 $t = 0$ 周期的状态为 X，运用式(6-12) 估计 t 到 $T_0 - 1$ 的最大期望收益。根据式(6-10) ～ 式(6-14)，可以得到最优预订限额 $b = \{b_{n,l,s}^{(i)} \mid (n,l) \in \Phi_s, s = 0,1,2,\cdots,\min\{d-1, N+L-2\}, i = 1,2\}$。因此从当前状态 X 出发，采用周期性近似决策时，其近似最优策略为 $\tilde{b} = \left\{b_{n,l}^{(i)} \middle| \min_{s=n}^{s \leqslant n+l-1} b_{n,l,s}^{(i)}\right\}$。由于 $\tilde{V}_0(X)$ 利用日分解的方式简化了其计算难度，因此，利用式(6-14)将极大程度地简化预订限确定的难度。根据上述思想，ADPP算法的基本步骤可设置如下。

Step1：给定初始状态 X，以及决策周期数 T_0。

Step2：在初始状态 X 下，将式(6-10)、式(6-11)代入式(6-12)，再利用值迭代的方法计算式(6-14)，得到使 $\tilde{V}_0(X)$ 达到最大值的预订限额 $b_{n,l,s}^{(i)}$，最终利用 $\tilde{b} = \left\{b_{n,l}^{(i)} \middle| \min_{s=n}^{s \leqslant n+l-1} b_{n,l,s}^{(i)}\right\}$ 得到近似策略 $\tilde{b}$。

Step3：根据近似策略 $\tilde{b}$，利用式(6-2)得到下一个状态 $\tilde{X}$。

Step4：重复 Step2 ～ Step3，可以得到初始状态为 X 的期望总收益的近似估计值以及不同初始状态下的近似预订限。

6.1.4 数值实验

1. 参数的设置

本节将对上述近似算法进行数值模拟，以验证其近似效果。当提前期、租期较短且容量较少时，我们可以根据式(6-7)计算得到最优策略，而当提前期、租期较长且容量较大时，由于维度过高，在有效时间内很难求出最优策略。因此，我们先在提前期与租期均较短、容量较小的情况下计算其最优策略，然后与近似算法进行对比，研究近似算法在复杂度较小的问题中的近似效果。由于涉及参数较多，现对文中涉及的参数取值说明如下。

假设汽车租赁公司最长租期设置为 $L = 2$，汽车租赁公司根据不同租期制定的初始价格设置为 $p_1 = 10$，$p_2 = 15$，贴现因子 $\gamma = 0.8$，价格的设置遵循租期越长、平均每一天的租金越低的原则。同理，因为不良行为带来的额外损耗设置为 $C_1 = 5$，$C_2 = 8$。不同类型顾客保持行为一致性的概率独立同分布于 $(0,1)$ 上。假设顾客周期内不同提前期的到达率 λ_n 服从泊松分布 $P(\lambda_n)$，不同租期的顾客出现的概率均为 0.5。

2. 算法有效性验证

为验证算法的有效性，需要计算最优解以进行对比验证。由于最优解的维度较高很难进行求解，因此这里为能够对近似算法的结果进行验证，选择了一个较小的问题进行有效性验证。具体参数设置为租期最长为 2，汽车容量为 4，在这样的数值假设下，最优解可以在有效时间内计算得到。在验证其结果的有效性时，均对各算法运行 30 次，取总收益的均值，得到的结果如图 6-3 和图 6-4 所示。

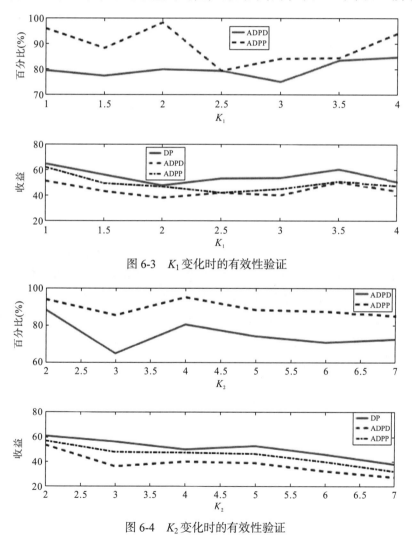

图 6-3　K_1 变化时的有效性验证

图 6-4　K_2 变化时的有效性验证

在图 6-3 和图 6-4 中，百分比表示近似算法所获得的总的期望收益与最优策略获得的总的期望收益之比。容易验证，在补贴发生变化时，ADPD、ADPP 算法所得到的最大收益均接近最优收益的 80%，说明两种算法均具有其有效性。ADPD 算法有效性较 ADPP 算法有效性稍差。同时，由图 6-3 和图 6-4 可以看出，ADPP 算法得到的收益高于 ADPD 算法得到的总收益。为能够在有效时间内计算得到最优解，这里选择的汽车容量为 4 (较小)，所以 ADPP 算法得到的总收益只是略高于 ADPD 算法得到的收益。根据上述情况，可以得到当汽车租赁公司的汽车容量较小时，可以采用单日收益的方法进行决策。同时，在不同的算法下，可以得到其最优预订限，见表 6-2。

表 6-2　不同初始状态下的预订限

初始状态	DP	ADPD
$X_0 = 0$	(1,1,1,1)	(1,1,1,1)
$X_0 = 1$	(1,0,1,1)	(1,0,1,1)
$X_0 = 2$	(2,0,0,0)	(0,0,1,1)
$X_0 = 3$	(1,0,0,0)	(0,0,1,0)
$X_0 = 4$	(0,0,0,0)	(0,0,0,0)

由表 6-2 可以看出，在不考虑提前期时，DP 模型的最优解更倾向于将产品分配给租期为 1 的顾客，而 ADPD 算法仅考虑当天的收益最大化，因为租期为 2 的单位产品的收益大于租期为 1 的单位产品的收益，所以平台进行单日决策时总会倾向于分配给租期为 2 的顾客。当租赁产品只剩下 1 个时，两种算法均是偏向于将剩余的产品分配给行为较好的顾客。由于 ADPP 算法是考虑一定的时间窗口，即使初始状态相同，由于时间窗口不同，近似的预订限分配策略也可能不同，所以这里未给出 ADPP 算法的预订限。

3. 补贴的灵敏度分析

1) 不考虑提前期

上一部分已经验证了算法的有效性，接下来讨论当补贴变化时，最大期望总收益与补贴的相关关系。这里以 DP 模型的最优解情况进行分析，所涉及的参数与上一部分类似，在最优解情况下，进行数值模拟得到如图 6-5 所示的结果。

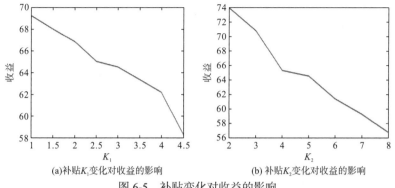

(a)补贴K_1变化对收益的影响　　　　(b) 补贴K_2变化对收益的影响

图 6-5　补贴变化对收益的影响

由图 6-5 可以看出，在顾客行为转变概率不变的前提下，取 $\alpha^{(1)} = 0.8$，$\alpha^{(2)} = 0.5$。不管是单日租赁补贴的增加还是多日租赁补贴的增加，都会引起总收益的减少，因此在考虑补贴不会引起转变概率变化的前提下，平台在进行补贴时，必定会引起租赁平台的期望收益下降，所以平台将不愿意制定补贴策略。

接下来讨论当转变概率发生变化时是否会影响平台收益的变化。在不考虑提前期时，这里对 DP 模型进行相关数值模拟，得到如图 6-6 和图 6-7 所示的结果。

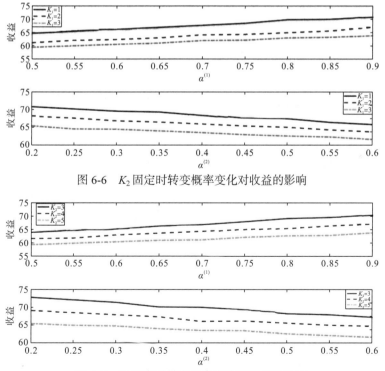

图 6-6　K_2 固定时转变概率变化对收益的影响

图 6-7　K_1 固定时转变概率变化对收益的影响

从图 6-6 和图 6-7 可以看出，固定补贴不变时，随着 $\alpha^{(1)}$ 的增加，不管补贴为多少，平台的收益均增加，也就是若好顾客保持好行为的概率增加，平台的期望收益总能增加，而随着 $\alpha^{(2)}$ 的增加，不管补贴为多少，平台的收益均会减少，即顾客总是选择坏行为会导致平台收益下降，因此平台应该致力于提高顾客保持良好行为的概率。从图 6-6 可以看出，当补贴 $K_1=2$ 时，若好顾客保持行为的概率为 0.9，则获得的总收益高于当补贴 $K_1=1$ 时，好顾客保持行为的概率低于 0.6 的总收益，即当补贴能够引起顾客保持良好行为的概率增加，即使增加补贴，平台的收益仍会增加。同样对于坏顾客若其选择好的行为的概率足够大时，补贴的增加也会引起平台的收益增加。

2) 考虑提前期

在本节中，研究进一步考虑存在提前期的情形。为能在有效时间内进行求解，接下来将不再考虑最优解情况，而直接利用近似算法对问题进行分析。假设顾客周期内到达率服从 $P(0.5)$，不同租期的顾客出现的概率相等，均为 1/2。由于本书的重点是研究不同类型顾客的价格补贴激励机制对平台的影响，因此在接下来的章节，仅讨论不同类型顾客需求独立同分布的情况，即假设好顾客与坏顾客出现的概率相等。这里考虑 $N=1$，$C=20$ 的情况，其余参数设置同上，模拟的详细结果如图 6-8 和图 6-9 所示。

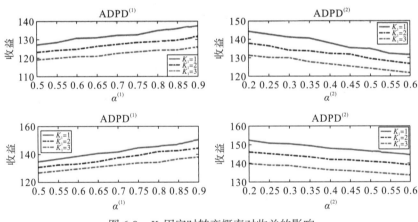

图 6-8　K_2 固定时转变概率对收益的影响

由图 6-8 可以看出，不论是哪种算法，随着补贴的增加，当转变概率处于同一水平时，其收益均会减少，但是类似(1)的结论，当补贴增加时，若好顾客保持行为一致性的概率较大或者坏顾客选择好行为的可能性较大，则其收益反而会增加。因此平台可以尝试提高补贴，以促使顾客保持良好行为，而该举措并不会减少平台的收益。同时还可以看到当补贴和转变概率固定时，用 ADPP 算法计算得到的收益总是大于 ADPD 算法得到的收益，因此可以认为 ADPP 算法的有效性优于 ADPD 算法。这里用 ADPD$^{(i)}$表示当 $\alpha^{(i)}$ 变化时的期望收益，ADPP$^{(i)}$类似。

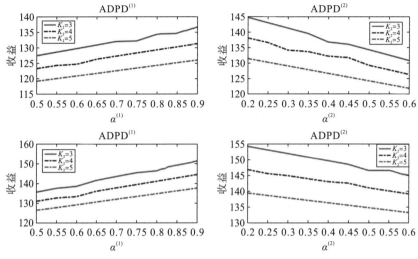

图 6-9　K_1 固定时转变概率对收益的影响

由图 6-9 可以看出，上述结论仍然成立，即虽然补贴增加，但是若好顾客保持行为一致性的概率增加，则不一定会导致平台收益减少。从 ADPD$^{(2)}$中发现，K_2=3，K_2=5 两条曲线没有交集，说明若平台制定的补贴过高，则不管其转变概率如何变化，平台的收益都不会高于补贴较低时的收益。因此平台在制定补贴时，若补贴较高，则即使补贴引起顾客的转变较为显著，但对平台而言其收益仍然低于补贴较低时的收益，增加补贴对平台而言不再有意义。

6.1.5　小结

在租赁平台的发展过程中，由于产品使用权和所有权的分离，发现消费者在使用租赁产品时会出现损害平台利益的(隐性或显性)行为，从而阻碍了平台的价值创造过程。因此，如何设计有效的价值治理机制，以实现平台价值共创效率和效益的最大化。本节以汽车租赁平台为例，针对物联网系统收集的消费者驾驶行为数据，分析租赁平台面对不同顾客群体应该如何进行决策以及当顾客的行为可以转变时，平台设计价格补贴激励机制对顾客行为的影响过程。通过构建动态规划模型，对平台在不同顾客之间进行容量分配的原则进行了深入的研究，得到平台预订限的基本分配原则。由于租赁时间以及提前期的随机性，导致模型的维度较高，很难在有效的时间内进行求解，因此对该模型采用单日决策收益以及多日决策收益进行近似求解。在对两种算法进行数值模拟之后，发现在多日收益决策下所得到的收益比单日收益更逼近最大收益。当顾客的转变概率不变时，其收益总是随着补贴的增加而减少。同时，研究还发现，当补贴增加时，若顾客保持良好行为的概率较大，则平台的收益并不会减少，反而可能会有所增加，因此平台提高补贴以促进顾客保持良好行为这一激励政策并不会减少平台的收益。但是值得注意的是，若补贴设置过高，则无论转变概率如何变化，平台的收益均会减少。因此，本节给出了平台制定合理的价格补贴的策略，以提高顾客保持良好行为的概率。

6.2　物联网环境下网约车平台价值共创与运营机制

6.2.1　问题背景

近年来兴起的共享经济市场为人们的生活提供了极大的便利，如为交通出行带来便利的"摩拜单车""滴滴打车"，为用户更方便应对雨雪天气的"摩伞"，以及提供即时充电服务的"街电"。

共享经济市场对社会生活和经济效益产生了重大的影响。以互联网出行市场为例，数据显示[①]，截至 2017 年底，中国互联网出行用车的用户规模达到了 4.35 亿人，其中网约出租车用户规模达到 2.87 亿人，中国互联网出行市场规模达到 2120 亿元；2018 年，互联网出行在一、二线城市的市场渗透率分别为 83.90%和77.40%，而三、四、五线城市的市场渗透率均在 56%左右；节约时间成为 71.3%的网约车用户选择网约车的理由，更优惠的价格(47.0%)、更好的乘车环境(43.0%)和支付便捷(39.8%)也是用户更青睐网约车的原因。

共享经济市场使网约车企业分配劳动力的方式与传统方式不同，如传统企业规定劳务提供者的上下班时间，但是网约车企业则是由劳务提供方自行决定工作时间，这使得网约车企业无须统一规划员工的工作日程，员工的工作时间安排也变得更加具有弹性。换而言之，与共享经济结合的网约车企业蜕变为联系服务提供方与消费者的平台。虽然平台对员工在特定时间在工作的人数控制大大降低，

---

① 中国产业信息网. 2018年中国网约车城市渗透率、行业平台渗透率、恒业需求情况、满意度情况及行业发展趋势分析[EB/OL]. [2018-11-8]. https://www.chyxx.com/industry/201811/690210.html.

但是这使得员工更好地协调了生活和工作的安排，从而使其工作更有效率。

网约车将互联网与出租车相结合，不仅优化了资源配置，还提高了闲置汽车的利用效率。网约车还将传统产业与互联网结合了起来，促进了产业升级，转变了经济发展方式。网约车改进了乘客的消费方式，为乘客带来了便利，提升了用户的服务体验。

本节我们基于寡头垄断市场，考虑了司机机会成本和参与成本的差异性，研究网约车平台的最优定价策略问题。我们将考虑两个不同类型的定价策略，分别是消费者需求为确定性需求的单一定价策略和消费者需求具有不确定性的峰时定价策略。

6.2.2　确定性需求下的单一定价策略

本节考虑两种不同类型的佣金合约，一种是固定佣金合约，平台向司机支付薪酬 w，向消费者收取价格 p；另一种是比例佣金合约，平台向消费者收取价格 p，向司机支付薪酬 λp，其中 $\lambda \in (0,1)$。

当平台选择固定佣金合约时，平台向司机支付的薪酬 w 与向消费者收取的价格 p 是互不影响的，且当价格 p 不变时，变动薪酬 w 只会引起供给量的变化，不会引起需求量的变化；当薪酬 w 不变时，变动价格 p 只会引起需求量的变化，不会引起供给量的变化。

当平台选择比例佣金合约时，平台向消费者收取的价格 p 的变化会同时引起向供给方支付的薪酬 w 的变化。薪酬 w 会随着价格 p 的增加而增加，随着价格 p 的减少而减少。

1. 固定佣金合约

网约车平台中，平台、司机与消费者之间的决策流程如图 6-10 所示。

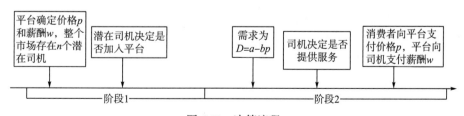

图 6-10　决策流程

在阶段 1 时，市场上存在 n 个潜在供给方（司机），平台首先确定向消费者收取的价格 p 和向司机支付的薪酬 w。潜在供给方（司机）在阶段 1 选择是否加入平台，司机加入平台的机会成本为 x ，x 是随机变量，其累积分布函数为 $F(x)$ 、概率密度为 $f(x)$ 。本阶段司机的机会成本主要是指其放弃的原有工作的薪酬或放弃闲暇时间的休闲娱乐的效用。司机只在阶段 2 赚取收益，因此潜在司机根据阶段 2 的净效用 π 来判断自己是否在阶段 1 加入平台，净效用 π 由司机在阶段 2 在平台赚取的薪酬和阶段 2 司机的运行成本 c 计算得出。机会成本 x 高于其净效用 π 的潜在司机在阶段 1 不会加入平台，只有机会成本 x 低于其净效用 π 的潜在司机在阶段 1 会选择加入平台，因此，在阶段 1，选择加入平台的司机数量为 $nF(\pi)$ 。

在阶段 2 时，消费者需求为 $D=a-bp$ ，其中 a 是需求状态，p （$p \leqslant a/b$ ）是平台向消费者收取的价格，b 为常量，由于参数 b 对定性结果没有影响，本节假设 $b=1$ 。在阶段 1 选择加入的司机在阶段 2 根据平台支付薪酬 w 与其运行成本 c 选择是否提供服务，运行成本是指司机提供劳务时所支付的油钱、车辆损耗成本等在提供服务时所支付的成本，每个司机的运行成本 c 为随机变量，其累积分布函数为 $G(c)$ 、概率密度为 $g(c)$ 。当司机的运行成本 c 高于在平台赚取的薪酬时，司机不在阶段 2 提供服务；当运行成本 c 低于在平台赚取的薪酬时，司机选择在阶段 2 提供服务。

在给定价格 p 、薪酬 w 的情况下，平台会出现供给量大于需求量或者供给量小于等于需求量的情况。当供给量大于需求量时，所有消费者的总需求量被满足，然而参与提供服务的司机只能完成其所能提供的总工作量的一部分，在这种情况下，平台将司机随机分配给消费者，每位司机被匹配的概率是相同的；当供给量小于需求量时，所有的司机完成其所能提供的总工作量，却只能满足消费者总需求量的一部分，在这种情况下，平台将消费者随机分配给司机，每位消费者被匹配的概率是相同的。本节不考虑单个司机与消费者之间的匹配问题，因此当供给量大于需求量时，本节假设所有供给方有相同概率被匹配到需求。

令 φ 代表供给方被匹配的概率，当供给量小于需求量时，$\varphi=1$ ，当供给量大于需求量时，$\varphi<1$ 。因此，在阶段 2，司机期望薪酬为 φw ，当司机在阶段 2 的运行成本高于 φw 时，他选择不参与提供服务，当其在阶段 2 的运行成本低于 φw 时，他选择参与提供服务。本节假设司机是理性人，只有当成本低于或等于收入时，才会加入平台并提供服务。由此我们得到，在阶段 1 时有 $nF(\pi)$ 个潜在供给方加入平台，在均衡状态时有

$$\varphi = \begin{cases} 1 & , \text{当} nF(\pi)G(w) \leqslant a-p \text{时} \\ \dfrac{a-p}{nF(\pi)G(\varphi w)}, & \text{当} a-p \leqslant nF(\pi)G(\varphi w) \text{时} \end{cases} \quad (6\text{-}15)$$

司机在平台给定价格 p 、薪酬 w 的情况下，在阶段 2 获得的净收益为

$$\pi = \left(\varphi w - E\left[c_2 | 0 < c_2 < \varphi w\right]\right) G(\varphi w) = \int_0^{\varphi w} G(c)\mathrm{d}c$$

平台确定价格 p 和薪酬 w ，使其效用最大化，基于此，本书建立的平台效用模型为

$$\text{Max } U = (p-w)\varphi n F(\pi)G(\varphi w) \tag{6-16}$$

假设司机在阶段 1 的机会成本 x 和阶段 2 的参与成本 c 均服从均匀分布，令 $x \sim U[0, c_1]$ ， $c \sim U[0, c_2]$ ，得到

$$\pi = \frac{\varphi^2 w^2}{2c_2}$$

$$F(\pi) = \frac{\varphi^2 w^2}{2c_1 c_2}$$

$$G(w) = \frac{w}{c_2}$$

$$G(\varphi w) = \frac{\varphi w}{c_2}$$

在阶段 1 最初时，平台确定价格和薪酬后，会有数量为 $nF(\pi)$ 的司机加入平台。当阶段 2 开始时出现需求后，存在两种供需状况，即供给小于等于需求和供给大于需求的状况。通过模型优化求解，得到命题 6-5。

命题 6-5　在确定性需求情况下，选择了固定佣金合约的平台，向消费者收取的最优价格为

$$p^* = a - \frac{n}{54c_1 c_2^2}\left(\frac{B}{\sqrt[3]{2}n} - \frac{4 \times \sqrt[3]{2}c_1 c_2^2}{B}\right)^3$$

向司机支付的最优薪酬为

$$w^* = \frac{1}{3}\left(\frac{B}{\sqrt[3]{2}n} - \frac{4 \times \sqrt[3]{2}c_1 c_2^2}{B}\right)$$

此时，平台获得的最大期望效用为

$$U^* = \frac{n}{54c_1 c_2^2}\left(\frac{B}{\sqrt[3]{2}n} - \frac{4 \times \sqrt[3]{2}c_1 c_2^2}{B}\right)^3$$

$$\left[a - \frac{n}{54c_1 c_2^2}\left(\frac{B}{\sqrt[3]{2}n} - \frac{4 \times \sqrt[3]{2}c_1 c_2^2}{B}\right)^3 - \frac{1}{3}\left(\frac{B}{\sqrt[3]{2}n} - \frac{4 \times \sqrt[3]{2}c_1 c_2^2}{B}\right)\right]$$

司机的最大期望收益为

$$\pi^* = \frac{\left(\dfrac{B}{\sqrt[3]{2}n} - \dfrac{4 \times \sqrt[3]{2}c_1 c_2^2}{B}\right)^2}{18c_2}$$

其中， $B = \left(27ac_1 c_2^2 n^2 + \sqrt{256c_1^3 c_2^6 n^3 + 729a^2 c_1^2 c_2^4 n^4}\right)^{1/3}$ 。

在确定性需求情况下，命题 6-5 给出了固定佣金合约下平台向消费者收取的最优价格和向司机支付的最优薪酬及其获得的收益。

2. 比例佣金合约

在比例佣金合约的条件下，平台、司机和消费者的决策流程和固定佣金合约下的决策流程是一样的，只是平台向司机支付的薪酬 $w=\lambda p$（λ 为薪酬比例系数），其他的条件因素也没有变化。我们得到，在阶段 1 的均衡状态下，供给方被匹配的概率 φ 为

$$\varphi=\begin{cases}1, & nF(\pi)G(\lambda p)\leqslant a-p\\[2mm]\dfrac{a-p}{nF(\pi)G(\varphi\lambda p)}, & a-p\leqslant nF(\pi)G(\lambda p)\end{cases}\tag{6-17}$$

则司机在阶段 2 获得的净收益为

$$\pi=\left(\varphi\lambda p-E\left[c_2|0<c_2<\varphi\lambda p\right]\right)G\left(\varphi\lambda p\right)=\int_0^{\varphi\lambda p}G(c)\mathrm{d}c$$

平台的决策是最大化其效用：

$$\mathrm{Max}\ \ U=(1-\lambda)p\varphi nF(\pi)G(\varphi\lambda p)\tag{6-18}$$

假设司机在阶段 1 的机会成本 x 和阶段 2 的参与成本 c 均服从均匀分布，令 $x\sim U[0,c_1]$，$c\sim U[0,c_2]$，得到：

$$\pi=\frac{\varphi^2\lambda^2p^2}{2c_2}$$

$$F(\pi)=\frac{\varphi^2\lambda^2p^2}{2c_1c_2}$$

$$G(w)=\frac{\lambda p}{c_2}$$

$$G(\varphi w)=\frac{\varphi\lambda p}{c_2}$$

通过模型优化求解，得到命题 6-6。

命题 6-6　在确定性需求情况下，选择了比例佣金合约的平台，给定薪酬比例系数 λ 时，向消费者收取的最优价格为

$$p^*=\begin{cases}\dfrac{E}{\sqrt[3]{3^2n\lambda^3}}-\dfrac{2c_1c_2^2}{\sqrt[3]{3E}}, & \text{当}\dfrac{a}{2}>\dfrac{E}{\sqrt[3]{3^2n\lambda^3}}-\dfrac{2c_1c_2^2}{\sqrt[3]{3E}}\text{时}\\[4mm]\dfrac{a}{2}, & \text{当}\dfrac{a}{2}<\dfrac{E}{\sqrt[3]{3^2n\lambda^3}}-\dfrac{2c_1c_2^2}{\sqrt[3]{3E}}\text{时}\end{cases}$$

此时，平台的最大期望效用为

$$U^* = \begin{cases} \dfrac{n}{2c_1 c_2^2}(1-\lambda)\lambda^3 \left(\dfrac{E}{\sqrt[3]{3^2} n\lambda^3} - \dfrac{2c_1 c_2^2}{\sqrt[3]{3}E} \right)^4, & 当\dfrac{a}{2} > \dfrac{E}{\sqrt[3]{3^2} n\lambda^3} - \dfrac{2c_1 c_2^2}{\sqrt[3]{3}E}时 \\[4mm] (1-\lambda)\dfrac{a^2}{4}, & 当\dfrac{a}{2} < \dfrac{E}{\sqrt[3]{3^2} n\lambda^3} - \dfrac{2c_1 c_2^2}{\sqrt[3]{3}E}时 \end{cases}$$

司机的最大期望收益为

$$\pi^* = \begin{cases} \dfrac{\lambda^2}{2c_2} \left(\dfrac{E}{\sqrt[3]{3^2} n\lambda^3} - \dfrac{2c_1 c_2^2}{\sqrt[3]{3}E} \right)^2, & 当\dfrac{a}{2} > \dfrac{E}{\sqrt[3]{3^2} n\lambda^3} - \dfrac{2c_1 c_2^2}{\sqrt[3]{3}E}时 \\[4mm] \dfrac{\lambda^2 a^2}{8c_2}, & 当\dfrac{a}{2} < \dfrac{E}{\sqrt[3]{3^2} n\lambda^3} - \dfrac{2c_1 c_2^2}{\sqrt[3]{3}E}时 \end{cases}$$

其中，$E = \left(9ac_1 c_2^2 n^2 \lambda^6 + \sqrt{3}\sqrt{8c_1^3 c_2^6 n^3 \lambda^9 + 27a^2 c_1^2 c_2^4 n^4 \lambda^{12}} \right)^{1/3}$。

3. 两种合约比较分析

为了得到需求确定情况下，单一定价策略中平台为获得最大效用的最优合约选择，我们对上述两种合约进行比较分析，得到命题 6-7。

命题 6-7　在确定性需求情况下，

(1) 当 $\dfrac{a}{2} > \dfrac{E}{\sqrt[3]{3^2} n\lambda^3} - \dfrac{2c_1 c_2^2}{\sqrt[3]{3}E}$ 时，平台的最优策略是采用固定佣金合约；

(2) 当 $\dfrac{a}{2} < \dfrac{E}{\sqrt[3]{3^2} n\lambda^3} - \dfrac{2c_1 c_2^2}{\sqrt[3]{3}E}$ 时，若 $0 < \lambda < 1 - \dfrac{4n}{54c_1 c_2^2 a^2}$

$$\left[a - \dfrac{n}{54c_1 c_2^2} \left(\dfrac{B}{\sqrt[3]{2n}} - \dfrac{4 \times \sqrt[3]{2}c_1 c_2^2}{B} \right)^3 - \dfrac{1}{3} \left(\dfrac{B}{\sqrt[3]{2n}} - \dfrac{4 \times \sqrt[3]{2}c_1 c_2^2}{B} \right) \right] \left(\dfrac{B}{\sqrt[3]{2n}} - \dfrac{4 \times \sqrt[3]{2}c_1 c_2^2}{B} \right)^3,$$

则平台的最优策略是采用比例佣金合约；若

$$1 - \dfrac{4n}{54c_1 c_2^2 a^2} \left[a - \dfrac{n}{54c_1 c_2^2} \left(\dfrac{B}{\sqrt[3]{2n}} - \dfrac{4 \times \sqrt[3]{2}c_1 c_2^2}{B} \right)^3 - \dfrac{1}{3} \left(\dfrac{B}{\sqrt[3]{2n}} - \dfrac{4 \times \sqrt[3]{2}c_1 c_2^2}{B} \right) \right]$$

$$\left(\dfrac{B}{\sqrt[3]{2n}} - \dfrac{4 \times \sqrt[3]{2}c_1 c_2^2}{B} \right)^3 < \lambda < 1,$$

则平台的最优策略是采用固定佣金合约。

通过对上述命题 6-5 和命题 6-6 进行静态比较分析，并结合命题 6-7，我们得到以下管理启示。

(1) 如果网约车平台采取固定佣金合约，那么平台应尽可能地激励那些机会成本和参与成本都比较低的司机加入平台。因为机会成本越高会使得司机的预期收益降低，从而导致加入平台的司机数量减少，进而后期的服务满足率降低，使得平台的收益降低。同样，参与成本过高会使得平台支付给司机的薪酬变高，从而使平台的收益降低。

（2）如果网约车平台采用比例佣金合约，则由于司机的薪酬和价格相关，平台为了激励更多的司机加入平台并参与服务，同时为保证平台的收益，将会提高打车的价格，这样就会使得消费者剩余降低，从而使得整个平台的总效用降低。因此，在确定性需求的单一价格策略下，固定佣金合约略优于比例佣金合约。

6.2.3　不确定需求下的峰时定价策略

前一节我们没有考虑需求的不确定性，但是在现实生活中，打车需求往往会存在很大的不确定性。在某些时候，打车的需求量很高，如下雨天的傍晚或者节假日的饭点，但是在另一些时候，打车的需求量很低，如深夜。为了解决需求波动所带来的产能匹配效率问题，企业必须采取灵活的定价策略，即峰时定价策略。

在现实生活中，针对需求不确定性，有的平台选择动态价格合约（固定薪酬），这种定价合约在运输业中被广泛使用；有的平台选择动态薪酬合约（固定价格），如 Lyft；还有的平台选择动态比例佣金合约（薪酬与价格呈比例关系），如 Uber。

基于此，本节考虑 3 种不同类型的佣金合约。第一种是动态价格合约，平台向司机支付同样的薪酬 w，但在高需求状态时向消费者要价 p_h，在低需求状态时向消费者要价 p_l。第二种是动态薪酬合约，平台向消费者收取同样的价格 p，但在高需求状态时向司机支付薪酬 w_h，在低需求状态时向司机支付薪酬 w_l。第三种是动态比例佣金合约，平台在高需求状态时向消费者要价 p_h，向司机支付薪酬 λp_h；在低需求状态时向消费者要价 p_l，向司机支付薪酬 λp_l，其中 $\lambda \in (0,1)$，平台在高需求状态确定的比例 λ 和在低需求状态确定的比例 λ 是相同的。接下来，我们将针对这 3 种定价合约机制进行讨论。

1. 动态价格合约

假设消费者的打车需求存在不确定性，即在阶段 2 时，消费者的需求状态 $a_i(i \in \{l,h\})$ 可能有两种情况，分别为低需求或者高需求。令 f_i 表示需求状态为 i 的概率，且 $f_l + f_h = 1$。平台根据需求状态确定价格 $p_i(i \in \{l,h\})$。在阶段 1 时，市场上存在 n 个潜在供给方（司机），平台决定向消费者收取价格 p_i 和向司机支付薪酬 w。潜在司机在阶段 1 选择是否加入平台，司机加入平台的机会成本为 x，x 是随机变量，其累积分布函数为 $F(x)$、概率密度为 $f(x)$。司机只在阶段 2 获得收益。潜在司机根据阶段 2 的净效用 π 的期望 Π 判断自己是否在阶段 1 加入平台，净效用 π 由司机在阶段 2 在平台取得的薪酬和阶段 2 司机的运行成本 c 计算得出，机会成本 x 高于其净效用的期望 Π 的潜在司机在阶段 1 不会加入平台，机会成本 x 低于其净效用的期望 Π 的潜在司机在阶段 1 会选择加入平台，因此，在阶段 1，选择加入平台的司机数量为 $nF(\Pi)$。

在阶段 2 时，消费者的需求为 $D_i = a_i - bp_i$，其中 a_i 是需求状态，p_i 是不同需求状态下平台向消费者收取的价格，b 为常量，$i \in \{l, h\}$。不失一般性，这里假设 $b = 1$。在阶段 1 选择加入的司机在阶段 2 根据平台支付薪酬 w 与其运行成本 c 选择是否提供服务，每个司机的运行成本 c 是累积分布函数为 $G(c)$、概率密度为 $g(c)$ 的随机变量。当司机运行成本 c 高于在平台取得的薪酬时，司机不在阶段 2 提供服务；当运行成本 c 低于在平台取得的薪酬时，司机选择在阶段 2 提供服务。

在给定价格 p_i、薪酬 w 的情况下，平台会出现供给量大于需求量或者供给量小于等于需求量的情况。当供给量大于需求量时，所有消费者的总需求量被满足，然而参与提供服务的司机只能完成其所能提供的总工作量的一部分，在这种情况下，平台将司机随机分配给消费者，每位司机被匹配的概率是相同的；当供给量小于需求量时，所有的司机完成其所能提供的总工作量，却只能满足消费者总需求量的一部分，在这种情况下，平台将消费者随机分配给司机，每位消费者被匹配的概率是相同的。本节不考虑单个司机与消费者之间的匹配问题，因此当供给量大于需求量时，本节假设所有供给方有相同概率被匹配到需求。

令 φ_i 代表供给方被匹配的概率，当供给量小于需求量时，$\varphi_i = 1$，当供给量大于需求量时，$\varphi_i < 1$。因此，在阶段 2，司机期望薪酬为 $\varphi_i w$，当司机在阶段 2 的运行成本高于 $\varphi_i w$ 时，他选择不参与提供服务，当其在阶段 2 运行成本低于 $\varphi_i w$ 时，他选择参与提供服务。本节假设，司机是理性人，只有当成本低于或等于收入时，才会加入平台并提供服。由此我们得到，在阶段 1 时有 $nF(\Pi)$ 个潜在供给方加入平台，在均衡状态时有

$$\varphi_i = \begin{cases} 1 & , nF(\Pi)G(w) \leqslant a_i - p_i \\ \dfrac{a_i - p_i}{nF(\Pi)G(\varphi_i w)} & , a_i - p_i \leqslant nF(\Pi)G(w) \end{cases} \tag{6-19}$$

司机在需求状态为 a_i 时在阶段 2 取得的净收益为

$$\pi_i = \left(\varphi_i w - E[c_2 | 0 < c_2 < \varphi_i w]\right) G(\varphi_i w) = \int_0^{\varphi_i w} G(c) \mathrm{d}c$$

因此，司机的期望效用为

$$\Pi = \sum_{i\in\{l,h\}} \left(\int_0^{\varphi_i w} G(c)\mathrm{d}c \right) f_i$$

平台最大化其效用的决策模型为

$$\mathrm{Max}\ U = \sum_{i\in\{l,h\}} (p_i - w)\varphi_i n F(\Pi) G(\varphi_i w) f_i \tag{6-20}$$

假设司机在阶段 1 的机会成本 x 和阶段 2 的参与成本 c 均服从均匀分布，令 $x \sim U[0, c_1]$，$c \sim U[0, c_2]$，得到：

$$\pi = \frac{\varphi_i^2 w^2}{2c_2} \qquad (i\in\{l,h\})$$

$$F(\Pi) = \frac{\varphi_l^2 f_l w^2 + \varphi_h^2 f_h w^2}{2c_1 c_2}$$

$$G(w) = \frac{w}{c_2}$$

$$G(\varphi w) = \frac{\varphi_i w}{c_2} \qquad (i\in\{l,h\})$$

平台确定价格和薪酬后，会有数量为 $nF(\Pi)$ 的司机加入平台。当阶段 2 开始时出现需求后，供给与需求存在两种情况，即 $nF(\Pi)G(w) \leqslant a_i - p_i$ 或 $a_i - p_i \leqslant nF(\Pi)G(w)$ $(i\in\{l,h\})$。

求解上述决策模型，可以得到命题 6-8。

命题 6-8　不确定性需求情况下，采取动态价格合约的平台，给定价格 p_l 和 p_h 时，向司机支付的最优薪酬为

$$w^* = (a_h - p_h)\left\{ \frac{2c_1 c_2^2}{n[f_h(a_h - p_h)^2 + f_l(a_l - p_l)^2]} \right\}^{1/3}$$

此时，平台的最大期望效用为

$$U^* = \left(p_l - (a_h - p_h)\left\{ \frac{2c_1 c_2^2}{n[f_h(a_h - p_h)^2 + f_l(a_l - p_l)^2]} \right\}^{1/3} \right)(a_l - p_l)f_l$$

$$+ \left(p_h - (a_h - p_h)\left\{ \frac{2c_1 c_2^2}{n[f_h(a_h - p_h)^2 + f_l(a_l - p_l)^2]} \right\}^{1/3} \right)(a_h - p_h)f_h$$

司机获得的最人期望收益为

$$F(\Pi^*) = \frac{\left(\dfrac{a_l - p_l}{a_h - p_h} \right)^2 f_l + f_h}{2c_1 c_2}(a_h - p_h)^2 \left\{ \frac{2c_1 c_2^2}{n[f_h(a_h - p_h)^2 + f_l(a_l - p_l)^2]} \right\}^{2/3}$$

2. 动态薪酬合约

动态薪酬合约下，平台、司机与消费者之间的决策流程基本和动态价格合约下的决策流程一样，区别在于在两种需求状态下，平台向消费者收取的价格是一样的，都为价格 p，而向司机支付的薪酬是不同的，分别为 w_i（$i \in \{l,h\}$）。在阶段 2 时，消费者的需求为 $D_i = a_i - bp$，其中 a_i（$i \in \{l,h\}$）是需求状态，p 是平台向消费者收取的价格，b 为常量（假设 $b=1$）。

在阶段 1 的均衡状态下，供给方被匹配的概率 φ_i 为

$$\varphi_i = \begin{cases} 1 & , \quad nF(\Pi)G(w_i) \leqslant a_i - p \\ \dfrac{a_i - p}{nF(\Pi)G(\varphi_i w_i)} & , \quad a_i - p \leqslant nF(\Pi)G(w_i) \end{cases} \tag{6-21}$$

给定价格 p、薪酬 w_i 的情况下，在阶段 2 司机在需求状态为 a_i 时获得的净收益为

$$\pi_i = (\varphi_i w_i - E[c_2 | 0 < c_2 < \varphi_i w_i]) G(\varphi_i w_i) = \int_0^{\varphi_i w_i} G(c) \mathrm{d}c$$

因此，司机的期望效用为

$$\Pi = \sum_{i \in \{l,h\}} \left(\int_0^{\varphi_i w_i} G(c) \mathrm{d}c \right) f_i$$

平台确定价格 p 和薪酬 w_i，以最大化其效用。基于此，建立平台效用模型为

$$\text{Max} \quad U = \sum_{i \in \{l,h\}} (p - w_i) \varphi_i n F(\Pi) G(\varphi_i w_i) f_i \tag{6-22}$$

假设司机在阶段 1 的机会成本 x 和阶段 2 的参与成本 c 均服从均匀分布，令 $x \sim U[0, c_1]$，$c \sim U[0, c_2]$，得到：

$$\pi = \frac{\varphi_i^2 w_i^2}{2c_2} \qquad (i \in \{l,h\})$$

$$F(\Pi) = \frac{\varphi_l^2 f_l w_l^2 + \varphi_h^2 f_h w_h^2}{2c_1 c_2}$$

$$G(w_i) = \frac{w_i}{c_2} \qquad (i \in \{l,h\})$$

$$G(\varphi w_i) = \frac{\varphi_i w_i}{c_2} \qquad (i \in \{l,h\})$$

平台确定价格和薪酬后，会有数量为 $nF(\Pi)$ 的司机加入平台。当阶段 2 开始时出现需求后，供给与需求存在两种情况，即 $nF(\Pi)G(w_i) \leqslant a_i - p$ 或 $a_i - p \leqslant nF(\Pi)G(w_i)$（$i \in \{l,h\}$）。

求解上述决策模型，可以得到命题 6-9。

命题 6-9　不确定性需求情况下，采取动态薪酬合约的平台，给定薪酬 w_l 和 w_h

时，向消费者收取的最优价格为

$$p^* = a_h - \frac{n(f_l w_l^2 w_h + f_h w_h^3)}{2c_1 c_2^2}$$

此时，平台获得的最大期望效用为

$$U^* = \left[a_h - \frac{n(f_l w_l^2 w_h + f_h w_h^3)}{2c_1 c_2^2} - w_l \right]\left[a_l - a_h + \frac{n(f_l w_l^2 w_h + f_h w_h^3)}{2c_1 c_2^2} \right]f_l$$

$$+ \left[a_h - \frac{n(f_l w_l^2 w_h + f_h w_h^3)}{2c_1 c_2^2} - w_h \right]\left[a_h - a_h + \frac{n(f_l w_l^2 w_h + f_h w_h^3)}{2c_1 c_2^2} \right]f_h$$

司机获得的最大期望收益为

$$F(\Pi^*) = \frac{f_l w_l^2 + f_h w_h^2}{2c_1 c_2}$$

3. 动态比例佣金合约

动态比例佣金合约下，平台、司机与消费者之间的决策流程基本和动态价格合约下的决策流程一样，区别在于在两种需求状态下，平台向司机支付的薪酬是价格 p_i 的比例 λ，即 λp_i。在阶段 2 时，消费者的需求为 $D_i = a_i - bp_i$，其中 a_i（$i \in \{l, h\}$）是需求状态，p_i 是平台在不同需求状态下向消费者收取的价格，b 为常量（假设 $b = 1$）。

在阶段 1 的均衡状态下，供给方被匹配的概率 φ_i 为

$$\varphi_i = \begin{cases} 1 & , nF(\Pi)G(\lambda p_i) \leqslant a_i - p_i \\ \dfrac{a_i - p_i}{nF(\Pi)G(\varphi_i \lambda p_i)}, & a_i - p_i \leqslant nF(\Pi)G(\lambda p_i) \end{cases} \tag{6-23}$$

在需求状态为 a_i 时，在平台给定价格 p_i、薪酬比 λ 的情况下，司机在阶段 2 赚取的净收益为

$$\pi_i = (\varphi_i \lambda p_i - E[c_2 | 0 < c_2 < \varphi_i \lambda p_i])G(\varphi_i \lambda p_i) = \int_0^{\varphi_i \lambda p_i} G(c)\mathrm{d}c$$

因此，司机的期望效用为

$$\Pi = \sum_{i \in \{l, h\}} \left(\int_0^{\varphi_i \lambda p_i} G(c)\mathrm{d}c \right)f_i$$

平台确定不同需求状态下的价格 p_i 和薪酬比例 λ，以最大化其效用。基于此，建立平台效用模型为

$$\text{Max } U = \sum_{i \in \{l, h\}} p_i(1 - \lambda)\varphi_i nF(\Pi)G(\varphi_i \lambda p_i)f_i \tag{6-24}$$

同样，假设司机在阶段 1 的机会成本 x 和阶段 2 的参与成本 c 均服从均匀分布，令 $x \sim U[0, c_1]$，$c \sim U[0, c_2]$，得到：

$$\pi = \frac{\varphi_i^2 \lambda^2 p_i^2}{2c_2} \qquad (i \in \{l, h\})$$

$$F(\Pi) = \frac{\varphi_l^2 \lambda^2 p_l^2 f_l + \varphi_h^2 \lambda^2 p_h^2 f_h}{2c_1 c_2}$$

$$G(w) = \frac{\lambda p_i}{c_2} \qquad (i \in \{l, h\})$$

$$G(\varphi w) = \frac{\varphi_i \lambda p_i}{c_2} \qquad (i \in \{l, h\})$$

在阶段 1，平台确定不同需求状态下的价格和薪酬后，会有数量为 $nF(\Pi)$ 的司机加入平台。在阶段 2，当出现需求后，供给与需求存在两种情况，即 $nF(\Pi)G(\lambda p_i) \leqslant a_i - p_i$ 或 $a_i - p_i \leqslant nF(\Pi)G(\lambda p_i)$ $(i \in \{l, h\})$。

命题 6-10　不确定性需求情况下，采取动态比例佣金合约的平台，给定薪酬比例系数 λ 时，向消费者收取的最优价格为

$$p_l^* = \begin{cases} \dfrac{a_l}{2}, & \text{当} a_l \leqslant \dfrac{\sqrt[3]{9} f_l n\lambda^3 L_1 - 4\sqrt[3]{3} L_3^2}{6 f_l n\lambda^3 L_3} \text{时} \\[4mm] \dfrac{\sqrt[3]{9} f_l n\lambda^3 L_1 - 4\sqrt[3]{3} L_3^2}{12 f_l n\lambda^3 L_3}, & \text{当} a_l > \dfrac{\sqrt[3]{9} f_l n\lambda^3 L_1 - 4\sqrt[3]{3} L_3^2}{6 f_l n\lambda^3 L_3} \text{时} \end{cases}$$

$$p_h^* = \begin{cases} \dfrac{a_h}{2}, & \text{当} a_h \leqslant \dfrac{\sqrt[3]{9} f_h n\lambda^3 L_2 - 4\sqrt[3]{3} L_4^2}{6 f_h n\lambda^3 L_4} \text{时} \\[4mm] \dfrac{\sqrt[3]{9} f_h n\lambda^3 L_2 - 4\sqrt[3]{3} L_4^2}{12 f_h n\lambda^3 L_4}, & \text{当} a_h > \dfrac{\sqrt[3]{9} f_h n\lambda^3 L_2 - 4\sqrt[3]{3} L_4^2}{6 f_h n\lambda^3 L_4} \text{时} \end{cases}$$

其中，$L_1 = 8c_1 c_2^2 + f_h n\lambda^3 a_h^2$，$L_2 = 8c_1 c_2^2 + f_l n\lambda^3 a_l^2$，

$$L_3 = \left\{ \sqrt{3 f_l^3 n^3 \lambda^9 \left[27 a_l^2 c_1^2 c_2^4 f_l n\lambda^3 + (2c_1 c_2^2 + \frac{1}{4} f_h n\lambda^3 a_h^2)^3 \right]} - 9 a_l c_1 c_2^2 f_l^2 n^2 \lambda^6 \right\}^{1/3},$$

$$L_4 = \left\{ \sqrt{3 f_h^3 n^3 \lambda^9 \left[27 a_h^2 c_1^2 c_2^4 f_h n\lambda^3 + (2c_1 c_2^2 + \frac{1}{4} f_l n\lambda^3 a_l^2)^3 \right]} - 9 a_h c_1 c_2^2 f_h^2 n^2 \lambda^6 \right\}^{1/3}。$$

根据命题 6-10，可以得到如下推论。

推论 6-1　不确定性需求情况下，采取动态比例佣金合约的平台，给定薪酬比例系数 λ 时，

（1）当 $a_l \leqslant \dfrac{\sqrt[3]{9} f_l n\lambda^3 L_1 - 4\sqrt[3]{3} L_3^2}{6 f_l n\lambda^3 L_3}$ 且 $a_h \leqslant \dfrac{\sqrt[3]{9} f_h n\lambda^3 L_2 - 4\sqrt[3]{3} L_4^2}{6 f_h n\lambda^3 L_4}$ 时，平台的最大期望效用为

$$U^* = \frac{1}{4}(1-\lambda)(a_h^2 + a_l^2)$$

司机获得的最大期望收益为

$$F(\Pi^*) = \frac{\lambda^2 (a_l^2 f_l + a_h^2 f_h)}{8c_1 c_2}$$

(2) 当 $a_l > \dfrac{\sqrt[3]{9} f_l n \lambda^3 L_1 - 4\sqrt[3]{3} L_3^2}{6 f_l n \lambda^3 L_3}$ 且 $a_h \leqslant \dfrac{\sqrt[3]{9} f_h n \lambda^3 L_2 - 4\sqrt[3]{3} L_4^2}{6 f_h n \lambda^3 L_4}$ 时，平台的最大期望

效用为

$$U^* = (1-\lambda) \left(\frac{n\lambda^3 \left\{ \left[\dfrac{\sqrt[3]{9} f_l n \lambda^3 L_1 - 4\sqrt[3]{3} L_3^2}{12 f_l n \lambda^3 L_3} \right]^2 f_l + \dfrac{a_h^2}{4} f_h \right\} \left(\dfrac{\sqrt[3]{9} f_l n \lambda^3 L_1 - 4\sqrt[3]{3} L_3^2}{4} \right)}{6 c_1 c_2^2 f_l n \lambda^3 L_3} + \frac{a_h^2}{4} \right),$$

司机获得的最大期望收益为

$$F(\Pi^*) = \frac{\lambda^2}{2c_1 c_2} \left\{ \left[\frac{\sqrt[3]{9} f_l n \lambda^3 L_1 - \sqrt[3]{3} L_3^2}{12 f_l n \lambda^3 L_3} \right]^2 f_l + \frac{a_h^2}{4} f_h \right\}.$$

(3) 当 $a_l \leqslant \dfrac{\sqrt[3]{9} f_l n \lambda^3 L_1 - 4\sqrt[3]{3} L_3^2}{6 f_l n \lambda^3 L_3}$ 且 $a_h > \dfrac{\sqrt[3]{9} f_h n \lambda^3 L_2 - 4\sqrt[3]{3} L_4^2}{6 f_h n \lambda^3 L_4}$ 时，平台的最大期望

效用为

$$U^* = (1-\lambda) \left(\frac{n\lambda^3 \left\{ \left[\dfrac{\sqrt[3]{3^2} f_h n \lambda^3 L_2 - 4\sqrt[3]{3} L_4^2}{12 f_h n \lambda^3 L_4} \right]^2 f_l + \dfrac{a_l^2}{4} f_h \right\} \left(\dfrac{\sqrt[3]{9} f_h n \lambda^3 L_2 - 4\sqrt[3]{3} L_4^2}{4} \right)}{6 c_1 c_2^2 f_h n \lambda^3 L_4} + \frac{a_l^2}{4} \right),$$

司机获得的最大期望收益为

$$F(\Pi^*) = \frac{\lambda^2}{2c_1 c_2} \left\{ \frac{a_l^2}{4} f_l + \left[\frac{\sqrt[3]{3^2} f_h n \lambda^3 L_2 - 4\sqrt[3]{3} L_4^2}{12 f_h n \lambda^3 L_4} \right]^2 f_h \right\}.$$

(4) 当 $a_l > \dfrac{\sqrt[3]{9} f_l n \lambda^3 L_1 - 4\sqrt[3]{3} L_3^2}{6 f_l n \lambda^3 L_3}$ 且 $a_h > \dfrac{\sqrt[3]{9} f_h n \lambda^3 L_2 - 4\sqrt[3]{3} L_4^2}{6 f_h n \lambda^3 L_4}$ 时，平台的最大期望

效用为

$$U^* = \left\{ \left[\frac{\sqrt[3]{9} f_l n \lambda^3 L_1 - 4\sqrt[3]{3} L_3^2}{12 f_l n \lambda^3 L_3} \right]^2 f_l + \left[\frac{\sqrt[3]{9} f_h n \lambda^3 L_2 - 4\sqrt[3]{3} L_4^2}{12 f_h n \lambda^3 L_4} \right]^2 f_h \right\}$$

$$\left\{ \left[\frac{\sqrt[3]{9} f_l n \lambda^3 L_1 - 4\sqrt[3]{3} L_2^2}{12 f_l n \lambda^3 L_2} \right]^2 + \left[\frac{\sqrt[3]{9} f_h n \lambda^3 L_2 - 4\sqrt[3]{3} L_4^2}{12 f_h n \lambda^3 L_4} \right]^2 \right\} \frac{n\lambda^3 (1-\lambda)}{2c_1 c_2^2},$$

司机获得的最大期望收益为

$$F(\Pi^*) = \frac{\lambda^2}{2c_1 c_2} \left\{ \left[\frac{\sqrt[3]{9} f_l n \lambda^3 L_1 - 4\sqrt[3]{3} L_3^2}{12 f_l n \lambda^3 L_3} \right]^2 f_l + \left[\frac{\sqrt[3]{9} f_h n \lambda^3 L_2 - 4\sqrt[3]{3^2} L_4^2}{12 f_h n \lambda^3 L_4} \right]^2 f_h \right\}.$$

4. 三种合约比较分析

为了对比 3 种合约的表现，我们利用表 6-3 中的参数，通过对其所构造出的 4096 个情境进行求解分析，得到 3 种合约对比下的平台效用和司机收益情况，见表 6-4。

表 6-3　被测试的参数

参数	参数值
f_l	{0.2,0.4,0.6,0.8}
a_l	{100,200,300,400}
a_h	{900,800,700,600}
c_1	{10,11,12,13,14,15,16,17,18,19,20,21,22,23,24,25}
c_2	{20,21,22,23,24,25,26,27,28,29,30,31,32,33,34,35}

表 6-4　3 种合约比较

绩效	动态薪酬合约 动态价格合约	动态比例佣金合约 动态价格合约	动态比例佣金合约 动态薪酬合约
平台效用	0.67	2.48	3.68
司机收益	2.35	2.26	1.86

基于对 3 种合约在平台效用和司机收益两个方面绩效的横向对比，我们提出以下管理建议：

(1) 从平台效用方面来看，动态比例佣金合约最佳，其次是动态价格合约，而动态薪酬合约最差。这表明，平台要想获得最大收益，单一地调节打车价格或司机薪酬是不够的，应该根据需求变化同时调整价格和薪酬。

(2) 从司机收益方面来看，动态比例佣金合约最佳，其次是动态薪酬合约，而动态价格合约相对最差。这表明，当平台采用动态比例佣金合约时，司机的参与积极性会更高。

(3) 综合来看，面对不确定性需求，平台的最优策略是采用动态比例佣金合约，这样能更好地实现平台各利益主体间的价值最大化。

6.2.4　小结

　　本节针对网约车平台中利益主体间的价值分配问题开展研究，分别考虑了确定性需求下的平台运作策略和不确定性需求下的平台运作策略。首先，对于确定性需求，采取单一定价策略。在此策略下，设计了两种定价薪酬合约，分别是固定佣金合约和比例佣金合约，并对比分析了两种合约的优劣。其次，对于不确定性需求，采取峰时定价策略。在此策略下，设计了3种定价薪酬合约，分别是动态价格合约、动态薪酬合约和动态比例佣金合约。对3种合约的最优策略进行了求解，并采用数值分析方法，从平台效用和司机收益两个方面对比分析了3种合约的优劣。研究表明，面对不确定性需求，平台的最优策略是选择动态比例佣金合约。本节的研究成果能有效指导网约车平台开展运营决策，从而实现网约车平台和参与者（司机和乘客）间的价值共创。

参 考 文 献

Li D, Pang Z, 2016. Dynamic booking control for car rental revenue management: A decomposition approach[J]. European Journal of Operational Research, 256(3):850-867.

附　录　一

■命题 3-1 证明：

将式(3-1)代入式(3-2)，可知 $\pi_r^{NG}(p)$ 是关于 p 的凹函数。所以根据一阶条件为零可得 $p^*(w)$。将其代入式(3-3)，可知 $\pi_m^{NG}(p^*, w)$ 是关于 w 的凹函数。因此，根据一阶条件为零可以得到 w^{NG*}，进而得到相应的 p^{NG*}。

■命题 3-2 证明略。

■命题 3-3 证明：

将 $w = \dfrac{b+c}{2}$ 和 $p = \dfrac{3b+c}{4}$ 以及式(3-4)代入式(3-5)，可得 $\pi_r^{UAG}(G)$。因为 $\pi_r^{UAG}(G)$ 是关于 G 的凹函数，所以令 $\dfrac{\partial \pi_r^{UAG}(G)}{\partial G} = 0$ 可得 $G^* = \dfrac{(b-c)[\alpha - (1-M)r]}{8(1-M)r\alpha}$。因为 $G \geqslant 0$，所以当 $\alpha > (1-M)r$ 时，$G^{UAG*} = \dfrac{(b-c)[\alpha - (1-M)r]}{8(1-M)r\alpha}$；当 $\alpha \leqslant (1-M)r$ 时，$G^{UAG*} = 0$。

■命题 3-4、命题 3-5 证明略。

■命题 3-6 证明：

将 $w = \dfrac{b+c}{2}$ 以及式(3-4)代入式(3-5)，可得 $\pi_r^{UBG}(p, G)$。因为 $\pi_r^{UBG}(p, G)$ 是关于 p 的凹函数，所以根据 $\dfrac{\partial \pi_r^{UBG}(p, G)}{\partial p} = 0$ 可得 $p^*(G) = \dfrac{3b+c+2G(\alpha + r - Mr)}{4}$。将 $p^*(G)$ 代入 $\pi_r^{UBG}(p, G)$，可得

$$\frac{\partial \pi_r^{UBG}(p^*, G)}{\partial G} = \frac{n[\alpha - (1-M)r]\{b-c+2G[\alpha - (1-M)r]\}}{4b}$$

根据 $p \leqslant b$ 和需求非负可得 $G \leqslant \dfrac{b-c}{2[\alpha + (1-M)r]}$。当 $\alpha > (1-M)r$ 时，可知 $\pi_r^{UBG}(p^*, G)$ 是关于 G 的增函数，所以 $G^{UBG*} = \dfrac{b-c}{2[\alpha + (1-M)r]}$，相应得到 $p^{UBG*} = b$；当 $\alpha \leqslant (1-M)r$ 时，可知 $\pi_r^{UBG}(p^*, G)$ 是关于 G 的减函数，所以 $G^{UBG*} = 0$。

■命题 3-7～命题 3-9 证明略。

■命题 3-10 证明：

将式(3-4)代入式(3-5)，可得 $\pi_r^{URG}(p,G)$。因为 $\pi_r^{URG}(p,G)$ 是关于 p 的凹函数，所以根据 $\dfrac{\partial \pi_r^{URG}(p,G)}{\partial p}=0$ 可得 $p^*(G)=\dfrac{b+w+G[\alpha+(1-M)r]}{2}$。将 $p^*(G)$ 代入 $\pi_r^{URG}(p,G)$，可得 $\dfrac{\partial \pi_r^{URG}(p^*,G)}{\partial G}=\dfrac{n[\alpha-(1-M)r]\{b-w+G[\alpha-(1-M)r]\}}{2b}$。根据 $p\leqslant b$ 和需求非负可得 $G\leqslant\dfrac{b-w}{\alpha+r-Mr}$。因此，当 $\alpha>(1-M)r$ 时，可知 $\pi_r^{URG}(p^*,G)$ 是关于 G 的增函数，所以 $G^*(w)=\dfrac{b-w}{\alpha+r-Mr}$。

将 $p^*(G)$ 和 $G^*(w)$ 代入式(3-6)，可得 $\pi_m^{URG}(p^*,G^*,w)$。因为 $\pi_m^{URG}(p^*,G^*,w)$ 是关于 w 的凹函数，所以根据 $\dfrac{\pi_m^{URG}(p^*,G^*,w)}{\partial w}=0$ 可得 $w^{URG*}=\dfrac{b+c}{2}$，相应得到 $p^{URG*}=b$ 和 $G^{URG*}=\dfrac{(b-c)}{2[\alpha+(1-M)r]}$。因此，当 $\alpha\leqslant(1-M)r$ 时，可知 $\pi_r^{URG}(p^*,G)$ 是关于 G 的减函数，所以 $G^{URG*}=0$。

■命题 3-11 证明：

将 $w=\dfrac{b+c}{2}$ 和 $p=\dfrac{3b+c}{4}$ 以及式(3-7)代入式(3-5)，可得

$$\pi_r^{CAG}(G)=\begin{cases}\dfrac{n(b-c+4\alpha G)[(b-c)G_0-4(1-M)G^2]}{16bG_0}, & 0\leqslant G<G_0\\[4mm]\dfrac{n(b-c+4\alpha G)[(b-c)-4(1-M)G]}{16b}, & G\geqslant G_0\end{cases}$$

(1) 当 $0\leqslant G<G_0$ 时，可知 $\dfrac{\partial^2\pi_r^{CAG}(G)}{\partial G^2}<0$，所以 $\pi_r^{CAG}(G)$ 是关于 G 的凹函数。令 $\dfrac{\partial\pi_r^{CAG}(G)}{\partial G}=0$ 可得 $G^*=\dfrac{\sqrt{B(B+12\alpha^2 G_0)}-B}{12(1-M)\alpha}=G_1$。当 $0<\alpha\leqslant 2(1-M)$ 或者 $2(1-M)<\alpha\leqslant 1$ 且 $G_0>\dfrac{(b-c)(\alpha-2+2M)}{12\alpha(1-M)}$ 时，$G_1<G_0$，所以 $G^{CAG*}=G_1$；当 $2(1-M)<\alpha\leqslant 1$ 且 $0<G_0\leqslant\dfrac{(b-c)(\alpha-2+2M)}{12\alpha(1-M)}$ 时，$G_1\geqslant G_0$，所以 $G^{CAG*}=G_0$。

(2) 当 $G\geqslant G_0$ 时，可知 $\dfrac{\partial^2\pi_r^{CAG}(G)}{\partial G^2}<0$，所以 $\pi_r^{CAG}(G)$ 是关于 G 的凹函数。令 $\dfrac{\partial\pi_r^{CAG}(G)}{\partial G}=0$ 可得 $G^*=\dfrac{(b-c)(\alpha-1+M)}{8(1-M)\alpha}=G_2$。当 $1-M<\alpha\leqslant 1$ 且 $G_0<G_2$ 时，

$G^{CAG*} = G_2$；当 $1-M<\alpha\leqslant 1$ 且 $G_0\geqslant G_2$ 时，$G^{CAG*}=G_0$。

综合对比（1）和（2）各条件下的相应零售商利润，即可得到命题 3-11。

■命题 3-12、命题 3-13 证明略。

■命题 3-14 证明：

将 $w=\dfrac{b+c}{2}$ 以及式（3-7）代入式（3-5），可得

$$\pi_{\mathrm{r}}^{CBG}(p,G)=\begin{cases}\dfrac{n(b-p+\alpha G)[(2p-b-c)G_0-2(1-M)G^2]}{2bG_0}, & 0\leqslant G<G_0\\[4mm]\dfrac{n(b-p+\alpha G)\{2[p-G(1-M)]-b-c\}}{2b}, & G\geqslant G_0\end{cases}$$

（1）当 $0\leqslant G<G_0$ 时，$\dfrac{\partial^2\pi_{\mathrm{r}}^{CBG}(p,G)}{\partial p^2}<0$，可知 $\pi_{\mathrm{r}}^{CBG}(p,G)$ 是关于 p 的凹函数。

令 $\dfrac{\partial\pi_{\mathrm{r}}^{CBG}(p,G)}{\partial p}=0$ 可得 $p^*(G)=\dfrac{(3b+c)G_0+2(1-M)G^2+2\alpha G_0 G}{4G_0}$。将 $p^*(G)$ 代入零

售商利润函数 $\pi_{\mathrm{r}}^{CBG}(p,G)$ 可得

$$\dfrac{\partial\pi_{\mathrm{r}}^{CBG}(p^*,G)}{\partial G}=\dfrac{n[\alpha G_0-2(1-M)G][(b-c)G_0+2\alpha G_0 G-2(1-M)G^2]}{4bG_0}。$$

根据 $p\leqslant b$ 和需求非负可得 $G\leqslant\dfrac{\sqrt{G_0(2B+\alpha^2 G_0)}-\alpha G_0}{2(1-M)}=G_1$。

①当 $G\leqslant\dfrac{\alpha G_0}{2(1-M)}=G_2$ 时，$\dfrac{\partial\pi_{\mathrm{r}}^{CBG}(p^*,G)}{\partial G}>0$，可知 $\pi_{\mathrm{r}}^{CBG}(p^*,G)$ 是关于 G 的增

函数。当 $0<\alpha\leqslant 2(1-M)$ 且 $G_0\leqslant\dfrac{2B}{3\alpha^2}$ 时，$G_2\leqslant G_1$ 且 $G_2<G_0$，所以 $G^{CBG*}=G_2$；

当 $0<\alpha\leqslant 2(1-M)$ 且 $G_0>\dfrac{2B}{3\alpha^2}$ 或者 $2(1-M)<\alpha\leqslant 1$ 且 $G_0>\dfrac{b-c}{2(\alpha+1-M)}$ 时，

$G_1<G_2$ 且 $G_1<G_0$，所以 $G^{CBG*}=G_1$；当 $2(1-M)<\alpha\leqslant 1$ 且 $G_0\leqslant\dfrac{b-c}{2(\alpha+1-M)}$ 时，

$G_1>G_2$ 且 $G_1>G_0$，所以 $G^{CBG*}=G_0$。

②当 $G>G_2$ 且 $G\leqslant G_1$ 时，$\dfrac{\partial\pi_{\mathrm{r}}^{CBG}(p^*,G)}{\partial G}<0$，可知 $\pi_{\mathrm{r}}^{CBG}(p^*,G)$ 是关于 G 的减

函数。当 $0<\alpha\leqslant 2(1-M)$ 且 $G_0\leqslant\dfrac{2B}{3\alpha^2}$ 时，$G_2\leqslant G_1$ 且 $G_2<G_0$，所以 $G^{CBG*}=G_2$；

当 $G_0>\dfrac{2B}{3\alpha^2}$ 时，$G_2>G_1$，所以无解；当 $2(1-M)<\alpha\leqslant 1$ 且 $G_0\leqslant\dfrac{2B}{3\alpha^2}$ 时，$G_2>G_0$，

所以无解。因此，综合①和②的结果可得：当 $0<\alpha\leqslant 2(1-M)$ 且 $G_0\leqslant\dfrac{2B}{3\alpha^2}$ 时，

$G^{\text{CBG}*} = G_2$ ；　当　$0 < \alpha \leqslant 2(1-M)$　且　$G_0 > \dfrac{2B}{3\alpha^2}$　或　者　$2(1-M) < \alpha \leqslant 1$　且

$G_0 > \dfrac{b-c}{2(\alpha+1-M)}$　时，　$G^{\text{CBG}*} = G_1$ ；　当 $2(1-M) < \alpha \leqslant 1$ 且 $G_0 \leqslant \dfrac{b-c}{2(\alpha+1-M)}$ 时，

$G^{\text{CBG}*} = G_0$ 。

（2）当　$G \geqslant G_0$　时，　用同样的方法可以得到：当 $0 < \alpha \leqslant 1-M$ 且

$G_0 \leqslant \dfrac{b-c}{2(\alpha+1-M)}$ 时，　$G^{\text{CBG}*} = G_0$ ；当 $1-M < \alpha \leqslant 1$ 且 $G_0 \leqslant \dfrac{b-c}{2(\alpha+1-M)}$ 时，

$G^{\text{CBG}*} = \dfrac{b-c}{2(\alpha+1-M)}$ ；其他条件下无解。

综合对比（1）和（2）各条件下的相应零售商利润，即可得到命题 3-14。

■**命题 3-15～命题 3-17 证明略。**

■**命题 3-18 证明：**

将式（3-7）代入式（3-5），可得

$$
\pi_{\text{r}}^{\text{CRG}}(p,G) = \begin{cases} \dfrac{n(b-p+\alpha G)[(p-w)G_0 - (1-M)G^2]}{bG_0}, & 0 \leqslant G < G_0 \\[4mm] \dfrac{n(b-p+\alpha G)[p-w-(1-M)G]}{b}, & G \geqslant G_0 \end{cases}
$$

求解 $p^*(w)$ 和 $G^*(w)$ 的过程和命题 3-14 的证明过程相似，通过分析可以得到：

当 $0 < \alpha \leqslant 1-M$ 且 $G_0 \leqslant \dfrac{4(b-w)(1-M)}{3\alpha^2}$ 或者 $1-M < \alpha \leqslant 2(1-M)$ 且

$$
\dfrac{4(b-w)(1-M)(\alpha-1+M)}{(\alpha+1-M)\alpha^2} < G_0 \leqslant \dfrac{4(b-w)(1-M)}{3\alpha^2}
$$

时，$p^*(w) = \dfrac{4(b+w)(1-M) + 3\alpha^2 G_0}{8(1-M)}$ 和 $G^*(w) = \dfrac{\alpha G_0}{2(1-M)}$ ；当 $1-M < \alpha \leqslant 2(1-M)$ 且

$G_0 \leqslant \dfrac{4(b-w)(1-M)(\alpha-1+M)}{(\alpha+1-M)\alpha^2}$ 或 者 $2(1-M) < \alpha \leqslant 1$ 且 $G_0 \leqslant \dfrac{b-w}{\alpha+1-M}$ 时，

$p^*(w) = b$ 和 $G^*(w) = \dfrac{b-w}{\alpha+1-M}$ ；当 $0 < \alpha \leqslant 2(1-M)$ 且 $G_0 > \dfrac{4(b-w)(1-M)}{3\alpha^2}$ 或者

$2(1-M) < \alpha \leqslant 1$ 且 $G_0 > \dfrac{b-w}{\alpha+1-M}$ 时，$p^*(w) = b$ 和

$$
G^*(w) = \dfrac{\sqrt{G_0(4b-w)(1-M) + \alpha^2 G_0} - \alpha G_0}{2(1-M)} 。
$$

将上述条件下的 $p^*(w)$ 和 $G^*(w)$ 代入式（3-6），得到相应的 $\pi_{\text{m}}^{\text{CRG}}(p^*, G^*, w)$。然后分别求解出不同条件下的最优 w^*，并进行交叉比较分析，即可得到最优的

$G^{\mathrm{CRG}*}$、$p^{\mathrm{CRG}*}$ 和 $w^{\mathrm{CRG}*}$ 及其相应的条件，即命题 3-18。

■命题 3-19～命题 3-27 证明略。

■命题 3-28 证明

(1) $\dfrac{\partial e_{\mathrm{f}}^{\mathrm{n}}}{\partial n_1} = \dfrac{2\theta[16c\theta + n_1^2\delta_{\mathrm{fu}}^2(1+n_{\mathrm{C}}\delta_{\mathrm{u}})^2]}{[16c\theta - 2n_1 - n_1^2\delta_{\mathrm{fu}}^2(1+n_{\mathrm{C}}\delta_{\mathrm{u}})^2]^2} > 0$

(2) $\dfrac{\partial e_{\mathrm{u}}^{\mathrm{n}}}{\partial n_1} = \dfrac{\theta\delta_{\mathrm{f}}(1+n_{\mathrm{C}}\delta_{\mathrm{u}})[16c\theta + n_1^2\delta_{\mathrm{f}}^2(1+n_{\mathrm{C}}\delta_{\mathrm{u}})^2]}{[16c\theta - 2n_1 - n_1^2\delta_{\mathrm{f}}^2(1+n_{\mathrm{C}}\delta_{\mathrm{u}})^2]^2} > 0$

(3) $\Pi_{\mathrm{f}}^{\mathrm{n}} = \dfrac{4n_1c\theta^2(8c\theta - n_1)}{[16c\theta - 2n_1 - n_1^2\delta_{\mathrm{f}}^2(1+n_{\mathrm{C}}\delta_{\mathrm{u}})^2]^2}$

$\dfrac{\partial \Pi_{\mathrm{f}}^{\mathrm{n}}}{\partial n_1} = \dfrac{8c\theta^2[8c\theta(8c\theta - n_1) + n_1^2(12c\theta - n_1)\delta_{\mathrm{f}}^2(1+n_{\mathrm{C}}\delta_{\mathrm{u}})^2]}{[16c\theta - 2n_1 - n_1^2\delta_{\mathrm{f}}^2(1+n_{\mathrm{C}}\delta_{\mathrm{u}})^2]^3}$

因为 $16c\theta - 2n_1 - n_1^2\delta_{\mathrm{fu}}^2(1+n_{\mathrm{C}}\delta_{\mathrm{u}})^2 > 0$，所以 $8c\theta - n_1 > 0$，$12c\theta - n_1 > 0$，所以 $\dfrac{\partial \Pi_{\mathrm{f}}^{\mathrm{n}}}{\partial n_1} > 0$。

(4) $E_{\mathrm{u}}^{\mathrm{n}} = \dfrac{c\theta^2[16c\theta - n_1^2\delta_{\mathrm{f}}^2(1+n_{\mathrm{C}}\delta_{\mathrm{u}})^2]}{[16c\theta - 2n_1 - n_1^2\delta_{\mathrm{f}}^2(1+n_{\mathrm{C}}\delta_{\mathrm{u}})^2]^2}$

$\qquad = \dfrac{c\theta^2}{16c\theta - 2n_1 - n_1^2\delta_{\mathrm{f}}^2(1+n_{\mathrm{C}}\delta_{\mathrm{u}})^2} + \dfrac{2n_1c\theta^2}{[16c\theta - 2n_1 - n_1^2\delta_{\mathrm{f}}^2(1+n_{\mathrm{C}}\delta_{\mathrm{u}})^2]^2}$

该式前一项是关于 n_1 的增函数。令 $x = \dfrac{2n_1c\theta^2}{[16c\theta - 2n_1 - n_1^2\delta_{\mathrm{f}}^2(1+n_{\mathrm{C}}\delta_{\mathrm{u}})^2]^2}$

$\dfrac{\partial x}{\partial n_1} = \dfrac{4n_1c\theta^2[2 + 2n_1\delta_{\mathrm{f}}^2(1+n_{\mathrm{C}}\delta_{\mathrm{u}})^2]}{[16c\theta - 2n_1 - n_1^2\delta_{\mathrm{f}}^2(1+n_{\mathrm{C}}\delta_{\mathrm{u}})^2]^3} > 0$，即后一项也是关于 n_1 的增函数。

因此，$E_{\mathrm{u}}^{\mathrm{n}}$ 随 n_1 的增加而增加。

$$e_{\mathrm{f}}^{\mathrm{l}} = \dfrac{2n_1\theta}{16c\theta - 2n_1 - \{(n_1-l)^2 + [l+(n_1-l)\delta_l]^2\}\delta_{\mathrm{f}}^2}$$

设 $y = 16c\theta - 2n_1 - \{(n_1-l)^2 + [l+(n_1-l)\delta_l]^2\}\delta_{\mathrm{f}}^2$，且 $\dfrac{\partial y}{\partial n_1} < 0$，所以 $\dfrac{\partial e_{\mathrm{f}}^{\mathrm{l}}}{\partial n_1} > 0$。

同理可证：$\dfrac{\partial e_{\mathrm{u}}^{\mathrm{l}}}{\partial n_1} > 0$；$\dfrac{\partial e_{\mathrm{l}}^{\mathrm{l}}}{\partial n_1} > 0$；$\dfrac{\partial \Pi_{\mathrm{f}}^{\mathrm{l}}}{\partial n_1} > 0$；$\dfrac{\partial E_{\mathrm{u}}^{\mathrm{l}}}{\partial n_1} > 0$；$\dfrac{\partial E_{\mathrm{l}}^{\mathrm{l}}}{\partial n_1} > 0$。

■命题 3-29 证明：

$$e_{\mathrm{f}}^{\mathrm{n}} = \dfrac{2n_1\theta}{16c\theta - 2n_1 - n_1^2\delta_{\mathrm{f}}^2(1+n_{\mathrm{C}}\delta_{\mathrm{u}})^2}$$

令 $z = 16c\theta - 2n_1 - n_1^2\delta_{\mathrm{f}}^2(1+n_{\mathrm{C}}\delta_{\mathrm{u}})^2$，$\dfrac{\partial z}{\partial n_{\mathrm{C}}} = -2n_1^2\delta_{\mathrm{f}}^2\delta_{\mathrm{u}}(1+n_{\mathrm{C}}\delta_{\mathrm{u}}) < 0$。因此，

$\dfrac{\partial e_{\mathrm{f}}^{\mathrm{n}}}{\partial n_{\mathrm{C}}} > 0$ 。

同理可证：$\dfrac{\partial e_{\mathrm{u}}^{\mathrm{n}}}{\partial n_{\mathrm{C}}} > 0$; $\dfrac{\partial \varPi_{\mathrm{f}}^{\mathrm{n}}}{\partial n_{\mathrm{C}}} > 0$; $\dfrac{\partial E_{\mathrm{u}}^{\mathrm{n}}}{\partial n_{\mathrm{C}}} > 0$ 。

■命题 3-30 证明：

$$e_{\mathrm{f}}^{\mathrm{l}} = \dfrac{2n_{\mathrm{l}}\theta}{16c\theta - 2n_{\mathrm{l}} - \left\{(n_{\mathrm{l}}-l)^2 + [l+(n_{\mathrm{l}}-l)\delta_{\mathrm{l}}]^2\right\}\delta_{\mathrm{f}}^2} \quad ; \quad \diamondsuit \quad y = 16c\theta - 2n_{\mathrm{l}} - \left\{(n_{\mathrm{l}}-l)^2 + \right.$$

$\left.[l+(n_{\mathrm{l}}-l)\delta_{\mathrm{l}}]^2\right\}\delta_{\mathrm{f}}^2$, $\dfrac{\partial y}{\partial l} = \left\{-[-2(n_{\mathrm{l}}-l)] + 2[l+(n_{\mathrm{l}}-l)\delta_{\mathrm{l}}](1-\delta_{\mathrm{l}})\right\}\delta_{\mathrm{f}}^2 > 0$ 分子的一阶偏导

都小于 0，很容易得到：$\dfrac{\partial e_{\mathrm{u}}^{\mathrm{l}}}{\partial l} < 0$; $\dfrac{\partial \varPi_{\mathrm{f}}^{\mathrm{l}}}{\partial l} < 0$; $\dfrac{\partial E_{\mathrm{u}}^{\mathrm{l}}}{\partial l} < 0$ 。

■命题 3-31 证明：

(1) $z = 16c\theta - 2n_{\mathrm{l}} - n_{\mathrm{l}}^2\delta_{\mathrm{f}}^2(1+n_{\mathrm{C}}\delta_{\mathrm{u}})^2$, $\dfrac{\partial z}{\partial \delta_{\mathrm{u}}} = -2n_{\mathrm{C}}n_{\mathrm{l}}^2\delta_{\mathrm{f}}^2(1+n_{\mathrm{C}}\delta_{\mathrm{u}}) < 0$ ，很容易得

$\dfrac{\partial e_{\mathrm{f}}^{\mathrm{n}}}{\partial \delta_{\mathrm{u}}} > 0$; $\dfrac{\partial e_{\mathrm{u}}^{\mathrm{n}}}{\partial \delta_{\mathrm{u}}} > 0$; $\dfrac{\partial \varPi_{\mathrm{f}}^{\mathrm{n}}}{\partial \delta_{\mathrm{u}}} > 0$; $\dfrac{\partial E_{\mathrm{u}}^{\mathrm{n}}}{\partial \delta_{\mathrm{u}}} > 0$ 。

(2) $y = 16c\theta - 2n_{\mathrm{l}} - \left\{(n_{\mathrm{l}}-l)^2 + [l+(n_{\mathrm{l}}-l)\delta_{\mathrm{l}}]^2\right\}\delta_{\mathrm{f}}^2$, $\dfrac{\partial y}{\partial \delta_{\mathrm{l}}} = -2(n_{\mathrm{l}}-l)[l+(n_{\mathrm{l}}-l)\delta_{\mathrm{l}}]$

$\delta_{\mathrm{f}}^2 < 0$ ，分子的一阶偏导都大于 0，很容易得到 $\dfrac{\partial e_{\mathrm{u}}^{\mathrm{l}}}{\partial \delta_{\mathrm{l}}} > 0$; $\dfrac{\partial \varPi_{\mathrm{f}}^{\mathrm{l}}}{\partial \delta_{\mathrm{l}}} > 0$; $\dfrac{\partial E_{\mathrm{u}}^{\mathrm{l}}}{\partial \delta_{\mathrm{l}}} > 0$ 。

(3) 令 $z = 16c\theta - 2n_{\mathrm{l}} - n_{\mathrm{l}}^2\delta_{\mathrm{f}}^2(1+n_{\mathrm{C}}\delta_{\mathrm{u}})^2$ ，有 $\dfrac{\partial z}{\partial \delta_{\mathrm{f}}} = -2n_{\mathrm{l}}^2\delta_{\mathrm{f}}(1+n_{\mathrm{C}}\delta_{\mathrm{u}})^2 < 0$ ，很容易

得到 $\dfrac{\partial e_{\mathrm{f}}^{\mathrm{n}}}{\partial \delta_{\mathrm{f}}} > 0$; $\dfrac{\partial e_{\mathrm{u}}^{\mathrm{n}}}{\partial \delta_{\mathrm{f}}} > 0$; $\dfrac{\partial \varPi_{\mathrm{f}}^{\mathrm{n}}}{\partial \delta_{\mathrm{f}}} > 0$; $\dfrac{\partial E_{\mathrm{u}}^{\mathrm{n}}}{\partial \delta_{\mathrm{f}}} > 0$ 。

令 $y = 16c\theta - 2n_{\mathrm{l}} - \left\{(n_{\mathrm{l}}-l)^2 + [l+(n_{\mathrm{l}}-l)\delta_{\mathrm{l}}]^2\right\}\delta_{\mathrm{f}}^2$ ，有

$$\dfrac{\partial y}{\partial \delta_{\mathrm{f}}} = -2\left\{(n_{\mathrm{l}}-l)^2 + [l+(n_{\mathrm{l}}-l)\delta_{\mathrm{l}}]^2\right\}\delta_{\mathrm{f}} < 0 。$$

容易得到 $\dfrac{\partial e_{\mathrm{f}}^{\mathrm{l}}}{\partial \delta_{\mathrm{f}}} > 0$; $\dfrac{\partial e_{\mathrm{u}}^{\mathrm{l}}}{\partial \delta_{\mathrm{f}}} > 0$; $\dfrac{\partial E_{\mathrm{u}}^{\mathrm{l}}}{\partial \delta_{\mathrm{f}}} > 0$; $\dfrac{\partial \varPi_{\mathrm{f}}^{\mathrm{l}}}{\partial \delta_{\mathrm{f}}} > 0$ 。

$$E_{\mathrm{u}}^{\mathrm{l}} = \dfrac{c\theta^2\left\{2n_{\mathrm{l}} + [l+(n_{\mathrm{l}}-l)\delta_{\mathrm{l}}]^2\right\}\delta_{\mathrm{f}}^2}{\left(16c\theta - 2n_{\mathrm{l}} - \left\{(n_{\mathrm{l}}-l)^2 + [l+(n_{\mathrm{l}}-l)\delta_{\mathrm{l}}]^2\right\}\delta_{\mathrm{f}}^2\right)^2} ,$$

$$+ \dfrac{c\theta^2}{16c\theta - 2n_{\mathrm{l}} - \left\{(n_{\mathrm{l}}-l)^2 + [l+(n_{\mathrm{l}}-l)\delta_{\mathrm{l}}]^2\right\}\delta_{\mathrm{f}}^2}$$

则 $\dfrac{\partial E_{\mathrm{u}}^{\mathrm{l}}}{\partial \delta_{\mathrm{f}}} > 0$ 。

■命题 3-32 证明：

$$\Pi_f^n = \frac{4n_1 c\theta^2 (8c\theta - n_1)}{[16c\theta - 2n_1 - n_1^2 \delta_f^2 (1+n_C \delta_u)^2]^2} \ ;$$

$$\Pi_f^1 = \frac{4n_1 c\theta^2 (8c\theta - n_1)}{\left(16c\theta - 2n_1 - \left\{(n_1-l)^2 + [l+(n_1-l)\delta_1]^2\right\}\delta_f^2\right)^2} \ ;$$

设 $\Pi_f^n > \Pi_f^1$，则

$$16c\theta - 2n_1 - n_1^2 \delta_f^2 (1+n_C \delta_u)^2 < 16c\theta - 2n_1 - \left\{(n_1-l)^2 + [l+(n_1-l)\delta_1]^2\right\}\delta_f^2 \ ,$$

得 $0 < \delta_l < \dfrac{\sqrt{n_1^2 (1+n_C \delta_u)^2 - (n_1-l)^2} - l}{n_1 - l}$。

令 $\delta_{l1} = \dfrac{\sqrt{n_1^2 (1+n_C \delta_u)^2 - (n_1-l)^2} - l}{n_1 - l}$, $0 < \delta_u < \dfrac{\sqrt{16c\theta - 2n_1} - n_1 \delta_f}{n_1 n_C \delta_f}$, 由

$0 < \delta_1 < \dfrac{\sqrt{16c\theta - 2n_1 - (n_1-l)^2 \delta_f^2} - l\delta_f}{\delta_f (n_1 - l)}$，令 $\delta_{l2} = \dfrac{\sqrt{16c\theta - 2n_1 - (n_1-l)^2 \delta_f^2} - l\delta_f}{\delta_f (n_1 - l)}$，比较

可得 $\delta_{l1} < \delta_{l2}$。所以当 $0 < \delta_1 < \delta_{l1}$ 时，$\Pi_f^n > \Pi_f^1$；反之，当 $\delta_{l1} < \delta_1 < \delta_{l2}$ 时，$\Pi_f^1 > \Pi_f^n$。

■命题 3-33 证明：

$$E_u^n = \frac{c\theta^2 [16c\theta - n_1^2 \delta_f^2 (1+n_C \delta_u)^2]}{[16c\theta - 2n_1 - n_1^2 \delta_f^2 (1+n_C \delta_u)^2]^2}$$

$$E_u^1 = \frac{c\theta^2 [16c\theta - (l-n_1)^2 \delta_f^2]}{\left(16c\theta - 2n_1 - \left\{(n_1-l)^2 + [l+(n_1-l)\delta_1]^2\right\}\delta_f^2\right)^2}$$

$E_u^n > E_u^1$

$$0 < \delta_1 < \frac{\sqrt{\dfrac{16c\theta - 2n_1}{\delta_f^2} - \sqrt{\dfrac{[16c\theta - (l-n_1)^2 \delta_f^2][16c\theta - 2n_1 - n_1^2 \delta_f^2 (1+n_C \delta_u)^2]^2}{[16c\theta - n_1^2 \delta_f^2 (1+n_C \delta_u)^2]\delta_f^2}} - (n_1-l)^2} - l}{n_1 - l}$$

设 $A = \dfrac{16c\theta - 2n_1}{\delta_f^2}$。

$$B = \frac{[16c\theta - (l-n_1)^2 \delta_f^2][16c\theta - 2n_1 - n_1^2 \delta_f^2 (1+n_C \delta_u)^2]^2}{[16c\theta - n_1^2 \delta_f^2 (1+n_C \delta_u)^2]\delta_f^2}$$

令 $\delta_{l3} = \dfrac{\sqrt{A - \sqrt{B} - (n_1-l)^2} - l}{n_1 - l}$，则当 $0 < \delta_1 < \delta_{l3}$ 时，$E_u^n > E_u^1$；当 $\delta_{l3} < \delta_1 < \delta_{l2}$ 时，

$E_u^1 > E_u^n$。

命题 3-30 得证。

推论 2、推论 3 证明：当 $0 < \delta_1 < \delta_{l1}$ 时，$\Pi_f^n > \Pi_f^1$；反之，当 $\delta_{l1} < \delta_1 < \delta_{l2}$ 时，

$\Pi_f^l > \Pi_f^n$。

当 $0 < \delta_l < \delta_{13}$ 时，$E_u^n > E_u^l$；当 $\delta_{13} < \delta_l < \delta_{12}$ 时，$E_u^l > E_u^n$。

$$\delta_{11} = \frac{\sqrt{n_1^2(1+n_C\delta_u)^2 - (n_1-l)^2} - l}{n_1 - l}$$

$$\delta_{13} = \frac{\sqrt{\dfrac{16c\theta - 2n_1}{\delta_f^2} - \sqrt{\dfrac{[16c\theta - (l-n_1)^2\delta_f^2][16c\theta - 2n_1 - n_1^2\delta_f^2(1+n_C\delta_u)^2]^2}{[16c\theta - n_1^2\delta_f^2(1+n_C\delta_u)^2]\delta_f^2}} - (n_1-l)^2} - l}{n_1 - l}$$

■命题 3-34 证明：

$$E_u^{cn} = \frac{16c\theta - n_1^2(1+n_C\delta_u)^2\delta_f^2}{16c}；\quad E_u^n = \frac{c\theta^2[16c\theta - n_1^2\delta_f^2(1+n_C\delta_u)^2]}{[16c\theta - 2n_1 - n_1^2\delta_f^2(1+n_C\delta_u)^2]^2}$$

令 $E_u^{cn} > E_u^n$，得 $0 < \delta_f < \dfrac{\sqrt{12c\theta - 2n_1}}{n_1(1+n_C\delta_u)}$。

又 $\dfrac{\sqrt{4c\theta - n_1}}{n_1(1+n_C\delta_u)} < \delta_f < \dfrac{\sqrt{12c\theta - 2n_1}}{n_1(1+n_C\delta_u)}$，所以在 $\dfrac{\sqrt{4c\theta - n_1}}{n_1(1+n_C\delta_u)} < \delta_f < \dfrac{\sqrt{12c\theta - 2n_1}}{n_1(1+n_C\delta_u)}$ 范围内总是有 $E_u^{cn} > E_u^n$。

■命题 3-35 证明：

令 $X = \Pi_f^{cn} - \Pi_f^n$。

解得 $\delta_{f'} = \dfrac{\sqrt{12c\theta - 2n_1}}{n_1(1+n_C\delta_u)}$　$\delta_{f''} = \dfrac{\sqrt{12c\theta - \dfrac{3}{2}n_1 - \dfrac{1}{2}\sqrt{n_1^2 - 32c\theta n_1 + 192c^2\theta^2}}}{n_1(1+n_C\delta_u)}$

$$\delta_{f'''} = \frac{\sqrt{12c\theta - \dfrac{3}{2}n_1 + \dfrac{1}{2}\sqrt{n_1^2 - 32c\theta n_1 + 192c^2\theta^2}}}{n_1(1+n_C\delta_u)}$$

证明可得 $\delta_{f''} < \delta_{f'} < \delta_{f'''}$，所以当 $\delta_{f'} < \delta_f < \delta_{f'''}$ 时，$\Pi_f^{cn} < \Pi_f^n$；当 $\delta_{f''} < \delta_f < \delta_{f'}$ 时，$\Pi_f^{cn} > \Pi_f^n$；当 $0 < \delta_f < \delta_{f''}$ 时，$\Pi_f^{cn} < \Pi_f^n$。

又 $\dfrac{\sqrt{4c\theta - n_1}}{n_1(1+n_C\delta_u)} < \delta_f < \dfrac{\sqrt{12c\theta - 2n_1}}{n_1(1+n_C\delta_u)}$，所以综合得当 $\delta_{f''} < \delta_f < \delta_{f'}$ 时，$\Pi_f^{cn} > \Pi_f^n$；当 $\dfrac{\sqrt{4c\theta - n_1}}{n_1(1+n_C\delta_u)} < \delta_f < \delta_{f''}$ 时，$\Pi_f^{cn} < \Pi_f^n$。

■命题 3-36 证明：

（1）$e_f^{cl} = \dfrac{n_1}{2c}$；可知企业的努力和补偿比例没有关系。

令 $W = 8c\theta[n_1 + l(\omega-1)] + (n_1-l)(\omega-1)[l + (n_1-l)\delta_l]^2 - l(n_1-l)\}\delta_f^2 > 0$

$$\omega>\frac{-8c\theta n_1}{8c\theta l+(n_1-l)\left\{[l+(n_1-l)\delta_1]^2-l(n_1-l)\right\}\delta_{\mathrm f}^2}+1>1$$

所以$8c\theta l+(n_1-l)\left\{[l+(n_1-l)\delta_1]^2-l(n_1-l)\right\}\delta_{\mathrm f}^2<0$，则

$$\frac{\partial W}{\partial\omega}=8c\theta l+(n_1-l)\left\{[1+l(n_1-l)\delta_1]^2-l(n_1-l)\right\}\delta_{\mathrm f}^2<0,$$

得到$\dfrac{\partial M^{\mathrm{cl}}}{\partial\omega}>0$。

(2) $e_u^{\mathrm{cl}}=\dfrac{(n_1-l)\delta_{\mathrm f}\left\{8cn_1\theta+2l(\omega-1)(n_1-2c\theta)+n_1(\omega-1)[1+l(n_1-l)\delta_1]^2\delta_{\mathrm f}^2\right\}}{4c\left(8c\theta[n_1+l(\omega-1)]+(n_1-l)(\omega-1)\left\{[l+(n_1-l)\delta_1]^2-l(n_1-l)\right\}\delta_{\mathrm f}^2\right)}$

$$\frac{\partial e_u^{\mathrm{cl}}}{\partial\omega}=\frac{2l(n_1-l)n_1\theta\delta_{\mathrm f}\left(2n_1-12c\theta+\left\{(l-n_1)^2+[l+(n_1-l)\delta_1]^2\right\}\delta_{\mathrm f}^2\right)}{\left(8c\theta[n_1+l(\omega-1)]+(n_1-l)(\omega-1)\left\{[l+(n_1-l)\delta_1]^2-l(n_1-l)\right\}\delta_{\mathrm f}^2\right)^2}$$

因为$\sqrt{\dfrac{8c\theta(n_1-l+l\omega)(4c\theta-n_1)}{G}}<\delta_{\mathrm f}<\sqrt{\dfrac{12c\theta-2n_1}{(n_1-l)^2+[l+(n_1-l)\delta_1]^2}}$，所以$\dfrac{\partial e_u^{\mathrm{cl}}}{\partial\omega}<0$。

(3)

$$\frac{\partial e_1^{\mathrm{cl}}}{\partial\omega}=\frac{-2l(n_1-l)n_1\theta\delta_{\mathrm f}[l+(n_1-l)\delta_l]\left(2n_1-12c\theta+\left\{(l-n_1)^2+[l+(n_1-l)\delta_1]^2\right\}\delta_{\mathrm f}^2\right)}{\left(8c\theta[n_1+l(\omega-1)]+(n_1-l)(\omega-1)\left\{[l+(n_1-l)\delta_1]^2-l(n_1-l)\right\}\delta_{\mathrm f}^2\right)^2}$$

因为$\sqrt{\dfrac{8c\theta(n_1-l+l\omega)(4c\theta-n_1)}{G}}<\delta_{\mathrm f}<\sqrt{\dfrac{12c\theta-2n_1}{(n_1-l)^2+[l+(n_1-l)\delta_1]^2}}$，所以$\dfrac{\partial e_1^{\mathrm{cl}}}{\partial\omega}>0$。

$$\frac{\partial e_1^{\mathrm{cl}}}{\partial\omega}=\frac{-2l(n_1-l)n_1\theta\delta_{\mathrm f}[l+(n_1-l)\delta_1](2n_1-12c\theta+\left\{(l-n_1)^2+[l+(n_1-l)\delta_1]^2\right\}\delta_{\mathrm f}^2)}{\left(8c\theta[n_1+l(\omega-1)]+(n_1-l)(\omega-1)\left\{[l+(n_1-l)\delta_1]^2-l(n_1-l)\right\}\delta_{\mathrm f}^2\right)^2}$$

因为$\sqrt{\dfrac{8c\theta(n_1-l+l\omega)(4c\theta-n_1)}{G}}<\delta_{\mathrm f}<\sqrt{\dfrac{12c\theta-2n_1}{(n_1-l)^2+[l+(n_1-l)\delta_1]^2}}$，所以$\dfrac{\partial e_1^{\mathrm{cl}}}{\partial\omega}>0$。

(4)

$$E_u^{\mathrm{cl}}=\frac{[16c\theta-(n_1-l)^2\delta_f^2]\left\{8c\theta n_1+2l(\alpha-1)(n_1-2c\theta)+n_1(\omega-1)[1+l(n_1-l)\delta_1]^2\delta_{\mathrm f}^2\right\}^2}{16c\left\{8c\theta[n_1+l(\omega-1)]+(n_1-l)(\omega-1)[1+l(n_1-l)\delta_1]^2-l(n_1-l)\right\}\delta_{\mathrm f}^2\}^2}$$

$$\frac{\partial E_u^{\mathrm{cl}}}{\partial\omega}<0$$

$$E_1^{\mathrm{cl}}=\frac{[2n_1(n_1-l)(\omega-1)+4c\theta(n_1+l\omega-l-3n_1\omega)+n_1(n_1-l)^2(\omega-1)\delta_f^2]^2}{16c\left(8c\theta[n_1+l(\omega-1)]+(n_1-l)(\omega-1)\left\{[1+l(n_1-l)\delta_1]^2-l(n_1-l)\right\}\delta_{\mathrm f}^2\right)^2}$$

$$\frac{\left\{16c\theta-\delta_f^2[1+l(n_1-l)\delta_1]^2\right\}}{16c\left(8c\theta[n_1+l(\omega-1)]+(n_1-l)(\omega-1)\left\{[1+l(n_1-l)\delta_1]^2-l(n_1-l)\right\}\delta_{\mathrm f}^2\right)^2}$$

$$\frac{\partial E_1^{cl}}{\partial \omega} > 0$$

$$\frac{\partial \Pi_f^{cl}}{\partial \omega} = \frac{2n_1^2(n_1-l)\theta\delta_f^2\left\{l(l-n_1)+[l+(n_1-l)\delta_l]^2\right\}}{\left(8c\theta[n_1+l(\omega-1)]+(n_1-l)(\omega-1)\left\{[l+(n_1-l)\delta_1]^2-l(n_1-l)\right\}\delta_f^2\right)^2}$$

$$\frac{\left(2n_1-12c\theta+\left\{(l-n_1)^2+[l+(n_1-l)\delta_1]^2\right\}\delta_f^2\right)}{\left(8c\theta[n_1+l(\omega-1)]+(n_1-l)(\omega-1)\left\{[l+(n_1-l)\delta_1]^2-l(n_1-l)\right\}\delta_f^2\right)^2}$$

因为 $\sqrt{\dfrac{8c\theta(n_1-l+l\omega)(4c\theta-n_1)}{G}} < \delta_f < \sqrt{\dfrac{12c\theta-2n_1}{(n_1-l)^2+[l+(n_1-l)\delta_1]^2}}$

$$\delta_1 > \frac{\sqrt{l(n_1-l)}-l}{n_1-l}$$

当 $\delta_1 > \dfrac{\sqrt{l(n_1-l)}-l}{n_1-l}$ 时，$\dfrac{\partial \Pi_f^{cl}}{\partial \omega} < 0$；当 $0 < \delta_1 < \dfrac{\sqrt{l(n_1-l)}-l}{n_1-l}$ 时，$\dfrac{\partial \Pi_f^{cl}}{\partial \omega} > 0$。

■命题 3-37 证明：

当 $\omega=1$ 时，假设 $E_u^{cl} < E_u^1$。解得

$$\frac{\sqrt{12c\theta-2n_1}}{\sqrt{(n_1-l)^2+[l+(n_1-l)\delta_1]^2}} < \delta_f < \frac{\sqrt{16c\theta-2n_1}}{\sqrt{(n_1-l)^2+[l+(n_1-l)\delta_1]^2}}$$

又 $\sqrt{\dfrac{8c\theta(n_1-l+l\omega)(4c\theta-n_1)}{G}} < \delta_f < \sqrt{\dfrac{12c\theta-2n_1}{(n_1-l)^2+[1+l(n_1-l)\delta_1]^2}}$ ，所以在取值范围内 $E_u^{cl} > E_u^1$。

同理可得 $E_1^{cl} > E_1^1$。

$$\Pi_f^1 = \frac{4n_1c\theta^2(8c\theta-n_1)}{\left(16c\theta-2n_1-\left\{(n_1-l)^2+[l+(n_1-l)\delta_1]^2\right\}\delta_f^2\right)^2}$$

$$\Pi_f^{cl} = \frac{n_1\left(n_1-4c\theta+\delta_f^2(n_1-l)^2+\left\{[l+(n_1-l)\delta_1]^2\right\}\right)}{4c}$$

假设：$\Pi_f^{cl} > \Pi_f^1$。

解得

当 $\sqrt{\dfrac{-2(n_1-6c\theta)}{(n_1-l)^2+[l+(n_1-l)\delta_1]^2}} < \delta_{f1} < \sqrt{\dfrac{-3n_1+24c\theta+\sqrt{n_1^2-32cn_1\theta+192c^2\theta^2}}{2\left\{(n_1-l)^2+[l+(n_1-l)\delta_1]^2\right\}}}$ 时，

$\Pi_f^{cl} < \Pi_f^1$；

当 $\sqrt{\dfrac{-3n_1+24c\theta-\sqrt{n_1^2-32cn_1\theta+192c^2\theta^2}}{(n_1-l)^2+[l+(n_1-l)\delta_1]^2}} < \delta_{f2} < \sqrt{\dfrac{-2(n_1-6c\theta)}{(n_1-l)^2+[l+(n_1-l)\delta_1]^2}}$ 时，

$\Pi_f^{cl} > \Pi_f^1$。

又 $\sqrt{\dfrac{80c\theta(n_1 - l + l\omega)(4c\theta - n_1)}{G}} < \delta_f < \sqrt{\dfrac{12c\theta - 2n_1}{(n_1 - l)^2 + [1 + l(n_1 - l)\delta_1]^2}}$

所以得证。

附 录 二

■**命题 4-4 证明:**

首先, 由命题 4-2, 当 $k > (x+y)/2$ 时, 可分别求得均衡批发价 $w^{*\mathrm{M}}$ 与均衡零售边际 $m^{*\mathrm{M}}$ 对责任成本分担比例 τ 的一阶条件为

$$
\begin{cases}
\dfrac{\partial w^{*\mathrm{M}}}{\partial \tau} = \dfrac{x[4k-(x+y)]}{4k-(x+y)^2} > 0 \\[3mm]
\dfrac{\partial m^{*\mathrm{M}}}{\partial \tau} = -\dfrac{x[4k-(x+y)]}{4k-(x+y)^2} < 0
\end{cases}
$$

进一步, 由命题 4-2 可求得均衡零售价 $w^{*\mathrm{M}}+m^{*\mathrm{M}}$、均衡订货量 $q^{*\mathrm{M}}$、均衡产品质量 $\vartheta^{*\mathrm{M}}$、供应链企业均衡利润 $(\Pi_{\mathrm{M}}^{*\mathrm{M}}$ 与 $\Pi_{\mathrm{R}}^{*\mathrm{M}})$、供应链系统均衡利润 $\Pi_{\mathrm{C}}^{*\mathrm{M}}$ 与均衡消费者剩余 $CS^{*\mathrm{M}}$ 对责任成本分担比例 τ 的一阶条件分别为 $\partial(w^{*\mathrm{M}}+m^{*\mathrm{M}})/\partial\tau = 0$, $\partial q^{*\mathrm{M}}/\partial\tau = 0$, $\partial\vartheta^{*\mathrm{M}}/\partial\tau = 0$, $\partial\Pi_{\mathrm{M}}^{*\mathrm{M}}/\partial\tau = 0$, $\partial\Pi_{\mathrm{R}}^{*\mathrm{M}}/\partial\tau = 0$, $\partial\Pi_{\mathrm{C}}^{*\mathrm{M}}/\partial\tau = 0$ 和 $\partial CS^{*\mathrm{M}}/\partial\tau = 0$。

证毕。

■**命题 4-5 证明:**

(1) 首先, 由命题 4-3 可求得制造商均衡批发价 $w^{*\mathrm{R}}$ 对责任成本分担比例 τ 的一阶条件为

$$
\frac{\partial w^{*\mathrm{R}}}{\partial \tau} = \frac{x f_1(k,x,y,\tau)}{2[2k-(x+y)(\tau x+y)]^2} \tag{4-20}
$$

其中,

$$
\begin{aligned}
f_1(k,x,y,\tau) = {} & 8k^2 - k[7y^2 + y + 4xy(2+\tau) - x(1-x-4\iota-4\tau x)] \\
& + (x+y)(1+x+y)(\tau x+y)^2
\end{aligned}
$$

由式 (4-20) 可知, $\partial w^{*\mathrm{R}}/\partial\tau$ 的大小由 $f_1(k,x,y,\tau)$ 的大小决定。可以知道, 函数 $f_1(k,x,y,\tau)$ 是关于质量改进效率系数 k 的严格凸函数, 如此由 $k > (x+y)/2$ 与 $x+y < 1/2$ 可以得出函数 $f_1(k,x,y,\tau)$ 的对称轴为

$$\frac{7y^2 + y + 4xy(2+\tau) - x(1-x-4\tau-4\tau x)}{16} < \frac{x+y}{2}$$

由上式可知，当 $k > (x+y)/2$ 时，函数 $f_1(k,x,y,\tau)$ 是关于质量改进效率系数 k 的增函数。如此可得

$$f_1(k,x,y,\tau) > f_1\left(\frac{x+y}{2}, x, y, \tau\right) = \frac{x+y}{2} f_2(\tau, x, y) \tag{4-21}$$

其中，

$$f_2(\tau, x, y) = 2\tau^2 x^2(1+x+y) - 4\tau x(1-y)(1+x+y) + 5x + 3y$$
$$-5y^2 - 8xy - x^2 + 2xy^2 + 2y^3$$

由式 (4-21) 可知，函数 $f_2(\tau, x, y)$ 是关于责任成本分担比例 τ 的严格凸函数。如此，由函数 $f_2(\tau, x, y)$ 的对称轴 $(1-y)/x > 1$ 可知，函数 $f_2(\tau, x, y)$ 是关于责任成本分配比例 $\tau \in [0,1]$ 的减函数。进一步，由 $x+y < 1/2$ 可得，$f_2(1, x, y) = (1-x-y)$ $\{2y + (x+y)[1-2(x+y)]\} > 0$。进而由式 (4-21) 可得 $f_1(k,x,y,\tau) > 0$。因此，由式 (4-20) 可得 $\partial w^{*R}/\partial \tau > 0$。

(2) 随后，由命题 4-3 可求得零售商均衡零售边际 m^{*R} 对责任成本分担比例 τ 的一阶条件为

$$\frac{\partial m^{*R}}{\partial \tau} = -\frac{x f_3(k,x,y,\tau)}{4[2k - (\tau x + y)(x+y)]^2} \tag{4-22}$$

其中，

$$f_3(k,x,y,\tau) = 8k^2 - 2k[3y^2 + y + 2xy(2+\tau) - x(1-x-2\tau-2\tau x)]$$
$$+ (x+y)(1+x+y)(\tau x + y)^2$$

由式 (4-22) 可知，$\partial m^{*R}/\partial \tau$ 的大小由 $f_3(k,x,y,\tau)$ 的大小决定。函数 $f_3(k,x,y,\tau)$ 是关于质量改进效率系数 k 的严格凸函数，如此由 $k > (x+y)/2$ 与 $x+y < 1/2$ 可得函数 $f_3(k,x,y,\tau)$ 的对称轴为

$$\frac{3y^2 + y + 2xy(2+\tau) - x[1-x-2\tau(1+x)]}{8} < \frac{x+y}{2}$$

由上式可知，当 $k > (x+y)/2$ 时，函数 $f_3(k,x,y,\tau)$ 是关于质量改进效率系数 k 的增函数。如此可得

$$f_3(k,x,y,\tau) > f_3\left(\frac{x+y}{2}, x, y, \tau\right) = \tau^2 x^2(1+x+y) - 2\tau x(1-y)(1+x+y)$$
$$+ 2(x+y) + x(1-x) + y^2(1+x+y) - y(1+3y+4x)$$
$$\tag{4-23}$$

由式 (4-23) 可知，函数 $f_3\left(\dfrac{x+y}{2}, x, y, \tau\right)$ 是关于责任成本分担比例 τ 的严格凸

函数。由函数 $f_3\left(\dfrac{x+y}{2},x,y,\tau\right)$ 的对称轴 $(1-y)/x{>}1$ 可得函数 $f_3\left(\dfrac{x+y}{2},x,y,\tau\right)$ 是关于责任成本分担比例 $\tau\in[0,1]$ 的减函数。进一步，可得 $f_3\left(\dfrac{x+y}{2},x,y,1\right)=$ $(x+y)^2(1-x-y)^2{>}0$ ，进而由式（4-23）可得 $f_3(k,x,y,\tau){>}f_3\left(\dfrac{x+y}{2},x,y,\tau\right){>}$ $f_3\left(\dfrac{x+y}{2},x,y,1\right){>}0$ 。因此，由式（4-22）可得 $\partial m^{*\mathrm{R}}/\partial\tau{<}0$ 。

（3）最后，由命题 4-3，当 $k{>}(x+y)/2$ 时，可分别求得均衡产品质量 $\vartheta^{*\mathrm{R}}$ 、均衡订货量 $q^{*\mathrm{R}}$ 、零售商均衡利润边际 $PM_{\mathrm{R}}^{*\mathrm{R}}$ 、供应链节点企业均衡利润（$\Pi_{\mathrm{M}}^{*\mathrm{R}}$ 与 $\Pi_{\mathrm{R}}^{*\mathrm{R}}$）、供应链系统均衡利润 $\Pi_{\mathrm{C}}^{*\mathrm{R}}$ 和均衡消费者剩余对责任成本分担比例 τ 的一阶条件为

$$\frac{\partial\theta^{*\mathrm{R}}}{\partial\tau}=\frac{kx[1-(x+y)]}{[2k-(x+y)(\tau x+y)]^2}{>}0 \ , \quad \frac{\partial q^{*\mathrm{R}}}{\partial\tau}=\frac{kx(x+y)[1-(x+y)]}{2[2k-(x+y)(\tau x+y)]^2}{>}0$$

$$\frac{\partial PM_{\mathrm{R}}^{*\mathrm{R}}}{\partial\tau}=\frac{\partial[m^{*\mathrm{R}}-(1-\tau)(1-\theta^{*\mathrm{R}})x]}{\partial\tau}=0 \ , \quad \frac{\partial\Pi_{\mathrm{M}}^{*\mathrm{R}}}{\partial\tau}=\frac{k^2x^2(1-\tau)[1-(x+y)]^2}{2[2k-(x+y)(\tau x+y)]^3}{>}0$$

$$\frac{\partial\Pi_{\mathrm{R}}^{*\mathrm{R}}}{\partial\tau}=\frac{kx(x+y)[1-(x+y)]^2}{4[2k-(x+y)(\tau x+y)]^2}{>}0 \ , \quad \frac{\partial\Pi_{\mathrm{C}}^{*\mathrm{R}}}{\partial\tau}=\frac{\partial\Pi_{\mathrm{M}}^{*\mathrm{R}}}{\partial\tau}+\frac{\partial\Pi_{\mathrm{R}}^{*\mathrm{R}}}{\partial\tau}{>}0$$

$$\frac{\partial CS^{*\mathrm{R}}}{\partial\tau}=\frac{kx(x+y)[1-(x+y)]}{2[2k-(x+y)(\tau x+y)]^2}{>}0$$

证毕。

■命题 4-6 证明：

（1）首先，由命题 4-2 与命题 4-3，通过比较制造商 Stackelberg 博弈下均衡批发价 $w^{*\mathrm{M}}$ 与零售商 Stackelberg 博弈下均衡批发价 $w^{*\mathrm{R}}$ 的相对大小，可得

$$w^{*\mathrm{M}}-w^{*\mathrm{R}}=\frac{[1-(x+y)]h_1(k,x,y,\tau)}{2[4k-(x+y)^2][2k-(x+y)(\tau x+y)]} \tag{4-24}$$

其中， $h_1(k,x,y,\tau)=4k^2-k[3y^2-x^2+2xy(1+2\tau)+4tx^2(2-t)]+\tau x(x+y)^2(\tau x+y)$ 。

由式（4-24）可知，均衡批发价 $w^{*\mathrm{M}}$ 与 $w^{*\mathrm{R}}$ 的相对大小依赖于 $h_1(k,x,y,\tau)$ 的大小。由函数 $h_1(k,x,y,\tau)$ 可知，当 $k{>}(x+y)/2$ 、 $x+y{<}1/2$ 且 $0{\leqslant}\tau{\leqslant}1$ 时，有

$$k[4k+x^2-3y^2-2xy(1+2\tau)-4tx^2(2-\tau)]{>}kh_2(\tau,x,y) \tag{4-25}$$

其中， $h_2(\tau,x,y)=4\tau^2x^2-4\tau x(y+2x)+2(x+y)+x^2-3y^2-2xy$ 。

由式（4-25）可知，函数 $h_2(\tau,x,y)$ 是关于责任成本分担比例 τ 的严格凸函数。进一步，由函数 $h_2(\tau,x,y)$ 的对称轴 $(y+2x)/(2x){>}1$ 可知，函数 $h_2(\tau,x,y)$ 是关于责任成本分担比例 $\tau\in[0,1]$ 的增函数，进而由 $x+y{<}1/2$ 可得， $h_2(\tau,x,y){\geqslant}$ $h_2(1,x,y)=(x+y)[2-3(x+y)]{>}0$ 。因此，由式（4-24）与式（4-25）可得， $h_1(k,x,y,\tau){>}$

$k[4k + x^2 - 3y^2 - 2xy(1 + 2\tau) - 4tx^2(2 - \tau)] > kh_2(\tau, x, y) > 0$ ，即 $w^{*M} > w^{*R}$ 。

随后，由命题 4-2 与命题 4-3，通过比较制造商 Stackelberg 博弈下均衡零售边际 m^{*M} 与零售商 Stackelberg 博弈下均衡零售边际 m^{*R} 的相对大小，可得

$$m^{*M} - m^{*R} = -\frac{[1 - (x + y)]h_3(k, x, y, \tau)}{2[4k - (x + y)^2][2k - (x + y)(\tau x + y)]} \tag{4-26}$$

其中，$h_3(k, x, y, \tau) = 4k^2 + 2k[x^2 - 2y^2 - xy(3 + \tau) - tx^2(5 - 2\tau)] + (x + y)^2(\tau x + y)^2$ 。

由式(4-26)可知，均衡零售边际 m^{*M} 与 m^{*R} 的相对大小由 $h_3(k, x, y, \tau)$ 的大小决定。容易得知，函数 $h_3(k, x, y, \tau)$ 是关于质量改进效率系数 k 的严格凸函数，由此可知，函数 $h_3(k, x, y, \tau)$ 的对称轴为

$$\frac{2y^2 + xy(3 + \tau) + \tau x^2(5 - 2\tau) - x^2}{4}$$

进一步，通过比较 $\dfrac{2y^2 + xy(3 + \tau) + \tau x^2(5 - 2\tau) - x^2}{4}$ 与 $\dfrac{x + y}{2}$ 的相对大小，可得

$$\frac{x + y}{2} - \frac{2y^2 + xy(3 + \tau) + \tau x^2(5 - 2\tau) - x^2}{4} = \frac{h_4(x, y, \tau)}{4} \tag{4-27}$$

其中，$h_4(x, y, \tau) = 2x^2\tau^2 - \tau x(5x + y) + x^2 + 2x + 2y - 3xy - 2y^2$ 。

由式(4-27)可知，函数 $h_4(x, y, \tau)$ 是关于责任成本分担比例 $h_4(x, y, \tau)$ 的严格凸函数。由函数 $h_4(x, y, \tau)$ 的对称轴 $(y + 5x)/(4x) > 1$ 可知，$h_4(x, y, \tau)$ 是关于责任成本分担比例 $\tau \in [0, 1]$ 的减函数。进而可知，$h_4(x, y, \tau) \geqslant h_4(x, y, 1) = 2(x + y)(1 - x - y) > 0$ ，因此由式(4-27)可得

$$\frac{x + y}{2} > \frac{2y^2 + xy(3 + \tau) + \tau x^2(5 - 2\tau) - x^2}{4}$$

由上式可知，当 $k > (x + y)/2$ 时，函数 $h_3(k, x, y, \tau)$ 是关于质量改进效率系数 k 的增函数。因而，可得

$$h_3(k, x, y, \tau) > h_3\left(\frac{x + y}{2}, x, y, \tau\right) = (x + y)h_5(x, y, \tau) \tag{4-28}$$

其中，$h_5(x, y, \tau) = \tau^2 x^2(2 + x + y) - \tau x(y + 5x + y^2 + 2xy) + x + y + x^2 - 2y^2 - 3xy + y^2(x + y)$ 。

由式(4-28)可知，函数 $h_5(x, y, \tau)$ 是关于责任成本分担比例 τ 的严格凸函数。由函数 $h_5(x, y, \tau)$ 的对称轴 $(y + 5x + 2xy + 2y^2)/2x(2 + x + y) > 1$ 可知，函数 $h_5(x, y, \tau)$ 是关于责任成本分担比例 $\tau \in [0, 1]$ 的减函数。进而可得

$$h_5(x, y, \tau) \geqslant h_5(x, y, 1) = (x + y)[1 - 2(x + y)] + xy(2 - x - y) + x^3 + y^3 > 0 。$$

由上式与式(4-28)可知，$h_3(k, x, y, \tau) > 0$ 。因此，由式(4-25)可得 $m^{*M} < m^{*R}$ 。因此，可得命题 4-6(1)。

(2)进一步，由命题 4-2 与命题 4-3，通过比较制造商 Stackelberg 博弈下均衡

订货量 q^{*M} 与零售商 Stackelberg 博弈下均衡订货量 q^{*R} 的相对大小，可得

$$q^{*M} - q^{*R} = \frac{k[1-(x+y)](x+y)(x-y-2\tau x)}{2[4k-(x+y)^2][2k-(x+y)(\tau x+y)]}$$

由上式可知，当 $k > (x+y)/2$、$x+y < 1/2$ 与 $0 \leqslant \tau \leqslant 1$ 时，均衡订货量 q^{*M} 与 q^{*R} 的相对大小依赖于式 $x-y-2\tau x$ 的大小。令 $\tau^{\#} = (x-y)/2x$，可得

$$\tau \leqslant (>)\tau^{\#} \Leftrightarrow x-y-2\tau x \geqslant (<)0 \Leftrightarrow q^{*M} \geqslant (<)q^{*R}$$

最后，由命题 4-2 与命题 4-3，通过比较制造商 Stackelberg 博弈下均衡产品质量 ϑ^{*M} 与零售商 Stackelberg 博弈下均衡产品质量 ϑ^{*R} 的相对大小，可得

$$\vartheta^{*M} - \vartheta^{R*} = \frac{[1-(x+y)][4kx(1-\tau)-(x+y)^2(\tau x+y)]}{2[4k-(x+y)^2][2k-(x+y)(\tau x+y)]}$$

由上式可知，当 $k > (x+y)/2$、$x+y < 1/2$ 与 $0 \leqslant \tau \leqslant 1$ 时，均衡产品质量 ϑ^{*M} 与 ϑ^{*R} 的相对大小由式 $kx(1-\tau)-(x+y)^2(\tau x+y)$ 的大小决定。

令

$$\tau^{\#\#} = [4kx-y(x+y)^2]/[4kx+x(x+y)^2],$$

可得

$$\tau \leqslant (>)\tau^{\#\#} \Leftrightarrow 4kx(1-\tau)-(x+y)^2(\tau x+y) \geqslant (<)0 \Leftrightarrow \vartheta^{*M} \geqslant (<)\vartheta^{*R}$$

因此，可得命题 4-6(2)。

证毕。

■命题 4-7 证明：

(1) 首先，由命题 4-2 与命题 4-3，通过比较制造商 Stackelberg 博弈下制造商均衡利润 Π_M^{*M} 与零售商 Stackelberg 博弈下制造商均衡利润 Π_M^{*R} 的相对大小，可得

$$\Pi_M^{*M} - \Pi_M^{*R} = \frac{k[1-(x+y)]^2 h_6(k,x,y,\tau)}{8[4k-(x+y)^2][2k-(x+y)(\tau x+y)]^2} \tag{4-29}$$

其中，

$$h_6(k,x,y,\tau) = 8k^2 - 2k[8(x+y)(\tau x+y)-(x+y)^2-(\tau x+y)^2]+3(x+y)^2(\tau x+y)^2$$

由式 (4-29) 可知，制造商均衡利润 Π_M^{*M} 与 Π_M^{*R} 的相对大小由 $h_6(k,x,y,\tau)$ 的大小决定。函数 $h_6(k,x,y,\tau)$ 是关于质量改进效率系数 k 的严格凸函数，进而可得函数 $h_6(k,x,y,\tau)$ 的对称轴为

$$\frac{8(x+y)(\tau x+y)-(x+y)^2-(\tau x+y)^2}{8}$$

由上式，通过比较 $\dfrac{8(x+y)(\tau x+y)-(x+y)^2-(\tau x+y)^2}{8}$ 与 $\dfrac{x+y}{2}$ 的相对大小，可得

$$\frac{x+y}{2} - \frac{8(x+y)(\tau x+y)-(x+y)^2-(\tau x+y)^2}{8} = \frac{h_7(x,y,\tau)}{8} \quad (4\text{-}30)$$

其中，$h_7(x,y,\tau) = \tau^2 x^2 - 2\tau x(4x+3y) + 4(x+y) - 8y(x+y) + (x+y)^2 + y^2$。

由式(4-30)可知，函数$h_7(x,y,\tau)$是关于责任成本分担比例τ的严格凸函数。由函数$h_7(x,y,\tau)$的对称轴为$(4x+3y)/(2x)>1$可知，函数$h_7(x,y,\tau)$是关于责任成本分担比例$\tau\in[0,1]$的减函数。进而由$x+y<1/2$与$0\leqslant\tau\leqslant1$可得$h_7(x,y,\tau)\geqslant h_7(x,y,1)=2(x+y)[2-3(x+y)]>0$。因此，由式(4-30)可得

$$\frac{x+y}{2} > \frac{8(x+y)(\tau x+y)-(x+y)^2-(\tau x+y)^2}{8}$$

由上式可知，当$k>(x+y)/2$时，函数$h_6(k,x,y,\tau)$是关于质量改进效率系数k的增函数。进而可得

$$h_6(k,x,y,\tau) > h_6\left(\frac{x+y}{2},x,y,\tau\right) = (x+y)h_8(x,y,\tau) \quad (4\text{-}31)$$

其中，

$$h_8(x,y,\tau) = \tau^2 x^2[1+3(x+y)] - 2\tau x[4x+3y(1-x-y)] + y^2[1+3(x+y)]$$
$$- 8y(x+y) + 2x(x+y) + (x+y)^2$$

由式(4-31)可知，函数$h_8(x,y,\tau)$是关于责任成本分担比例τ的严格凸函数。由函数$h_8(x,y,\tau)$的对称轴为$[4x+3y(1-x-y)]/[x+3x(x+y)]>1$可知，函数$h_8(x,y,\tau)$是关于责任成本分担比例$\tau\in[0,1]$的减函数。进而由$x+y<1/2$与$0\leqslant\tau\leqslant1$，可得$h_8(x,y,\tau)\geqslant h_8(x,y,1)=(x+y)[2-3(x+y)+3(x+y)^2]>0$。如此，由式(4-31)可得$h_6(k,x,y,\tau)>h_8(x,y,\tau)>0$。因此，由式(4-29)可得$\Pi_M^{*M}>\Pi_M^{*R}$。

(2)随后，由命题4-2与命题4-3，通过比较制造商Stackelberg博弈下零售商均衡利润Π_R^{*M}与零售商Stackelberg博弈下零售商均衡利润Π_R^{*R}的相对大小，可得

$$\Pi_R^{*M} - \Pi_R^{*R} = \frac{k[1-(x+y)]^2 h_9(k,x,y,\tau)}{4[4k-(x+y)^2]^2[2k-(x+y)(\tau x+y)]}$$

其中，$h_9(k,x,y,\tau) = -4k[2k-(x+y)(2x+y-\tau x)]-(x+y)^4$。

由上式可知，零售商均衡利润Π_R^{*M}与Π_R^{*R}的相对大小由$h_9(k,x,y,\tau)$的大小决定。由$k>(x+y)/2$、$x+y<1/2$与$0\leqslant\tau\leqslant1$可得$2k-(x+y)(2x+y-\tau x)>(x+y)[1-(2x+y-\tau x)]>0$，进而可知，$h_9(k,x,y,\tau)<0$。因此，可得$\Pi_R^{*M}<\Pi_R^{*R}$。

(3)最后，基于命题4-2与命题4-3，比较制造商Stackelberg博弈下供应链系统均衡利润Π_C^{*M}与零售商Stackelberg博弈下供应链系统均衡利润Π_C^{*R}的相对大小($\Pi_C^{*M}-\Pi_C^{*R}$)。由命题4-4与命题4-5可知，$\partial\Pi_C^{*R}/\partial\tau>0$与$\partial\Pi_C^{*M}/\partial\tau=0$，进而可知，$\Pi_C^{*M}-\Pi_C^{*R}$是责任成本分担比例$\tau$的减函数。通过比较$\Pi_C^{*M}$与$\Pi_C^{*R}\big|_{\tau=1}$的相对大小可知

$$\Pi_{\mathrm{C}}^{*\mathrm{M}} - \Pi_{\mathrm{C}}^{*\mathrm{R}}\Big|_{\tau=1} = -\frac{k(x+y)^2[1-(x+y)]^2[8k-(x+y)^2]}{8[4k-(x+y)^2]^2[2k-(x+y)^2]} < 0 \qquad (4\text{-}32)$$

由式 (4-32) 与 $\Pi_{\mathrm{C}}^{*\mathrm{M}} - \Pi_{\mathrm{C}}^{*\mathrm{R}}$ 是关于责任成本分担比例 τ 的连续函数可知，供应链系统均衡利润 $\Pi_{\mathrm{C}}^{*\mathrm{M}}$ 与 $\Pi_{\mathrm{C}}^{*\mathrm{R}}$ 的相对大小依赖于 $\Pi_{\mathrm{C}}^{*\mathrm{M}}$ 与 $\Pi_{\mathrm{C}}^{*\mathrm{R}}\Big|_{\tau=0}$ 的相对大小。通过比较 $\Pi_{\mathrm{C}}^{*\mathrm{M}}$ 与 $\Pi_{\mathrm{C}}^{*\mathrm{R}}\Big|_{\tau=0}$ 的相对大小，可得

$$\Pi_{\mathrm{C}}^{*\mathrm{M}} - \Pi_{\mathrm{C}}^{*\mathrm{R}}\Big|_{\tau=0} = \frac{k[1-(x+y)]^2 h_{10}(k,x,y)}{8[4k-(x+y)^2]^2[2k-y(x+y)]^2} \qquad (4\text{-}33)$$

其中，$h_{10}(k,x,y) = 16k^2(2x^2-y^2) - 2k(x+y)^2(3x^2+6xy-5y^2) + y(2x-y)(x+y)^2$。

由式 (4-33) 可知，$\Pi_{\mathrm{C}}^{*\mathrm{M}} - \Pi_{\mathrm{C}}^{*\mathrm{R}}\Big|_{\tau=0}$ 的大小依赖于 $h_{10}(k,x,y)$ 的大小。函数 $h_{10}(k,x,y)$ 是否是关于质量改进效率系数 k 的凸函数、凹函数或线性函数依赖于式 $2x^2-y^2$ 的大小。因此，下面将分 $\sqrt{2}x=y$、$\sqrt{2}x>y$ 与 $\sqrt{2}x<y$ 三种情况进行讨论。

情况 1：当 $\sqrt{2}x=y$ 时，由式 (A4-24) 可知，当 $k>(x+y)/2 = (2+\sqrt{2})y/4$ 时，有 $h_{10}(k,\sqrt{2}y/2,y) = y^2[-2(3+4\sqrt{2})k+(7+5\sqrt{2})y^2]/4 < 0$，进而可得 $\Pi_{\mathrm{C}}^{*\mathrm{M}} < \Pi_{\mathrm{C}}^{*\mathrm{R}}\Big|_{\tau=0}$。因此，根据 $\Pi_{\mathrm{C}}^{*\mathrm{M}} - \Pi_{\mathrm{C}}^{*\mathrm{R}}$ 对责任成本分担比例 τ 的连续性，由式 (4-32) 与 $\Pi_{\mathrm{C}}^{*\mathrm{M}} < \Pi_{\mathrm{C}}^{*\mathrm{R}}\Big|_{\tau=0}$，可得 $\Pi_{\mathrm{C}}^{*\mathrm{M}} < \Pi_{\mathrm{C}}^{*\mathrm{R}}$。

情况 2：当 $\sqrt{2}x>y$ 时，函数 $h_{10}(k,x,y)$ 是关于质量改进效率系数 k 的凸函数。进而可得，方程 $h_{10}(k,x,y)=0$ 关于质量改进效率系数 k 的两个根分别为

$$k_{1,2} = \frac{(x+y)^2(3x^2+6xy-5y^2) \pm \sqrt{(x-y)^2(x+y)^4(9x^2-10xy+9y^2)}}{32x^2-16y^2}$$

由上式可知，当 $k \geqslant k_2$ 时，有 $h_{10}(k,x,y) \geqslant 0$，即 $\Pi_{\mathrm{C}}^{*\mathrm{M}} \geqslant \Pi_{\mathrm{C}}^{*\mathrm{R}}\Big|_{t=0}$。进一步，由 $k>(x+y)/2$，可求得 $h_{10}\left(\frac{x+y}{2},x,y\right)$ 为

$$h_{10}\left(\frac{x+y}{2},x,y\right) = (x+y)h_{11}(x,y)$$

其中，$h_{11}(x,y) = -(3-2y)x^3 + (3y^2-9y+8)x^2 - xy^2 + 5y^3 - 4y^2 - y^4$。

由上式可知，式 $h_{10}\left(\frac{x+y}{2},x,y\right)$ 的大小由式 $h_{11}(x,y)$ 的大小决定。由 $\sqrt{2}y/2 < x < 1/2-y$ 可得，$h_{11}(\sqrt{2}y/2,y) < 0$ 与 $h_{11}(1/2-y,y) > 0$。同时，可求得式 $h_{11}(x,y)$ 对事后期望责任成本 x 的一阶条件为

$$\frac{\partial h_{11}(x,y)}{\partial x} = -3(3-2y)x^2 + 2x(8-9y+3y^2) - y^2 > 0$$

由上式可知，$h_{11}(x,y)$ 是关于事后期望责任成本 x 的增函数，因而，在区间

$x \in (\sqrt{2}y/2, 1/2-y)$ 中 , 存 在 $x^{\#}(y)$ 使 得 $h_{11}[x^{\#}(y),y]=0$ 。 由 此 可 知 , 当 $x^{\#}(y) \leqslant (>)x$ 时 , 有 $h_{11}\left(\dfrac{x+y}{2},x,y\right) \geqslant (<)0$, 即 $h_{10}\left(\dfrac{x+y}{2},x,y\right) \geqslant (<)0$ 。 进 一 步 可 得 , 当 $x^{\#}(y) \leqslant x<1/2-y$ 时 , 或 当 $\sqrt{2}y/2<x<x^{\#}(y)$ 且 $k>k_2$ 时 , 有 $h_{10}(k,x,y) \geqslant 0$, 即 $\Pi_C^{*M} \geqslant \Pi_C^{*R}\big|_{\tau=0}$, 因 而 由 式 (4-32) 可 知 , 存 在 $\tau^{\#\#\#}(k,x,y) \in [0,1)$, 使 得 当 $\tau > \tau^{\#\#\#}(k,x,y)$ 时 , 有 $\Pi_C^{*M}<\Pi_C^{*R}$, 当 $\tau \leqslant \tau^{\#\#\#}(k,x,y)$ 时 , 有 $\Pi_C^{*M} \geqslant \Pi_C^{*R}$; 当 $\sqrt{2}y/2<x<x^{\#}(y)$ 且 $(x+y)/2<k \leqslant k_2$ 时 , 有 $h_{10}(k,x,y)<0$, 即 $\Pi_C^{*M}<\Pi_C^{*R}\big|_{\tau=0}$, 因 而 由 式 (4-32) 可 知 , $\Pi_C^{*M}<\Pi_C^{*R}$ 。

情 况 3 : 当 $\sqrt{2}x<y$ 时 , 函 数 $h_{10}(k,x,y)$ 是 关 于 质 量 改 进 效 率 系 数 k 的 凹 函 数 。 可 求 得 函 数 $h_{10}(k,x,y)$ 的 对 称 轴 为

$$\frac{(x+y)^2(3x^2+6xy-5y^2)}{16(2x^2-y^2)}$$

由 上 式 , 通 过 比 较 $\dfrac{(x+y)^2(3x^2+6xy-5y^2)}{16(2x^2-y^2)}$ 与 $\dfrac{x+y}{2}$ 的 相 对 大 小 , 可 得

$$\frac{x+y}{2} - \frac{(x+y)^2(3x^2+6xy-5y^2)}{16(2x^2-y^2)} = \frac{(x+y)h_{12}(x,y)}{16(2x^2-y^2)}$$

其 中 , $h_{12}(x,y)=5y^3-(8+x)y^2-9x^2y+16x^2-3x^3$ 。

由 上 式 可 知 , 当 $\sqrt{2}x<y<1/2-x$ 时 , 可 求 得 $h_{12}(x,\sqrt{2}x)=(\sqrt{2}-5)x^3<0$ 与 $\partial h_{12}(x,y)/\partial y=15y^2-2y(x+8)-9x^2<0$, 进 而 可 得 $h_{12}(x,y)<0$, 即

$$\frac{x+y}{2} > \frac{(x+y)^2(3x^2+6xy-5y^2)}{16(2x^2-y^2)}$$

由 上 式 可 知 , 当 $k>(x+y)/2$ 时 , 函 数 $h_{10}(k,x,y)$ 是 关 于 质 量 改 进 效 率 系 数 k 的 减 函 数 。 进 而 由 $\sqrt{2}x<y<1/2-x$ 、 $h_{10}\left(\dfrac{x+y}{2},x,y\right)=(x+y)h_{11}(x,y)$ 与 $h_{11}(x,\sqrt{2}x)=x^3[2(1+\sqrt{2})x+\sqrt{2}-5]<0$, 可 得

$$\frac{\partial h_{11}(x,y)}{\partial y} = 2x(x-y)-x^2(9-6y)-8y[8-(15-4y)y]<0$$

由 上 式 可 得 , $h_{10}\left(\dfrac{x+y}{2},x,y\right)<0$ 。 由 此 可 知 , 当 $k>(x+y)/2$ 时 , 有 $h_{10}(k,x,y)<0$, 即 $\Pi_C^{*M}<\Pi_C^{*R}\big|_{\tau=0}$ 。 因 此 , 根 据 $\Pi_C^{*M}-\Pi_C^{*R}$ 对 责 任 成 本 分 担 比 例 τ 的 连 续 性 , 由 式 (4-32) 与 $\Pi_C^{*M}<\Pi_C^{*R}\big|_{\tau=0}$ 可 得 $\Pi_C^{*M}<\Pi_C^{*R}$ 。

综 上 可 得 , 若 $\sqrt{2}y/2<x<x^{\#}(y)$ 且 $k \geqslant k_2$, 或 $x^{\#}(y) \leqslant x(<1/2-y)$, 则 存 在 唯

一的 $\tau^{\#\#\#}(k,x,y)\in[0,1)$ ，使得当 $\tau\leqslant(>)\tau^{\#\#\#}(k,x,y)$ 时，有 $\Pi_{\mathrm{C}}^{*\mathrm{M}}\geqslant(<)\Pi_{\mathrm{C}}^{*\mathrm{R}}$ ；否则对任何的 x 、 y 与 τ ，有 $\Pi_{\mathrm{C}}^{*\mathrm{M}}<\Pi_{\mathrm{C}}^{*\mathrm{R}}$ 。

(4) 由命题 4-6 的证明可得当 $\tau\leqslant\tau^{\#}$ 时，有 $CS^{*\mathrm{M}}\geqslant CS^{*\mathrm{R}}$ ；当 $\tau>\tau^{\#}$ 时，有 $CS^{*\mathrm{M}}<CS^{*\mathrm{R}}$ 。

证毕。

■命题 4-8 证明：

(1) 首先，由命题 4-1 与命题 4-2，当 $k>(x+y)/2$ 与 $x+y<1/2$ 时，通过分别比较集中化下与制造商 Stackelberg 博弈下的均衡产品质量（ $\vartheta^{*\mathrm{C}}$ 与 $\vartheta^{*\mathrm{M}}$ ）、均衡零售价格（ $p^{*\mathrm{C}}$ 与 $p^{*\mathrm{M}}$ ）、均衡订货量（ $q^{*\mathrm{C}}$ 与 $q^{*\mathrm{M}}$ ）、供应链系统均衡利润（ $\Pi_{\mathrm{C}}^{*\mathrm{C}}$ 与 $\Pi_{\mathrm{C}}^{*\mathrm{M}}$ ）和均衡消费者剩余（ $CS^{*\mathrm{C}}$ 与 $CS^{*\mathrm{M}}$ ），可得

$$
\begin{cases}
\vartheta^{*\mathrm{C}}-\vartheta^{*\mathrm{M}}=\dfrac{2k(x+y)[1-(x+y)]}{[2k-(x+y)^2][4k-(x+y)^2]}>0 \\[3mm]
p^{*\mathrm{C}}-p^{*\mathrm{M}}=-\dfrac{2k[1-(x+y)][k-y(x+y)]}{[2k-(x+y)^2][4k-(x+y)^2]}<0 \\[3mm]
q^{*\mathrm{C}}-q^{*\mathrm{M}}=\dfrac{2k^2[1-(x+y)]}{[2k-(x+y)^2][4k-(x+y)^2]}>0 \\[3mm]
\Pi_{\mathrm{C}}^{*\mathrm{C}}-\Pi_{\mathrm{C}}^{*\mathrm{M}}=\dfrac{2k^3[1-(x+y)]^2}{[2k-(x+y)^2][4k-(x+y)^2]^2}>0 \\[3mm]
CS^{*\mathrm{C}}-CS^{*\mathrm{M}}=\dfrac{2k^3[1-(x+y)]^2[3k-(x+y)^2]}{[2k-(x+y)^2]^2[4k-(x+y)^2]^2}>0
\end{cases}
$$

(2) 随后，由命题 4-1 与命题 4-3，当 $k>(x+y)/2$ 与 $x+y<1/2$ 时，通过分别比较集中化下与零售商 Stackelberg 博弈下均衡产品质量（ $\vartheta^{*\mathrm{C}}$ 与 $\vartheta^{*\mathrm{R}}$ ）、均衡订货量（ $q^{*\mathrm{C}}$ 与 $q^{*\mathrm{R}}$ ）和均衡消费者剩余（ $CS^{*\mathrm{C}}$ 与 $CS^{*\mathrm{R}}$ ），可知

$$
\begin{cases}
\vartheta^{*\mathrm{C}}-\vartheta^{*\mathrm{R}}=\dfrac{[1-(x+y)][2k(2x-\tau x+y)-(x+y)^2(\tau x+y)]}{2[2k-(x+y)^2][2k-(x+y)(\tau x+y)]}>0 \\[3mm]
q^{*\mathrm{C}}-q^{*\mathrm{R}}=\dfrac{k[1-(x+y)][2k-(x+y)(y+(2\tau-1)x)]}{2[2k-(x+y)^2][2k-(x+y)(\tau x+y)]}>0 \\[3mm]
CS^{*\mathrm{C}}-CS^{*\mathrm{R}}=\dfrac{k^2[1-(x+y)]^2\{2k-(x+y)[y+(2\tau-1)x]\}\{6k-(x+y)[3y+(2\tau+1)x]\}}{8[2k-(x+y)^2]^2[2k-(x+y)(\tau x+y)]^2}>0
\end{cases}
$$

进一步，由命题 4-1 与命题 4-3，通过比较集中化下与零售商 Stackelberg 博弈下均衡零售边际（ $p^{*\mathrm{C}}$ 与 $p^{*\mathrm{R}}$ ），可得

$$
p^{*\mathrm{C}}-p^{*\mathrm{R}}=-\frac{[1-(x+y)]g_1(k,x,y,\tau)}{2[2k-(x+y)^2][2k-(x+y)(\tau x+y)]} \tag{4-34}
$$

其中， $g_1(k,x,y,\tau)=2k^2+k[(1-2)x^2-4xy-3y^2]+y(\tau x+y)(x+y)^2$ 。

由式(4-34)可知，均衡零售边际 p^{*C} 与 p^{*R} 的相对大小依赖于 $g_1(k,x,y,\tau)$ 的大小。函数 $g_1(k,x,y,\tau)$ 是关于质量改进效率系数 k 的严格凸函数，由 $x+y<1/2$，可得函数 $g_1(k,x,y,\tau)$ 的对称轴为 $[(2\tau-1)x^2+4xy+3y^2]/4<(x+y)/2$。由此可知，当 $k>(x+y)/2$ 时，函数 $g_1(k,x,y,\tau)$ 是关于质量改进效率系数 k 的增函数。进而可得

$$g_1(k,x,y,\tau)>g_1\left(\frac{x+y}{2},x,y,\tau\right)=\frac{(x+y)g_2(x,y,\tau)}{2} \tag{4-35}$$

其中，$g_2(x,y,\tau)=-2\tau x[x-2y(x+y)]+x^2+(x+y)(1+2y^2)-4xy-3y^2$。

由上式可知，函数 $g_2(x,y,\tau)$ 是否是关于责任成本分担比例 τ 的增函数或减函数依赖于式 $x-2y(x+y)$ 的大小。当 $x>2y(x+y)$ 时，函数 $g_2(x,y,\tau)$ 是关于责任成本分担比例 $\tau\in[0,1]$ 的减函数，进而由 $0\leqslant\tau\leqslant1$ 与 $x+y<1/2$ 可得 $g_2(x,y,\tau)\geqslant g_2(x,y,1)>0$，因此，由式(4-34)与式(4-35)可知，$p^{*C}<p^{*R}$。当 $x\leqslant2y(x+y)$ 时，函数 $g_2(x,y,\tau)$ 是关于责任成本分担比例 $\tau\in[0,1]$ 的增函数(或线性函数)，进而由 $0\leqslant\tau\leqslant1$ 与 $x+y<1/2$ 可得 $g_2(x,y,\tau)\geqslant g_2(x,y,0)>0$，因此，由式(4-34)与式(4-35)可知，$p^{*C}<p^{*R}$。

最后，由命题 4-1 与命题 4-3，通过比较集中化下与零售商 Stackelberg 博弈下供应链系统均衡利润(Π_C^{*C} 与 Π_C^{*R})，可得

$$\Pi_C^{*C}-\Pi_C^{*R}=\frac{k[1-(x+y)]^2g_3(k,x,y,\tau)}{8[2k-(x+y)^2][2k-(x+y)(\tau x+y)]^2} \tag{4-36}$$

其中，

$$\begin{aligned}g_3(k,x,y,\tau)=&4k^2+2k[\tau^2x^2-2\tau x(3x+2y)+3x^2-2y^2]\\&+(x+y)^2(\tau x+y)[y-(2-3\tau)x]\end{aligned}$$

由式(4-36)可知，供应链系统均衡利润 Π_C^{*C} 与 Π_C^{*R} 的相对大小依赖于 $g_3(k,x,y,\tau)$ 的大小。函数 $g_3(k,x,y,\tau)$ 是关于质量改进效率系数 k 的严格凸函数，其对称轴为

$$-\frac{\tau^2x^2-2\tau x(3x+2y)+3x^2-2y^2}{4}$$

由上式，通过比较 $-\dfrac{\tau^2x^2-2\tau x(3x+2y)+3x^2-2y^2}{4}$ 与 $\dfrac{x+y}{4}$ 的相对大小，可得

$$\frac{x+y}{4}-\left[-\frac{\tau^2x^2-2\tau x(3x+2y)+3x^2-2y^2}{4}\right]=\frac{g_4(x,y,\tau)}{4} \tag{4-37}$$

其中，$g_4(x,y,\tau)=\tau^2x^2-2\tau x(3x+2y)+3x^2-2y^2+2(x+y)$。

由式(4-37)可知，函数 $g_4(x,y,\tau)$ 是关于责任成本分担比例 τ 的严格凸函数。由函数 $g_4(x,y,\tau)$ 的对称轴为 $3+2y/x>1$，可知 $g_4(x,y,\tau)$ 是关于责任成本分担比

例 $\tau \in [0,1]$ 的减函数，进而可得 $g_4(x,y,\tau) \geqslant g_4(x,y,1) = 2(x+y)[1-(x+y)] > 0$。因而由式 (4-37) 可得

$$\frac{x+y}{2} > -\frac{\tau^2 x^2 - 2\tau x(3x+2y) + 3x^2 - 2y^2}{4}$$

由上式可知，当 $k > (x+y)/2$ 时，函数 $g_3(k,x,y,\tau)$ 是关于质量改进效率系数 k 的增函数。进而可得

$$g_3(k,x,y,\tau) > g_3\left(\frac{x+y}{2}, x, y, \tau\right) = (x+y)g_5(x,y,\tau) \tag{4-38}$$

其中，

$$\begin{aligned}
g_5(x,y,\tau) = &\ \tau^2 x^2[1+3(x+y)] - 2\tau x[3x+2y-(2y-x)(x+y)] \\
&+ 3x^2 - 2y^2 + (x+y)[1+y(y-2x)]
\end{aligned}$$

由式 (4-38) 可知，函数 $g_5(x,y,\tau)$ 是关于责任成本分担比例 τ 的严格凸函数。由函数 $g_5(x,y,\tau)$ 的对称轴为 $[3x+2y-(2y-x)(x+y)]/[x+3x(x+y)] > 1$，可知函数 $g_5(x,y,\tau)$ 是责任成本分担比例 $\tau \in [0,1]$ 的减函数，进而可得 $g_5(x,y,t) \geqslant g_5(x,y,1) = (x+y)[1-(x+y)]^2 > 0$。因此，由式 (4-36) 与式 (4-38) 可知，$\Pi_C^{*C} > \Pi_C^{*R}$。

证毕。

■命题 4-9 证明：

首先，考虑制造商 Stackelberg 博弈情形。由式 (4-4) 与数量折扣合同 $w^X = w_0 - \phi q$ $(0 < \phi < 1)$ 可得消费者产品需求函数为

$$q = \frac{1-(1-\vartheta)y - w_0 - m}{1-\phi} \tag{4-39}$$

给定供应链协调契约 (数量折扣合同与质量改进成本分担合同)，由式 (4-5) 与式 (4-39)，可得供应链企业利润函数为

$$\begin{cases}
\Pi_M^{MX} = \left[w_0 - \phi\dfrac{1-(1-\vartheta)y - w_0 - m}{1-\phi} - \tau(1-\vartheta)x\right]\dfrac{1-(1-\vartheta)y - w_0 - m}{1-\phi} - \dfrac{1}{2}(1-\eta)k\vartheta^2 \\[3mm]
\Pi_R^{MX} = [m - (1-\tau)(1-\vartheta)x]\dfrac{1-(1-\vartheta)y - w_0 - m}{1-\phi} - \dfrac{1}{2}\eta k\vartheta^2
\end{cases}$$

$$\tag{4-40}$$

由式 (4-40)，可采用逆向归纳法分别求得协调契约下均衡产品质量 ϑ^{*MX} 与均衡订货量 q^{*MX} 为

$$\begin{cases} \vartheta^{*MX} = \dfrac{\tau^2 x^2 (2-\phi) + (x+y)[w_0 - (1-x-y)\phi] + \tau x[1 - 2(x+y) - w_0(2-\phi)]}{2k(1-\eta)(1-\phi)^2 - [(1-\tau)x+y][(2-\phi)\tau x - (x+y)\phi]} \\[4mm] q^{*MX} = \dfrac{2k(1-\phi)(1-\eta)[1 - w_0 - (1-\tau)x - y] - [(1-\tau)x+y][\tau x - w_0(x+y)]}{4k(1-\eta)(1-\phi)^2 - 2[(1-\tau)x+y][(2-\phi)\tau x - (x+y)\phi]} \end{cases}$$

若要使协调契约下供应链系统利润能够达到集中化下的供应链系统利润，则应满足 $\vartheta^{*MX} = \vartheta^{*C}$ 与 $q^{*MX} = q^{*C}$。因此可得

$$\begin{cases} w_0^{MX} = \dfrac{2k[\tau x + \phi(1-x-y)] - \tau x(x+y)}{2k - (x+y)^2} \\[4mm] \eta^{MX} = \dfrac{(1-\tau)x + y}{x+y} \end{cases} \tag{4-41}$$

将式(4-41)代入数量折扣合同与式(4-40)中，可分别求得协调契约下均衡批发价 w^{*MX} 与供应链企业均衡利润（Π_M^{*MX} 与 Π_R^{*MX}）为

$$\begin{cases} w^{*MX} = \dfrac{k[2\tau x + \phi(1-x-y)] - \tau x(x+y)}{2k - (x+y)^2} \\[4mm] \Pi_M^{*MX} = \dfrac{k[1-(x+y)]^2[2k\phi - \tau x(x+y)]}{2[2k - (x+y)^2]^2} \\[4mm] \Pi_R^{*MX} = \dfrac{k[1-(x+y)]^2[2k(1-\phi) - (x+y)(x+y-\tau x)]}{2[2k - (x+y)^2]^2} \end{cases} \tag{4-42}$$

由式(4-42)，可得协调契约下供应链系统均衡利润为 $\Pi_C^{*MX} = \Pi_M^{*MX} + \Pi_R^{*MX} = \Pi_C^{*C}$。进一步，若要使供应链企业均能接受协调契约，则需满足 $\Pi_M^{*MX} \geqslant \Pi_M^{*M}$ 与 $\Pi_R^{*MX} \geqslant \Pi_R^{*M}$。由此可得

$$\begin{cases} \phi \geqslant A(\tau) = \dfrac{\tau x(x+y)}{2k} + \dfrac{[2k-(x+y)^2]^2}{2k[4k-(x+y)^2]} \\[4mm] \phi \leqslant B(\tau) = 1 - \dfrac{(x+y)[(1-\tau)x+y]}{2k} - \dfrac{[2k-(x+y)^2]^2}{[4k-(x+y)^2]^2} \end{cases}$$

由上式可得 $A(\tau) \leqslant \phi \leqslant B(\tau)$。因此，当 $\phi = \phi_M \in [A(\tau), B(\tau)]$ 时，契约 $(w_0^{MX}, w^{*MX}, \eta^{MX})$ 可以实现制造商 Stackelberg 博弈下的供应链系统协调，从而使消费者和供应链企业间的价值共创可以达到集中化决策下的效果。

进一步，讨论零售商 Stackelberg 博弈情形。类似地，采用逆向归纳法求解式(4-40)，可分别求得协调契约下均衡产品质量 ϑ^{*RX} 与均衡订货量 q^{*RX} 为

$$\vartheta^{*RX} = \cfrac{\left[\begin{array}{c} \tau^2 x^2 y[1-4y-2(w_0+x)(1-\phi)-\phi]+2\tau^3 x^3 y(1-\phi)-2w_0 y^2\phi(x+y) \\ +\tau xy[w_0 x(1-\phi)+w_0 y(3+\phi)-2y\phi(1-2x-2y)]-k(1-\eta)(1-\phi)\{\tau^2 x^2(1-\phi) \\ +2y[w_0-\phi(1-x-y)]+\tau x[1-w_0-x-3y-\phi+\phi(w_0+x+y)]\} \end{array}\right]}{\left[\begin{array}{c} k\{2\tau x(1-\phi)[y(3-\phi)-3y\eta(1-\phi)+x(1-\eta)(1-\phi)]-\tau^2 x^2(2-\eta)(1-\phi)^2 \\ -4y\phi(1-\eta)(x+y)-4y\phi^2[x+y-\eta(x+2y)]\}-2k^2(1-\eta)^2(1-\phi)^3 \\ +2\tau xy\{\tau^2 x^2(1-\phi)+2y\phi(x+y)-\tau x[2y+x(1-\phi)]\}\end{array}\right]}$$

$$q^{*RX} = \cfrac{\left[\begin{array}{c} k\tau^2 x^2 y(1-2\eta)(1-\phi)+kw_0 y\phi[x+y-\eta(x+3y)]-kw_0 y(x+y)(1-\eta) \\ +k\tau xy(1-\eta)(2-x-y)-k\tau x\phi[2+x\eta-x-y-\eta(2+y)]-kw_0\tau xy(1-2\eta)(1-\phi) \\ -\tau xy^2[\tau x-w_0(x+y)]-k^2(1-\eta)^2(1-\phi)^2(1-w_0-x-y+\tau x) \end{array}\right]}{\left[\begin{array}{c} k\{2\tau x(1-\phi)[y(3-\phi)-3y\eta(1-\phi)+x(1-\eta)(1-\phi)]-\tau^2 x^2(2-\eta)(1-\phi)^2 \\ -4y\phi(1-\eta)(x+y)-4y\phi^2[x+y-\eta(x+2y)]\}-2k^2(1-\eta)^2(1-\phi)^3 \\ +2\tau xy\{\tau^2 x^2(1-\phi)+2y\phi(x+y)-\tau x[2y+x(1-\phi)]\}\end{array}\right]}$$

将式 (4-41) 代入以上两式，可得 $\vartheta^{*RX}=\vartheta^{*C}$ 与 $q^{*RX}=q^{*C}$，进而可得 $w^{*RX}=w^{*MX}$、$p^{*RX}=p^{*MX}$、$\Pi_M^{*RX}=\Pi_M^{*MX}$ 与 $\Pi_R^{*RX}=\Pi_R^{*MX}$。因而可知，在零售商 Stackelberg 博弈下，供应链协调契约为 $w_0^{RX}=w_0^{MX}$、$\eta^{RX}=\eta^{MX}$ 与 $w^{RX}=w^{MX}$。为了使供应链企业均有动机接受协调契约，需满足 $\Pi_M^{*RX}\geqslant\Pi_M^{*R}$ 与 $\Pi_R^{*RX}\geqslant\Pi_R^{*R}$，由此可得

$$\begin{cases} \phi\geqslant C(\tau)=\cfrac{\tau x(x+y)}{2k}+\cfrac{[2k-(\tau x+y)^2][2k-(x+y)^2]^2}{8k[2k-(x+y)(\tau x+y)]^2} \\ \phi\leqslant D(\tau)=1-\cfrac{(x+y)[(1-\tau)x+y]}{2k}-\cfrac{[2k-(x+y)^2]^2}{4k[2k-(x+y)(\tau x+y)]} \end{cases}$$

由上式可得 $C(\tau)\leqslant\phi\leqslant D(\tau)$。因此，当 $\phi=\phi_R\in[C(\tau),D(\tau)]$ 时，契约 $(w_0^{RX},w^{*RX},\eta^{RX})$ 可以实现零售商 Stackelberg 博弈下的供应链系统协调，从而使消费者和供应链企业间的价值共创实现系统最优。

最后，通过比较 $\phi=\phi_M\in[A(\tau),B(\tau)]$ 与 $\phi=\phi_R\in[C(\tau),D(\tau)]$，可得 $C(\tau)<A(\tau)<D(\tau)<B(\tau)$，从而可知，当 $\phi\in[A(\tau),D(\tau)]$ 时，制造商 Stackelberg 博弈与零售商 Stackelberg 博弈下的分散化供应链可通过一个完全相同的契约机制实施协调。

证毕。

■命题 4-10 证明：

由命题 4-9，可分别求得最大基准批发价 w_0、协调均衡批发价 w^{*X} 与质量改进成本分担比例 η 对责任成本分担比例 τ 的一阶条件为

$$\cfrac{\partial w_0}{\partial \tau}=\cfrac{x[2k-(x+y)]}{2k-(x+y)^2}>0, \quad \cfrac{\partial \eta}{\partial \tau}=-\cfrac{x}{x+y}<0, \quad \cfrac{\partial w^{*X}}{\partial \tau}=\cfrac{x[2k-(x+y)]}{2k-(x+y)^2}>0$$

证毕。

■命题 4-16 证明：

$w^d - w' = 5cb^2t^3 - 24cdbt^2 - 6bt + 16d$ ，令 $5cb^2t^3 - 24cdbt^2 - 6bt + 16d = 0$ ，求得有效的 $\bar{d} = (5cbt^2 - 6)bt / (24bct^2 - 16)$ ，则有 $0 < bct^2 < 2/3, d > \bar{d}, w^d - w' > 0$ ，$bt/4 < d < \bar{d}, w^d - w' < 0$ ，$2/3 < bct^2 < 2, w^d < w'$ 。

命题得证。

■命题 4-17 证明：

$$p^d - p^{d'} = \frac{(2 - bct^2)(b^2t^2 - 7bdt + 8d^2)}{2b(4d - bt)(8d - bt)}$$

令 $b^2t^2 - 7bdt + 8d^2 = 0$ ，得有效 $d = (7 + \sqrt{17})bt / 16$ ，且有 $4d > bt$ ，则

$$\frac{bt}{4} < d < \frac{(7 + \sqrt{17})bt}{16}, \; p^d < p^{d'}, \quad d > \frac{(7 + \sqrt{17})bt}{16}, \; p^d > p^{d'}$$

$$p_e^d - p_e^{d'} = \frac{(bct^2 - 2)(3b^2t^2 - 24bdt + 32d^2)}{4b(4d - bt)(8d - bt)}$$

令 $3b^2t^2 - 24bdt + 32d^2 = 0$ ，可得有效 $d = (3 + \sqrt{3})bt / 8$ ，有因为 $4d > bt$ ，$bct^2 < 2$ ，所以 $(3 + \sqrt{3})bt / 8 > d > bt / 4$ ，$p_e^d < p_e^{d'}$ ，$d > (3 + \sqrt{3})bt / 8$ ，$p_e^d > p_e^{d'}$ 。

命题得证。

■命题 4-18 证明：

$$\pi_r^d - \pi_r^{d'} = \frac{(2b^3t^3 - 23b^2dt^2 + 80bd^2t - 64d^3)(bct^2 - 2)^2}{8b(4d - bt)(8d - bt)^2}$$

令 $2b^3t^3 - 23b^2dt^2 + 80bd^2t - 64d^3 = 0$ ，可得到有效 $d = 0.88bt$ ，因此有

$$0.88bt > d > \frac{bt}{4d}, \; \pi_r^d > \pi_r^{d'}, \quad d > 0.88bt, \; \pi_r^d < \pi_r^{d'}$$

命题得证。

■命题 4-19 证明：

$$\pi_m^d - \pi_m^{d'} = \frac{\begin{aligned}[d(7b^5c^2t^7 - 32b^4c^2dt^6 - 36b^4ct^5 - 96b^3c^2d^2t^5 + 288b^3cdt^4 + 36b^3t^3 \\ +384b^2c^2d^3t^4 - 640b^2cd^2t^3 - 288b^2dt^2 + 512bcd^3t^2 + 640bd^2t - 512d^3)]\end{aligned}}{8b^2t(bt - 4d)(8d - bt)^2}$$

令

$$7b^5c^2t^7 - 32b^4c^2dt^6 - 36b^4ct^5 - 96b^3c^2d^2t^5 + 288b^3cdt^4 + 36b^3t^3$$

$$+384b^2c^2d^3t^4 - 640b^2cd^2t^3 - 288b^2dt^2 + 512bcd^3t^2 + 640bd^2t - 512d^3 = 0$$

可以求得有效值 $\tilde{d}$ ，则有 $0 < bct^2 < 2/3$ ，$d > \max(\tilde{d}, bt/4)$ ，$\pi_m^d > \pi_m^{d'}$ ，$2/3 < bct^2 < 2, d > \max(\tilde{d}, bt/4)$ ，$\pi_m^d < \pi_m^{d'}$ 。

命题得证。

■命题 4-20 证明：

由条件 $4d>bt$, $bct^2<2$ 得

$$p^{\mathrm{d}} - p = \frac{-d(bct^2 - 2)}{2b(4d - bt)} > 0$$

$$p^{\mathrm{d'}} - p = \frac{-t(bct^2 - 2)(6d - bt)}{2(4d - bt)(8d - bt)} > 0$$

$$p_{\mathrm{e}}^{\mathrm{d}} - p_{\mathrm{e}} = \frac{t(7bct^2 - 16cdt - 6)}{4(bt - 4d)} > 0$$

$$p_{\mathrm{e}}^{\mathrm{d'}} - p_{\mathrm{e}} = \frac{cb^3 t^4 - 12cb^2 dt^3 + 24cbd^2 t^2 + 16d^2}{b(bt - 8d)(bt - 4d)} > 0$$

命题得证。

■命题 4-21 证明：

$$q_i^{\mathrm{C}} - q_i^{\mathrm{D}} = \frac{4(1-h)d^2 \left\{ 2a - (1-h)[2s + c_{\mathrm{e}}(\lambda t)^{\beta}] \right\}}{[4d - (1-h)t][4d(2-h) - (1-h)t]}$$

$$Q_i^{\mathrm{C}} - Q_i^{\mathrm{D}} = \frac{2(1-h)d^2 \left\{ 2a - (1-h)[2s + c_{\mathrm{e}}(\lambda t)^{\beta}] \right\}}{[4d - (1-h)t][4d(2-h) - (1-h)t]}$$

$$p_i^{\mathrm{C}} - p_i^{\mathrm{D}} = -\frac{4d^2 \left\{ 2a - (1-h)[2s + c_{\mathrm{e}}(\lambda t)^{\beta}] \right\}}{[4d - (1-h)t][4d(2-h) - (1-h)t]}$$

$$p_{\mathrm{e}}^{\mathrm{C}} - p_{\mathrm{e}}^{\mathrm{D}} = \frac{2(1-h)dt \left\{ 2a - (1-h)[2s + c_{\mathrm{e}}(\lambda t)^{\beta}] \right\}}{[4d - (1-h)t][4d(2-h) - (1-h)t]}$$

$$p_{\mathit{\Pi}}^{\mathrm{C}} - p_{\mathit{\Pi}}^{\mathrm{D}} = -\frac{2d[2d - (1-h)t] \left\{ 2a - (1-h)[2s + c_{\mathrm{e}}(\lambda t)^{\beta}] \right\}}{[4d - (1-h)t][4d(2-h) - (1-h)t]}$$

已知 a 足够大且 $(1-h)t<2d$, 则 $2a - (1-h)[2s + c_{\mathrm{e}}(\lambda t)^{\beta}] > 0$ 恒成立, 命题得证。

■命题 4-22 证明：

$$\frac{\partial p_{\mathrm{e}}^{\mathrm{C}}}{\partial h} = -\frac{\mathrm{t}[at - 4ds - 2c_{\mathrm{e}}d(t\lambda)^{\beta}]}{[4d - (1-h)t]^2} , \quad \frac{\partial p_{\mathrm{e}}^{\mathrm{C}}}{\partial d} = -\frac{2t[2(a - s + hs) - (1-h)c_{\mathrm{e}}(t\lambda)^{\beta}]}{[4d - (1-h)t]^2}$$

$$\frac{\partial p_{\mathrm{e}}^{\mathrm{D}}}{\partial h} = \frac{\mathrm{t}[a(4d - t) + 4ds + 2c_{\mathrm{e}}d(t\lambda)^{\beta}]}{[4d(2-h) - (1-h)t]^2} ,$$

$$\frac{\partial p_{\mathrm{e}}^{\mathrm{D}}}{\partial d} = -\frac{2(2-h)t[2(a - s + hs) - (1-h)c_{\mathrm{e}}(t\lambda)^{\beta}]}{[4d(2-h) - (1-h)t]^2}$$

$$\frac{\partial p_{\mathrm{e}}^{\mathrm{C}}}{\partial t} = \frac{4adt + [8d^2 + (1-h)^2 t^2]\beta c_{\mathrm{e}}(t\lambda)^{\beta} - 2(1-h)^2 dt[2s + (1+3\beta)c_{\mathrm{e}}(t\lambda)^{\beta}]}{t[4d - (1-h)t]^2}$$

$$\frac{\partial p_e^D}{\partial t} = \frac{4a(2-h)dt + [8(2-h)^2 d^2 + (1-h)^2 t^2]\beta c_e(t\lambda)^{\beta}}{t[4d(2-h)-(1-h)t]^2}$$

$$-\frac{2(1-h)(2-h)dt[2s+(1+3\beta)c_e(t\lambda)^{\beta}]}{t[4d(2-h)-(1-h)t]^2}$$

已知 a 足够大且 $(1-h)t<2d$，易得 $\frac{\partial p_e^C}{\partial h}<0$，$\frac{\partial p_e^D}{\partial h}>0$，$\frac{\partial p_e^C}{\partial t}>0$，$\frac{\partial p_e^D}{\partial t}>0$，

$\frac{\partial p_e^C}{\partial d}<0$，$\frac{\partial p_e^D}{\partial d}<0$。

命题得证。

■命题 4-23 证明：

$$\frac{\partial p_i^C}{\partial h} = \frac{a[8d^2 - 4(1-h)dt + (1-h)^2 t^2] - (1-h)^2 dt[2s + c_e(t\lambda)^{\beta}]}{(1-h)^2[4d-(1-h)t]^2}$$

$$\frac{\partial p_i^D}{\partial h} = \frac{a[8(5-6h+2h^2)d^2 - 4(3-2h)(1-h)dt + (1-h)^2 t^2]}{(1-h)^2[4d(2-h)-(1-h)t]^2}$$

$$-\frac{(1-h)^2(4d-t)dt[2s+c_e(t\lambda)^{\beta}]}{(1-h)^2[4d(2-h)-(1-h)t]^2}$$

$$\frac{\partial p_i^C}{\partial t} = -\frac{2d\{2(a-s+hs)t - [(1-h)(1-\beta)t + 4d\beta]c_e(t\lambda)^{\beta}\}}{t[4d-(1-h)t]^2}$$

$$\frac{\partial p_i^C}{\partial d} = \frac{t[2(a-s+hs)-(1-h)c_e(t\lambda)^{\beta}]}{[4d-(1-h)t]^2}$$

$$\frac{\partial p_i^D}{\partial t} = -\frac{2d\{2(a-s+hs)t - [(1-h)(1-\beta)t + 4(2-h)d\beta]c_e(t\lambda)^{\beta}\}}{t[4d(2-h)-(1-h)t]^2}$$

$$\frac{\partial p_i^D}{\partial d} = \frac{t[2(a-s+hs)-(1-h)c_e(t\lambda)^{\beta}]}{[4d(2-h)-(1-h)t]^2}$$

已知 a 足够大且 $(1-h)t<2d$，易得 $\frac{\partial p_i^C}{\partial t}<0$，$\frac{\partial p_i^D}{\partial t}<0$，$\frac{\partial p_i^C}{\partial d}>0$，$\frac{\partial p_i^D}{\partial d}>0$；$\frac{\partial p_i^C}{\partial h}$

的正负由 $8d^2 - 4(1-h)dt + (1-h)^2 t^2$ 确定，$\frac{\partial p_i^D}{\partial h}$ 的正负由 $8(5-6h+2h^2)d^2 - $

$4(3-2h)(1-h)dt + (1-h)^2 t^2$ 确定，已知 $(1-h)t<2d$ 且 $0<h<1$，则 $8d^2 - $

$4(1-h)dt + (1-h)^2 t^2 > (1-h)^2 t^2 > 0$，$8(5-6h+2h^2)d^2 - 4(3-2h)(1-h)dt + (1-h)^2 t^2$

$>(1-h)^2(5-8h+4h^2)>(1-h)^2 t^2>0$，因此 $\frac{\partial p_i^C}{\partial h}>0$，$\frac{\partial p_i^D}{\partial h}>0$。

综上，命题得证。

■命题 4-24 证明：

$$\frac{\partial p_\Pi^C}{\partial h}=\frac{d\{4a[2d-(1-h)t]+(-1+h)^2t[2s+c_e(t\lambda)^\beta]\}}{(1-h)^2[4d-(1-h)t]^2}$$

$$\frac{\partial p_\Pi^D}{\partial d}=-\frac{(3-2h)t[2(a-s+hs)-(1-h)c_e(t\lambda)^\beta]}{[4d(2-h)-(1-h)t]^2}$$

$$\frac{\partial p_\Pi^D}{\partial h}=\frac{\left(d\{4a[2(5-6h+2h^2)d-(2-3h+h^2)t]+(-1+h)^2(4d+t)[2s+c_e(t\lambda)^\beta]\}\right)}{(-1+h)^2[4d(2-h)-(1-h)t]^2}$$

$$\frac{\partial p_\Pi^C}{\partial d}-\frac{t[2(a-s+hs)-(1-h)c_e(t\lambda)^\beta]}{[4d-(1-h)t]^2}$$

$$\frac{\partial p_\Pi^D}{\partial t}=\frac{2a(3-2h)dt+4(10-9h+2h^2)c_ed^2\beta(t\lambda)^\beta+(1-h)^2c_et^2\beta(t\lambda)^\beta}{t[4d(2-h)-(1-h)t]^2}$$
$$+\frac{(1-h)dt\{(-6+4h)s+c_e[-3-13\beta+h(2+6\beta)](t\lambda)^\beta\}}{t[4d(2-h)-(1-h)t]^2}$$

$$\frac{\partial p_\Pi^C}{\partial t}=\frac{2adt+12c_ed^2\beta(t\lambda)^\beta+(-1+h)^2c_et^2\beta(t\lambda)^\beta+(-1+h)dt[2s+c_e(1+7\beta)(t\lambda)^\beta]}{[4d-(1-h)t]^2}$$

已知 a 足够大且 $(1-h)t<2d$，易得 $\frac{\partial p_\Pi^C}{\partial h}>0$，$\frac{\partial p_\Pi^C}{\partial t}>0$，$\frac{\partial p_\Pi^D}{\partial t}>0$，$\frac{\partial p_\Pi^C}{\partial d}<0$，$\frac{\partial p_\Pi^D}{\partial d}<0$。$\frac{\partial p_\Pi^D}{\partial h}$ 的正负由 $2(5-6h+2h^2)d-(2-3h+h^2)t$ 确定，已知 $(1-h)t<2d$，则

$$2(5-6h+2h^2)d-(2-3h+h^2)t>(5-6h+2h^2)(1-h)t-(2-3h+h^2)t$$
$$=(3-2h)(1-h)(1-h)t>0$$

因此 $\frac{\partial p_\Pi^D}{\partial h}>0$。

综上，命题得证。

■命题 4-25 证明：

由命题 4-21 证明可知 $Q_i^C>Q_i^D$ 且 $p_e^C>p_e^D$，则 $\Pi_{EW}^C>\Pi_{EW}^D$ 恒成立；已知
$\Pi_P^C-\Pi_P^D=8(1-h)d^2\{2a-(1-h)[2s+c_e(\lambda t)^\beta]\}$

$$\left\{\frac{a[8d^2-4(2-h)dt+(1-h)t^2)]}{[4d-(1-h)t]^2[4d(2-h)-(1-h)t]^2}\right.$$
$$\left.-\frac{(1-h)^2st^2+2(1-h)dt[2(-2+h)s+c_e(t\lambda)^\beta]+4d^2[2(1-h)s-(3-h)c_e(t\lambda)^\beta]}{[4d-(1-h)t]^2[4d(2-h)-(1-h)t]^2}\right\}$$

要使得 $\Pi_P^C\geq\Pi_P^D$，已知 a 足够大，则只需证明 $(1-h)t^2-4(2-h)dt+8d^2\geq0$，

即需满足 $0 < t \leqslant \dfrac{2d\left(2-h-\sqrt{2-2h+h^2}\right)}{1-h}$ 或 $t \geqslant \dfrac{2d\left(2-h+\sqrt{2-2h+h^2}\right)}{1-h}$ ，已知

$(1-h)t < 2d$ ，且 $\dfrac{2d}{1-h} > \dfrac{2d\left(2-h-\sqrt{2-2h+h^2}\right)}{1-h}$ 和 $\dfrac{2d}{1-h} < \dfrac{2d\left(2-h+\sqrt{2-2h+h^2}\right)}{1-h}$

在 $h \in (0,1)$ 上都成立，因此上述命题得证。

■命题 4-26 证明：

$$\frac{\partial \Pi_{\mathrm{P}}^{\mathrm{C}}}{\partial t} = \frac{2(1-h)d}{t[4d-(1-h)t]^3}[a-s+hs-2c_{\mathrm{e}}d(\lambda t)^{\beta}]$$
$$\{2(a-s+hs)t-[(1-h)(1-\beta)t+4d\beta]c_{\mathrm{e}}(\lambda t)^{\beta}\}$$

$$\frac{\partial \Pi_{\mathrm{P}}^{\mathrm{C}}}{\partial h} = \frac{2d}{(1-h)^2[4d-(1-h)t]^3}$$
$$\begin{pmatrix} 4a^2[4d^2-3(1-h)dt+(1-h)^2t^2]-a(1-h)t[4(1-h)st+c_{\mathrm{e}}(4d+t-ht)(t\lambda)^{\beta}] \\ -(1-h)^2d[2s+c_{\mathrm{e}}(t\lambda)^{\beta}]\{d[8s-4c_{\mathrm{e}}(t\lambda)^{\beta}]-(1-h)t[6s+c_{\mathrm{e}}(t\lambda)^{\beta}]\} \end{pmatrix}$$

$$\frac{\partial \Pi_{\mathrm{EW}}^{\mathrm{C}}}{\partial t} = \frac{2d}{t^2[4d-(1-h)t]^3}[(a-s-hs)t-2c_{\mathrm{e}}d(\lambda t)^{\beta}]$$
$$\{at[4d-(1-h)t]-(1-h)^2st^2+8c_{\mathrm{e}}d^2(1-2\beta)(t\lambda)^{\beta}-2(1-h)dt[2s+c_{\mathrm{e}}(3-2\beta)(t\lambda)^{\beta}]\}$$

$$\frac{\partial \Pi_{\mathrm{EW}}^{\mathrm{C}}}{\partial h} = -\frac{4d}{[4d-(1-h)t]^3}[at-4ds-2c_{\mathrm{e}}d(\lambda t)^{\beta}][(a-s-hs)t-2c_{\mathrm{e}}d(\lambda t)^{\beta}]$$

$$\frac{\partial \Pi_{\mathrm{P}}^{\mathrm{D}}}{\partial h} = \frac{2d}{(1-h)^2[4d-(1-h)t]^3}[4a^2 4(8-11h+4h^2)d^2-(11-19h+8h^2)dt+(1-h)^2t^2]$$
$$+2ad(1-h)^2(4d-t)\{(1-h)t[4s+c_{\mathrm{e}}(t\lambda)^{\beta}]-4d[4(1-h)s-hc_{\mathrm{e}}(t\lambda)^{\beta}]\}+2(1-h)^2d$$
$$[2s+c_{\mathrm{e}}(t\lambda)^{\beta}]\{(1-h)t[6s+c_{\mathrm{e}}(t\lambda)^{\beta}]+4d[(-8+6h)s+hc_{\mathrm{e}}(t\lambda)^{\beta}]\}$$

$$\frac{\partial \Pi_{\mathrm{P}}^{\mathrm{D}}}{\partial t} = \frac{2(1-h)d}{t[4d-(1-h)t]^3}[a(4d-t)+4ds(1+h)+st(1-h)+2c_{\mathrm{e}}d(t\lambda)^{\beta}]$$
$$\{2(a-s+hs)t-[(1-h)(1-\beta)t+4d\beta]c_{\mathrm{e}}(t\lambda)^{\beta}\}$$

$$\frac{\partial \Pi_{\mathrm{EW}}^{\mathrm{D}}}{\partial h} = \frac{4d}{t[4d-(1-h)t]^3}[a(4d-t)+4ds+2c_{\mathrm{e}}d(t\lambda)^{\beta}][(a-s+hs)t-2(2-h)c_{\mathrm{e}}(t\lambda)^{\beta}]$$

$$\frac{\partial \Pi_{\mathrm{EW}}^{\mathrm{D}}}{\partial t} = \frac{2d[(a-s+hs)t-2(2-h)c_{\mathrm{e}}(t\lambda)^{\beta}]}{t[4d-(1-h)t]^3}$$
$$\begin{Bmatrix} at[4d(2-h)-(1-h)t]+8(2-h)^2c_{\mathrm{e}}d^2(1-2\beta)(t\lambda)^{\beta} \\ -(1-h)^2st^2-2(2-3h+h^2)dt[2s-c_{\mathrm{e}}(-3+2\beta)(t\lambda)^{\beta}] \end{Bmatrix}$$

$$\frac{\partial \Pi_{\mathrm{P}}^{\mathrm{C}}}{\partial d} = \frac{2(1-h)t[(a-s+hs)t-2c_{\mathrm{e}}(\lambda t)^{\beta}]\{2a-(1-h)[2s+c_{\mathrm{e}}d(\lambda t)^{\beta}]\}}{[4d-(1-h)t]^3}$$

$$\frac{\partial \varPi_{\text{EW}}^{\text{C}}}{\partial d} = \frac{2[(a-s+hs)t - 2c_e(\lambda t)^\beta]\{2a - (1-h)[2s + c_e d(\lambda t)^\beta]\}}{t[4d - (1-h)t]^3}$$

$$\{(1-h)^2 st^2 - at[4d - (1-h)t] - 8c_e d^2(t\lambda)^\beta - 2(-1+h)dt[2s + 3c_e(t\lambda)^\beta]\}$$

$$\frac{\partial \varPi_{\text{EW}}^{\text{D}}}{\partial d} = \frac{2[(a-s+hs)t - 2(2-h)c_e(\lambda t)^\beta]}{t[4d(2-h) - (1-h)t]^3}$$

$$\left\{ \begin{array}{l} (-1+h)^2 st^2 - at[4(2-h)d - (1-h)t] - 8(-2+h)^2 c_e d^2(t\lambda)^\beta \\ + 2(2-3h+h^2)dt[2s + 3c_e(t\lambda)^\beta] \end{array} \right\}$$

$$\frac{\partial \varPi_{\text{P}}^{\text{D}}}{\partial d} = \frac{2(1-h)t\{2a - (1-h)[2s + c_e d(\lambda t)^\beta]\}}{t[4d(2-h) - (1-h)t]^3}$$

$$\{(-1+h)st - a(4d - t) - 2d[2(-1+h)s + c_e(t\lambda)^\beta]\}$$

已知 a 足够大且 $(1-h)t < 2d$，易得 $\frac{\partial \varPi_{\text{P}}^{\text{D}}}{\partial t} > 0$，$\frac{\partial \varPi_{\text{EW}}^{\text{D}}}{\partial t} > 0$，$\frac{\partial \varPi_{\text{EW}}^{\text{D}}}{\partial h} > 0$，$\frac{\partial \varPi_{\text{P}}^{\text{C}}}{\partial t} < 0$，

$\frac{\partial \varPi_{\text{EW}}^{\text{C}}}{\partial t} > 0$，$\frac{\partial \varPi_{\text{EW}}^{\text{C}}}{\partial h} < 0$，$\frac{\partial \varPi_{\text{P}}^{\text{C}}}{\partial d} > 0$，$\frac{\partial \varPi_{\text{EW}}^{\text{C}}}{\partial d} < 0$，$\frac{\partial \varPi_{\text{P}}^{\text{D}}}{\partial d} < 0$，$\frac{\partial \varPi_{\text{EW}}^{\text{D}}}{\partial d} < 0$；$\frac{\partial \varPi_{\text{P}}^{\text{D}}}{\partial h}$ 的

正负由 $4(8-11h+4h^2)d^2 - (11-19h+8h^2)dt + (1-h)^2 t^2$ 确定，$\frac{\partial \varPi_{\text{P}}^{\text{C}}}{\partial h}$ 的正负由

$4d^2 - 3(1-h)dt + (1-h)^2 t^2$ 确定，已知 $(1-h)t < 2d$ 且 $0 < h < 1$，则

$$4(8-11h+4h^2)d^2 - (11-19h+8h^2)dt + (1-h)^2 t^2 > \frac{1}{2}(1-h)^2(7-14h+8h^2) > 0，$$

$$4d^2 - 3(1-h)dt + (1-h)^2 t^2 > \frac{1}{2}(7-6h-h^2) > 0。$$

综上，命题得证。

■**命题 4-27 证明：**

比较中心化模型和两部定价合同下的产品零售价格和延保服务价格，易得 $p_i^{\text{DT}} = p_i^{\text{C}}$，$p_e^{\text{DT}} = p_e^{\text{C}}$，由命题 4-21 证明已知 $p_i^{\text{C}} < p_i^{\text{D}}$ 且 $p_e^{\text{C}} > p_e^{\text{D}}$，因此 $p_i^{\text{DT}} = p_i^{\text{C}} < p_i^{\text{D}}$，$p_e^{\text{DT}} = p_e^{\text{C}} > p_e^{\text{D}}$ 成立。

$$w^{\text{D}} - w_i^{\text{DT}} = \frac{4(2-h)d^2[2(a-s+hs) - (1-h)c_e(t\lambda)^\beta]}{[4d - (1-h)t][4d(2-h) - (1-h)t]}$$

已知 a 足够大且 $(1-h)t < 2d$，因此，$w^{\text{D}} - w_i^{\text{DT}} > 0$，即 $w^{\text{D}} > w_i^{\text{DT}}$ 成立。

■**命题 4-28 证明：**

$\varPi_{\text{R}_i}^{\text{DT}} > \varPi_{\text{R}_i}^{\text{D}}$，$\varPi_{\text{M}}^{\text{DT}} > \varPi_{\text{M}}^{\text{D}}$ 须分别满足 $F < F_1$ 和 $F > F_2$，且为保证零售商和制造商利润都为正，需满足 $F < F_3 = \dfrac{d^2[2(a-s+hs) - (1-h)c_e(t\lambda)^\beta]^2}{[4d - (1-h)t]^2}$，对 F_1、F_2、F_3 进行比较，已知 a 足够大且 $(1-h)t < 2d$，可得

$$F_3 - F_1 = \frac{d^2[2(a-s+hs)-(1-h)c_e(t\lambda)^\beta]^2}{[4d(2-h)-(1-h)t]^2} > 0$$

$$F_1 - F_2 = \frac{4(1-h)d^3[2(a-s+hs)-(1-h)c_e(t\lambda)^\beta]^2}{[4d-(1-h)t][4d(2-h)-(1-h)t]^2} > 0$$

即 $F_2 < F_1 < F_3$。

命题得证。

■优化模型的解的唯一性证明：

1. 中心化模型

供应链总利润函数关于 (p_1, p_2, p_e) 的黑塞矩阵：

$$\boldsymbol{H} = \begin{pmatrix} \dfrac{\partial^2 \Pi^C}{\partial p_1^2} & \dfrac{\partial^2 \Pi^C}{\partial p_1 \partial p_2} & \dfrac{\partial^2 \Pi^C}{\partial p_1 \partial p_e} \\ \dfrac{\partial^2 \Pi^C}{\partial p_2 \partial p_1} & \dfrac{\partial^2 \Pi^C}{\partial p_2^2} & \dfrac{\partial^2 \Pi^C}{\partial p_2 \partial p_e} \\ \dfrac{\partial^2 \Pi^C}{\partial p_e \partial p_1} & \dfrac{\partial^2 \Pi^C}{\partial p_e \partial p_2} & \dfrac{\partial^2 \Pi^C}{\partial p_e^2} \end{pmatrix} = \begin{bmatrix} -2 & 2h & (-1+h) \\ 2h & -2 & (-1+h) \\ (-1+h) & (-1+h) & -\dfrac{4d}{t} \end{bmatrix}$$

已知假设条件 $2d > (1-h)t$，$\dfrac{\partial^2 \Pi^C}{\partial p_1^2} = -2 < 0$，

$$\begin{vmatrix} \dfrac{\partial^2 \Pi^C}{\partial p_1^2} & \dfrac{\partial^2 \Pi^C}{\partial p_1 \partial p_2} \\ \dfrac{\partial^2 \Pi^C}{\partial p_2 \partial p_1} & \dfrac{\partial^2 \Pi^C}{\partial p_2^2} \end{vmatrix} = \begin{vmatrix} -2 & 2h \\ 2h & -2 \end{vmatrix} = 4(1-h^2) > 0$$

$$\begin{vmatrix} \dfrac{\partial^2 \Pi^C}{\partial p_1^2} & \dfrac{\partial^2 \Pi^C}{\partial p_1 \partial p_2} & \dfrac{\partial^2 \Pi^C}{\partial p_1 \partial p_e} \\ \dfrac{\partial^2 \Pi^C}{\partial p_2 \partial p_1} & \dfrac{\partial^2 \Pi^C}{\partial p_2^2} & \dfrac{\partial^2 \Pi^C}{\partial p_2 \partial p_e} \\ \dfrac{\partial^2 \Pi^C}{\partial p_e \partial p_1} & \dfrac{\partial^2 \Pi^C}{\partial p_e \partial p_2} & \dfrac{\partial^2 \Pi^C}{\partial p_e^2} \end{vmatrix} = \begin{vmatrix} -2 & 2h & (-1+h) \\ 2b & -2 & (-1+h) \\ (-1+h) & (-1+h) & -\dfrac{4d}{t} \end{vmatrix}$$

$$= \frac{4(1+h)(1-h)[4d-(1-h)t]}{t} < 0。$$

因此中心化模型中，供应链总利润函数关于 (p_1, p_2, p_e) 是联合凹的，解的唯一性成立。

2. 分散化模型

根据逆推法则，首先对零售商进行分析。

分散化模型中的零售商利润函数分别对 p_i 求偏导：$\dfrac{\partial \Pi_{R_i}^{D}}{\partial p_i} = a - 2p_i + hp_j + w$，$\dfrac{\partial^2 \Pi_{R_i}^{D}}{\partial p_i^2} = -2 < 0$，因此零售商利润函数是关于 p_i 的凹函数。

分散化模型下的制造商利润函数关于 (w, p_e) 的黑塞矩阵：

$$\boldsymbol{H} = \begin{bmatrix} \dfrac{\partial^2 \Pi_M^D}{\partial w^2} & \dfrac{\partial^2 \Pi_M^D}{\partial w \partial p_e} \\[3mm] \dfrac{\partial^2 \Pi_M^D}{\partial p_e \partial w} & \dfrac{\partial^2 \Pi_M^D}{\partial p_e^2} \end{bmatrix} = \begin{bmatrix} \dfrac{4(h-1)}{2-h} & \dfrac{2(h-1)}{2-h} \\[3mm] \dfrac{2(h-1)}{2-h} & -\dfrac{4d}{t} \end{bmatrix}$$

已知假设条件 $2d > (1-h)t$，其中 $\dfrac{\partial^2 \Pi_M^D}{\partial w^2} = \dfrac{4(h-1)}{2-h} < 0$，

$$\begin{vmatrix} \dfrac{\partial^2 \Pi_M^D}{\partial w^2} & \dfrac{\partial^2 \Pi_M^D}{\partial w \partial p_e} \\[3mm] \dfrac{\partial^2 \Pi_M^D}{\partial p_e \partial w} & \dfrac{\partial^2 \Pi_M^D}{\partial p_e^2} \end{vmatrix} = \dfrac{\partial^2 \Pi_M^D}{\partial w^2} \dfrac{\partial^2 \Pi_M^D}{\partial p_e^2} - \left(\dfrac{\partial^2 \Pi_M^D}{\partial w \partial p_e} \right)^2 = 4(1-h)\dfrac{4d(2-h)-(1-h)t}{(2-h)^2 t} > 0。$$

因此在分散化模型中，制造商利润函数关于 (w, p_e) 是联合凹的，解的唯一性成立。

3. 两部定价合同

根据逆推法则，首先对零售商进行分析。两部定价合同下的零售商利润函数分别对 p_i 求偏导：$\dfrac{\partial \Pi_{R_i}^{DT}}{\partial p_i} = a - 2p_i + hp_j + w$，$\dfrac{\partial^2 \Pi_{R_i}^{D}}{\partial p_i^2} = -2 < 0$，因此零售商利润函数是关于 p_i 的凹函数。

两部定价合同下的制造商利润函数关于 (w, p_e) 的黑塞矩阵如下：

$$\boldsymbol{H} = \begin{pmatrix} \dfrac{\partial^2 \Pi_M^{DT}}{\partial w^2} & \dfrac{\partial^2 \Pi_M^{DT}}{\partial w \partial p_e} \\[3mm] \dfrac{\partial^2 \Pi_M^{D1}}{\partial p_e \partial w} & \dfrac{\partial^2 \Pi_M^{DT}}{\partial p_e^2} \end{pmatrix} = \begin{bmatrix} \dfrac{4(h-1)}{(2-h)^2} & \dfrac{2(h-1)}{2-h} \\[3mm] \dfrac{2(h-1)}{2-h} & -\dfrac{4d}{t} \end{bmatrix}$$

已知假设条件 $2d > (1-h)t$，其中 $\dfrac{\partial^2 \Pi_M^{DT}}{\partial w^2} = \dfrac{4(h-1)}{(2-h)^2} < 0$，

$$\begin{vmatrix} \dfrac{\partial^2 \Pi_{\mathrm{M}}^{\mathrm{DT}}}{\partial w^2} & \dfrac{\partial^2 \Pi_{\mathrm{M}}^{\mathrm{DT}}}{\partial w \partial p_{\mathrm{e}}} \\[3mm] \dfrac{\partial^2 \Pi_{\mathrm{M}}^{\mathrm{DT}}}{\partial p_{\mathrm{e}} \partial w} & \dfrac{\partial^2 \Pi_{\mathrm{M}}^{\mathrm{DT}}}{\partial p_{\mathrm{e}}^2} \end{vmatrix} = \dfrac{\partial^2 \Pi_{\mathrm{M}}^{\mathrm{DT}}}{\partial w^2} \dfrac{\partial^2 \Pi_{\mathrm{M}}^{\mathrm{DT}}}{\partial p_{\mathrm{e}}^2} - \left(\dfrac{\partial^2 \Pi_{\mathrm{M}}^{\mathrm{DT}}}{\partial w \partial p_{\mathrm{e}}} \right)^2 = 4(1-h)\dfrac{4d-(1-h)t}{(2-h)^2 t} > 0 \text{。}$$

因此在两部定价合同下，制造商利润函数关于 (w, p_{e}) 是联合凹的，解的唯一性成立。

■**命题 4-29 及式(4-80)～式(4-90)证明：**

当 $w_1 = r_1 + c$ 时，零售商利润函数为

$$\Pi_{\mathrm{R1}} = (p_1 - r_1 - c)(a - p_1 + hp_2) + r_1(a - p_1 + hp_2 - T_1)^+ + (p_{\mathrm{e1}} - et^2)\left(a - p_1 + hp_2 - \dfrac{dp_{\mathrm{el}}}{t} \right)$$

因此，当 $q_1 = a - p_1 + hp_2 > T_1$ 时，零售商利润函数为

$$\Pi_{\mathrm{R1}x} = (p_1 - c)(a - p_1 + hp_2) + r_1 T_1 + (p_{\mathrm{e1}} - et^2)\left(a - p_1 + hp_2 - \dfrac{dp_{\mathrm{el}}}{t} \right) = \Pi_{\mathrm{S1}} - r_1 T_1$$

当 $q_1 = a - p_1 + hp_2 \leqslant T_1$，零售商利润函数为

$$\Pi_{\mathrm{R1}y} = (p_1 - c - r_1)(a - p_1 + hp_2) + (p_{\mathrm{e1}} - et^2)\left(a - p_1 + hp_2 - \dfrac{dp_{\mathrm{el}}}{t} \right) \text{。}$$

分别求得 RW 模式下零售商利润函数分别为 $\Pi_{\mathrm{R1}x}$ 和 $\Pi_{\mathrm{R1}y}$ 时的定价均衡，并由此得到两种情况下的产品需求均衡 q_{1x} 和 q_{1y}。令订货 $\Pi_{\mathrm{R1}x}$ 阈值满足 $T_1 < \min\{q_{1x}, q_{1y}\}$，即 $T_1 < q_{1x}$，$T_1 < q_{1y}$ 成立，这种情况下零售商的利润函数只能为，即 $\Pi_{\mathrm{R1}} = \Pi_{\mathrm{s1}} - r_1 T_1$，相应地，制造商利润函数为 $\Pi_{\mathrm{M1}} = r_1 T_1$。此时，零售商的定价决策同整合结构时的决策一致，实现了供应链的协调，且通过调节回扣参数 r_1 可以调节零售商和制造商的利润分配份额。因此制造商将设置销售回扣合同参数满足 $w_1 = r_1 + c$，且令 T_1 足够小。以下给出了具体的 T_1 的上界的推导过程，以及式(4-80)～式(4-90)的证明过程。

(1)首先考虑零售商的决策，由于零售商 $\max\limits_{x_i \geqslant 0} \pi_i = (p_i - c_i)(a - p_i + bp_{3-i}) - hx_i^2$ 无法观测到竞争对手供应链的批发价格 w_{3-i}，只能依据批发价格 w_i 作出定价决策。

设 $p_{\mathrm{T1}} = \dfrac{(4d-t)T_1 - 2ad + 2cd + edt^2}{2hd}$，$p_{\mathrm{T2}} = p_{\mathrm{T1}} + \dfrac{r_1}{h}$，$p_{\mathrm{T}} = p_{\mathrm{T1}} + \dfrac{r_1}{2h}$；

$$\begin{cases} p_{10} = \dfrac{(2d-t)(a+hp_2)+(2c+et^2)d}{4d-t} \\[3mm] p_{\mathrm{e10}} = \dfrac{t(a+hp_2 - c \quad ct^2 + 2edt)}{4d-t} \end{cases}, \quad \begin{cases} p_{11} = \dfrac{(2d-t)(a+hp_2)+(2c+et^2+2r)d}{4d-t} \\[3mm] p_{\mathrm{e11}} = \dfrac{t(a+hp_2 - c - et^2 + 2edt - r)}{4d-t} \end{cases} \text{。}$$

由式(4-77)可知零售商 1 的利润函数 Π_{R1} 为连续分段函数，在其连续性区域

$\{p_1 \mid p_1 > a_1 + hp_2 - T_1\}$ 或 $\{p_1 \mid p_1 < a_1 + hp_2 - T_1\}$ 上有 $\partial^2 \Pi_{R1} / \partial p_1^2 = -2 < 0$，$\left(\dfrac{\partial^2 \Pi_{R1}}{\partial p_1 \partial p_{e1}} \right)^2 -$

$\dfrac{\partial^2 \Pi_{R1}}{\partial p_1^2} \dfrac{\partial^2 \Pi_{R1}}{\partial p_{e1}^2} = \dfrac{t - 4d}{t} < 0$，即 Π_{R1} 在其连续性区域上总为凹函数。解方程组 $\partial \Pi_{R1} / \partial p_1 = 0$ 和 $\partial \Pi_{R1} / \partial p_{e1} = 0$ 并进行分析计算可得：当 $p_2 > p_{T2}$ 时，(p_{10}, p_{e10}) 为利润函数 Π_{R1} 的唯一极大值点，即最大值点；当 $p_2 < p_{T1}$ 时，(p_{11}, p_{e11}) 为利润函数 Π_{R1} 的唯一极大值点，即最大值点；当 $p_{T1} < p_2 < p_{T2}$ 时，利润函数 Π_{R1} 存在两个极大值点 (p_{10}, p_{e10}) 和 (p_{11}, p_{e11})。将两个极大值点分别代入 Π_{R1} 中进行比较计算得：当 $p_2 \geqslant p_T > p_{T1}$ 时，$\Pi_{R1}(p_{10}, p_{e10}) \geqslant \Pi_{R1}(p_{11}, p_{e11})$；当 $p_2 < p_T < p_{T2}$ 时，$\Pi_{R1}(p_{10}, p_{e10}) < \Pi_{R1}(p_{11}, p_{e11})$。因此，$p_2 \geqslant p_T$ 时，零售商 1 的反应函数为 (p_{10}, p_{e10})，当 $p_2 < p_T$ 时，零售商 1 的反应函数为 (p_{11}, p_{e11})。

给定制造商 2 的批发价格 w_2，由式(4-78)可知零售商 2 的利润函数 Π_{R2} 为连续函数且满足 $\dfrac{\partial^2 \Pi_{R2}}{\partial p_2^2} = -2 < 0$，$\left(\dfrac{\partial^2 \Pi_{R2}}{\partial p_2 \partial p_{e2}} \right)^2 - \dfrac{\partial^2 \Pi_{R2}}{\partial p_2^2} \dfrac{\partial^2 \Pi_{R2}}{\partial p_{e2}^2} = \dfrac{t - 4d}{t} < 0$，因此零售商 2 的定价反应函数满足一阶条件，结果为

$$\begin{cases} p_2(p_1, p_{e1} \mid w_2) = \dfrac{(2 - t)(a + hp_1) + 2w_2 + et^2}{4 - t} \\ p_{e2}(p_1, p_{e1} \mid w_2) = \dfrac{t(a + hp_1 - w_2 - et^2 + 2et)}{4 - t} \end{cases} \tag{A1}$$

(2)考虑制造商 2 的决策。预测到零售商的定价决策之后，制造商利润函数满足 $d^2 \Pi_{M2} / dw_2^2 = 4d / (t - 4d) < 0$，因此制造商批发价格决策满足 $d \Pi_{M2} / dw_2 = 0$，为

$$w_2(p_1, p_2) = \dfrac{(2d - ht + 2hd)a + 2d(h + 1)c + (t - 2d)hp_1 + (2d - t)h^2 p_2 + edt^2(1 - h)}{4d} \tag{A2}$$

(3)将式(A2)中的批发价格决策回代入零售商 2 的反应函数(A1)中，再同时考虑零售商 1 和零售商 2 的反应函数，可以推导出零售商的产品价格和延保服务定价格均衡满足：当 $T_1 < T^{RW}$ 时，均衡点恰好为 (p_1, p_{e1}) 和 (p_2, p_{e2}) 的交点，也为唯一交点，均衡结果即为式(4-80)~(4-83)。将定价均衡回代入制造商 2 的批发价格决策中，可以求得均衡批发价格决策如式(4-84)所示。基于均衡的产品价格、延保价格和批发价格，即可得到产品需求、延保需求、制造商利润、零售商利润等均衡结果，如式(4-85)~式(4-90)所示。经过计算推导可以证明当 $0 < t \leqslant 2d$ 且 $a > a^{RW}$ 成立时，$L_{RW} > 0$，且零售商定价决策、订货量决策、延保需求、制造商利润等均衡结果为正，并且当 $T_1 < T^{RW}$ 时可以保证零售商利润也为正。

证毕。

■命题 4-30 证明：

首先考虑竞争对手供应链实施批发价格合同时的情形。由竞争供应链的对称性，不妨假设给定供应链 2 实施批发价格合同，考虑供应链 1 实施不同纵向合同策略时的产品价格、产品需求、延保价格和延保需求。比较 WW 模式和 RW 模式下的均衡结果可得

$$p_1^{\text{WW}} - p_1^{\text{RW}} = \frac{d(4d-t)^2[2a-(1-h)(2c+et^2)]}{(2L_{\text{WW}}L_{\text{RW}})} > 0$$

$$q_1^{\text{WW}} - q_1^{\text{RW}} = \frac{-d(4d-t)(4d-t-3h^2d+h^2t)[2a-(1-h)(2c+et^2)]}{(2L_{\text{WW}}L_{\text{RW}})} < 0$$

$$p_{e1}^{\text{WW}} - p_{e1}^{\text{RW}} = \frac{-t(4d-t)(4d-t-3h^2d+h^2t)[2a-(1-h)(2c+et^2)]}{(4L_{\text{WW}}L_{\text{RW}})} < 0$$

$$q_{e1}^{\text{WW}} - q_{e1}^{\text{RW}} = \frac{-d(4d-t)(4d-t-3h^2d+h^2t)[2a-(1-h)(2c+et^2)]}{(4L_{\text{WW}}L_{\text{RW}})} < 0$$

由此可以推出，$p_1^{\text{WW}} > p_1^{\text{RW}}$，$q_1^{\text{WW}} < q_1^{\text{RW}}$，$p_{e1}^{\text{WW}} < p_{e1}^{\text{RW}}$，$q_{e1}^{\text{WW}} < q_{e1}^{\text{RW}}$。

再来考虑竞争对手供应链采用销售回扣合同时的情形。由竞争供应链的对称性，不妨假设给定供应链 1 采用销售回扣合同，考虑供应链 2 实施不同纵向合同策略时的产品价格、产品需求、延保价格和延保需求。比较 RR 模式和 RW 模式下的均衡结果可得

$$p_2^{\text{RR}} - p_2^{\text{RW}} = \frac{-d(4d-t)^2[2a-(1-h)(2c+et^2)]}{2L_{\text{RR}}L_{\text{RW}}} < 0$$

$$q_2^{\text{RR}} - q_2^{\text{RW}} = \frac{d(4d-t)(4d-t-2h^2d+h^2t)[2a-(1-h)(2c+et^2)]}{2L_{\text{RR}}L_{\text{RW}}} > 0$$

$$p_{e2}^{\text{RR}} - p_{e2}^{\text{RW}} = \frac{t(4d-t)B(4d-t-2h^2d+h^2t)[2a-(1-h)(2c+et^2)]}{4L_{\text{RR}}L_{\text{RW}}} > 0$$

$$q_{e1}^{\text{RR}} - q_{e1}^{\text{RW}} = \frac{-d(4d-t)(4d-t-2h^2d+h^2t)[2a-(1-h)(2c+et^2)]}{4L_{\text{WW}}L_{\text{RW}}} < 0$$

由此可以推出 $p_2^{\text{RR}} < p_2^{\text{RW}}$，$q_2^{\text{RR}} > q_2^{\text{RW}}$，$p_{e2}^{\text{RR}} > p_{e2}^{\text{RW}}$，$q_{e1}^{\text{RR}} > q_{e1}^{\text{RW}}$。

综合以上的结论，再由竞争供应链的对称性即可推出命题 4-30 的结论。

证毕。

■命题 4-31 证明：

由式(4-96)和式(4-97)可计算出

$r_{1b} - r_{1a}$

$$= \frac{d(4d-t)(t^2-12dt+24d^2)(t-3d)^2(h-h_2)(h+h_2)(h^2-\beta_1)[2a-(1-h)(2c+et^2)]^2}{16T_1 L_{\mathrm{WW}}{}^2 L_{\mathrm{RW}}{}^2}$$

$$= \frac{\Pi_{S1}^{\mathrm{RW}} - \Pi_{S1}^{\mathrm{WW}}}{T_1}$$

其中，$\beta_1 = \dfrac{(t-4d)^2}{(t-3d)[t-2(3-\sqrt{3})d]}$，可以证明当 $0<t<2d$ 时，有 $t^2-12dt+24d^2>0$ 且 $\beta_1>1$ 成立。再由多项式函数的性质即可推出当 $0\leqslant h<h_2$ 时，$r_{1b}>r_{1a}$。由式(4-88)和式(4-90)可以证明 $\partial\Pi_{\mathrm{M1}}^{\mathrm{RW}}/\partial r = -\partial\Pi_{\mathrm{R1}}^{\mathrm{RW}}/\partial r = T_1>0$，因此当且仅当 $0\leqslant h<h_2$，$r_{1a}<r_1<r_{1b}$ 时，$\Pi_{\mathrm{M1}}^{\mathrm{RW}}>\Pi_{\mathrm{M1}}^{\mathrm{WW}}$ 和 $\Pi_{\mathrm{R1}}^{\mathrm{RW}}>\Pi_{\mathrm{R1}}^{\mathrm{WW}}$，命题 4-31 结论(1)得证。同理，由式(4-98)和式(4-99)可计算出

$r_{2d} - r_{2c}$

$$= \frac{(t^2-12dt+24d^2)(t-2d)^2 d(4d-t)(h-h_3)(h+h_3)(h^2-\beta_2)[2a-(1-h)(2c+et^2)]^2}{16T_2 L_{\mathrm{RR}}{}^2 L_{\mathrm{RW}}{}^2}$$

$$= \frac{\Pi_{S2}^{\mathrm{RR}} - \Pi_{S2}^{\mathrm{RW}}}{T_2}$$

其中，$\beta_2 = \dfrac{(t-4d)^2}{(2d-t)[(6-2\sqrt{3})d-t]}$，且 $\beta_2>1$。由式(4-100)可以证明当 $0<t<0.84532d$ 时，$0<h_3<1$，当 $0.84532d\leqslant t<2d$ 时，$h_3\geqslant1$。结合多项式函数的性质即可得当 $0<t<0.84532d$ 且 $0\leqslant h<h_3$，或者当 $0.84532d<t<2d$ 时，$r_{2d}>r_{2c}$。由式(4-94)和式(4-95)可以证明 $\partial\Pi_{\mathrm{M2}}^{\mathrm{RR}}/\partial r = -\partial\Pi_{\mathrm{R2}}^{\mathrm{RR}}/\partial r = T_2>0$，因此当且仅当 $0\leqslant h<\max\{h_3,1\}$，$r_{2c}<r_2<r_{2d}$ 时，$\Pi_{\mathrm{M2}}^{\mathrm{RR}}>\Pi_{\mathrm{M2}}^{\mathrm{RW}}$ 和 $\Pi_{\mathrm{R2}}^{\mathrm{RR}}>\Pi_{\mathrm{R2}}^{\mathrm{RW}}$，命题 4-31 结论(2)得证。

证毕。

■引理 2 证明：

由式(4-101)和式(4-102)可得

$$r_{if} - r_{ie} = \frac{d(4d-t)(24d^2-12dt+t^2)(h-h_1)(h-\beta_3)[2a-(1-h)(2c+et^2)]}{16T_i L_{\mathrm{WW}}{}^2 L_{\mathrm{RR}}{}^2}$$

$$= \frac{\Pi_{Si}^{\mathrm{RR}} - \Pi_{Si}^{\mathrm{WW}}}{T_i}$$

其中，$\beta_3 = (4d-t)/[2(3-\sqrt{3})d-t]$，且当 $0<t<2d$ 成立时，有 $\beta_3>1$，由式(4-100)可知 $0<h_1<1$ 成立，结合多项式性质即可得当 $0<h<h_1$ 时，有 $r_{if}>r_{ie}$ 成立。

由式(4-96)和式(4-101)，可知 $r_{ia}=r_{ie}$ 成立。由式(4-98)和式(4-101)，可得

$$r_{ie} - r_{ic} = \frac{-2hd^2(2d-t)(3d-t)(t-4d)^2[2a-(1-h)(2c+et^2)]^2(h-\beta_4)(h-\beta_5)}{8T_i L_{\mathrm{WW}}{}^2 L_{\mathrm{RW}}{}^2}$$

其中，

$$\beta_4 = \frac{-\left(d - \sqrt{97d^2 - 80dt + 16t^2}\right)(4d - t)}{4(2d - t)(3d - t)}; \quad \beta_5 = \frac{-\left(d + \sqrt{97d^2 - 80dt + 16t^2}\right)(4d - t)}{4(2d - t)(3d - t)} \; 。$$

可以证明，当 $0 < t < 2d$ 时，有 $h_1 < \beta_4$，$\beta_5 < 0$ 成立，因此当 $0 < h < h_1$ 时，$r_{ie} - r_{ic} > 0$。

由式(4-99)和式(4-102)，可得

$$r_{if} - r_{id} = \frac{2hd^2(2d - t)(3d - t)(t - 4d)^2[2a - (1 - h)(2c + et^2)]^2(h - \beta_4)(h - \beta_5)}{16T_i L_{\mathrm{WW}}{}^2 L_{\mathrm{RW}}{}^2}$$

$$= -\frac{r_{ie} - r_{ic}}{2}$$

因此，当 $0 < h < h_1$ 时，$r_{if} < r_{id}$。

由式(4-97)和式(4-99)，可得

$$r_{id} - r_{ib} = \frac{hd^2(t - 4d)^3[2a - (1 - h)(2c + et^2)]^2 H}{16T_i L_{\mathrm{WW}}{}^2 L_{\mathrm{RR}}{}^2 L_{\mathrm{RW}}{}^2}$$

其中，

$$H = 2(8d - 3t)(3d - t)(2d - t)h^4 - (280d^3 - 300d^2t + 105dt^2 - 12t^3)h^3$$
$$+ (35d - 12t)(4d - t)^2 h - 6(4d - t)^3$$

可以证明，当 $0 < t < 2d$，$0 < h < h_1$ 时，有 $H < 0$ 成立，因此当 $0 < h < h_1$ 时，$r_{id} < r_{ib}$。

综合以上结论即可得当 $0 < h < h_1$ 时，有 $r_{ic} < r_{ia} = r_{ie} < r_{if} < r_{id} < r_{ib}$ 成立。

证毕。

■命题 4-34 证明：

比较 WW 模式和 RR 模式下的产品定价、产品需求、延保定价和延保需求，得

$$p_i^{\mathrm{RR}} - p_i^{\mathrm{WW}} = \frac{-d(4d - t)[2a - (1 - h)(2c + et^2)]}{2L_{\mathrm{WW}}L_{\mathrm{RR}}} < 0$$

$$q_i^{\mathrm{RR}} - q_i^{\mathrm{WW}} = \frac{d(4d - t)(1 - h)[2a - (1 - h)(2c + et^2)]}{2L_{\mathrm{WW}}L_{\mathrm{RR}}} > 0$$

$$p_{ei}^{\mathrm{RR}} - p_{ei}^{\mathrm{WW}} = \frac{t(4d - t)(1 - h)[2a - (1 - h)(2c + et^2)]}{4L_{\mathrm{WW}}L_{\mathrm{RR}}} > 0$$

$$q_{ei}^{\mathrm{RR}} - q_{ei}^{\mathrm{WW}} = \frac{d(4d - t)(1 - h)[2a - (1 - h)(2c + et^2)]}{4L_{\mathrm{WW}}L_{\mathrm{RR}}} > 0$$

其中，$i = 1, 2$。由此可以推出，$p_i^{\mathrm{RR}} < p_i^{\mathrm{WW}}$，$q_i^{\mathrm{RR}} > q_i^{\mathrm{WW}}$，$p_{ei}^{\mathrm{RR}} > p_{ei}^{\mathrm{WW}}$，$q_{ei}^{\mathrm{RR}} > q_{ei}^{\mathrm{WW}}$。命题 4-34 结论(1)得证。

由式(4-94)和式(4-95)可以证明 $\partial \Pi_{\mathrm{M}i}^{\mathrm{RR}} / \partial r = -\partial \Pi_{\mathrm{R}i}^{\mathrm{RR}} / \partial r = T_i > 0$。由引理 2 可知，当 $0 < h < h_1$ 时，$r_{if} > r_{ie}$ 成立。因此当且仅当 $0 < h < h_1$，$r_{ie} < r_i < r_{if}$ 时，$\Pi_{\mathrm{M}i}^{\mathrm{RR}} > \Pi_{\mathrm{M}i}^{\mathrm{WW}}$

和 $\Pi_{\mathrm{R}i}^{\mathrm{RR}} > \Pi_{\mathrm{R}i}^{\mathrm{WW}}$ 成立。命题 4-34 结论(2)得证。

由式(4-100)可以证明，$\dfrac{\partial h_1}{\partial d} = \dfrac{2(1+\sqrt{3})t}{[2(3+\sqrt{3})d - t]^2} > 0$ ，$\dfrac{\partial h_1}{\partial t} = \dfrac{-2(1+\sqrt{3})d}{[2(3+\sqrt{3})d - t]^2} < 0$ ，

且 $0.2679 < h_1 < 0.4226$ ，命题 4-34 结论(3)得证。

证毕。

附　录　三

■**命题 6-1 证明：**

用 X 表示租赁公司已经租赁或已预订的汽车总数，则预订限将受限于集合 $\mathbf{A}(X)$。根据式 (6-1) 可以看出，随着 X 的增加，至少存在一个分量 x_j 增加，而随着 x_j 的增加，预订限的上限减少，预订限额的取值范围将减小。所以当 X 增加至 X'，有 $\mathbf{A}(X') \subseteq \mathbf{A}(X)$，此时 $\forall b \in \mathbf{A}(X')$，必有 $b \in \mathbf{A}(X)$。根据式 (6-5) 和式 (6-6)，得到 $V(X) = \max\limits_{b \in A(X)} \sum\limits_{t=0}^{\infty} \gamma^t \left(\sum\limits_{i=1}^{2} \sum\limits_{n=0}^{N} \sum\limits_{l=1}^{L} p_l^{(i)} E(\min\{b_{n,l}^{(i)}(X), d_{n,l}^{(i)}\}) \right)$，即未来的期望总收益 $V(X)$ 依赖于预订限额。因为 $\mathbf{A}(X') \subseteq \mathbf{A}(X)$，所以若假设 b_1^*、b_2^* 分别为 $V(X')$ 与 $V(X)$ 的最优预订限额，且使得 $V(X') \geqslant V(X)$，则 $b_1^* \in A(X')$，必有 $b_1^* \in A(X)$。当初始状态为 X 时，显然将预定限额 b_1^* 代入 $V(X)$ 的表达式中计算得到的 $V(X)$ 的值大于预订限额为 b_2^* 时的值，因此与 b_2^* 是 $V(X)$ 的最优预订限额矛盾。所以 $V(X') \leqslant V(X)$ 成立，即 $V(X)$ 是 X 的单调不增函数。

■**命题 6-2 证明：**

因为 $p_l^{(1)} = p_l - \alpha^{(1)} K_l - (1-\alpha^{(1)}) C_l$，$p_l^{(2)} = p_l - (1-\alpha^{(2)}) K_l - \alpha^{(2)} C_l$，则 $p_l^{(1)} - p_l^{(2)} = (1-\alpha^{(1)}-\alpha^{(2)})(K_l - C_l)$ 成立，显然若 $\alpha^{(1)} + \alpha^{(2)} \geqslant 1$，则 $p_l^{(1)} - p_l^{(2)} \geqslant 0$ 成立，反之则 $p_l^{(1)} - p_l^{(2)} \leqslant 0$ 成立。由于 $1-\alpha^{(2)}$ 为坏顾客转换为好顾客的概率，因此 $\alpha^{(1)} \geqslant 1-\alpha^{(2)}$ 可以理解为当好顾客选择文明行为的概率高于坏顾客选择文明行为的概率时，租赁 1 单位产品给好顾客所获得的期望收益将高于租赁给坏顾客的期望收益，反之也成立。

■**命题 6-3 证明：**

由于这里仅考虑平台提供一种汽车租赁，因此在进行预订限决策时，若当前决策周期中不同类型的顾客需求均为产品 (n,l)，即在同一时间租赁一个同样的产品，并于同一时间归还，所以对下一个周期而言其状态变量 $\tilde{X}$ 是相同的。因为 $V(X) = \max\limits_{b \in A(X)} \{R[b(X)] + \gamma V(\tilde{X})\}$，则不同类型顾客对同一个产品的需求的决策仅会影响当前决策周期的收益。由于 $R(b(X)) = E\left(\sum_{i=1}^{2}\sum_{n=0}^{N}\sum_{l=1}^{L} p_l^{(i)}\min\{b_{n,l}^{(i)}(X), d_{n,l}^{(i)}\}\right)$〔后文简写为 $R(b)$〕，因此无论不同类型顾客的需求分布是否相同，对于同一类产品 (n,l)，考虑其在不同类型顾客之间的分配时，仅需要考虑增加一个预订所引起的单位收益的变化。

1. 考虑顾客需求分布不同的情形

顾客的需求 $d_{n,l}^{(i)}$ 独立，且服从分布 $F_{n,l}^{(i)}(d)$，根据上述分析，同一个周期同一个产品在不同类型顾客之间的分配，可以仅考虑租赁 1 单位产品 (n,l) 所引起的当前决策周期收益的变化。由于 $R(b) = E\left(\sum_{i=1}^{2}\sum_{n=0}^{N}\sum_{l=1}^{L} p_l^{(i)}\min\{b_{n,l}^{(i)}, d_{n,l}^{(i)}\}\right)$，根据期望的性质可以得到：

$$
\begin{aligned}
R(b) &= \sum_{i=1}^{2}\sum_{n=0}^{N}\sum_{l=1}^{L} E(p_l^{(i)}\min\{b_{n,l}^{(i)}, d_{n,l}^{(i)}\}) \\
&= \sum_{i=1}^{2}\sum_{n=0}^{N}\sum_{l=1}^{L} p_l^{(i)} E(\min\{b_{n,l}^{(i)}, d_{n,l}^{(i)}\}) \\
&= \sum_{n=0}^{N}\sum_{l=1}^{L}\sum_{i=1}^{2} p_l^{(i)}\left\{ b_{n,l}^{(i)}[1-F_{n,l}^{(i)}(b_{n,l}^{(i)})] + \sum_{d_{n,l}^{(i)}\leqslant b_{n,l}^{(i)}} d_{n,l}^{(i)} P(D_{n,l}^{(i)} = d_{n,l}^{(i)}) \right\}
\end{aligned}
\tag{6-25}
$$

若将 $b_{n',l'}^{(i)}$ 增加 1，记 $\Delta_{b_{n',l'}^{(i)}} R = R(b + e_{n',l'}^{(i)}) - R(b)$，其中 $e_{n',l'}^{(i)}$ 表示第 i 类顾客提前 n' 天预订，租期为 l' 的预订限增加 1，其余产品预订限保持不变，先将式(6-25)改写为如下形式：

$$
\begin{aligned}
R(b) &= \sum_{(n,l,i)\neq(n',l',i)} p_l^{(i)}\left\{ b_{n,l}^{(i)}[1-F_{n,l}^{(i)} b_{n,l}^{(i)}] + \sum_{k=0}^{b_{n,l}^{(i)}} kP(d_{n,l}^{(i)} = k) \right\} \\
&\quad + p_{l'}^{(i)}\left\{ b_{n',l'}^{(i)}[1-F_{n',l'}^{(i)} b_{n',l'}^{(i)}] + \sum_{k=0}^{b_{n',l'}^{(i)}} kP(d_{n',l'}^{(i)} = k) \right\}
\end{aligned}
\tag{6-26}
$$

则同样有

$$
\begin{aligned}
R(b + e_{n',l'}^{(i)}) &= \sum_{(n,l,i)\neq(n',l',i)} p_l^{(i)}\left\{ b_{n,l}^{(i)}[1-F_{n,l}^{(i)} b_{n,l}^{(i)}] + \sum_{k=0}^{b_{n,l}^{(i)}} kP(d_{n,l}^{(i)} = k) \right\} \\
&\quad + p_{l'}^{(i)}\left\{ b_{n',l'}^{(i)}[1-F_{n',l'}^{(i)}(b_{n',l'}^{(i)}+1)] + \sum_{k=0}^{b_{n',l'}^{(i)}+1} kP(d_{n',l'}^{(i)} = k) \right\}
\end{aligned}
\tag{6-27}
$$

由于租赁同一产品给不同的顾客，对收益的影响仅在当前决策周期，则由式(6-26)和式(6-27)，可得租赁 1 单位产品给不同的顾客在当前决策周期的边际

收益为

$$
\Delta_{b_{n',l'}^{(i)}}R = R(b+e_{n',l'}^{(i)}) - R(b)
$$

$$
= p_{l'}^{(i)}\left\{(b_{n',l'}^{(i)}+1)[1-F_{n',l'}^{(i)}(b_{n',l'}^{(i)}+1)]+\sum_{k=0}^{b_{n',l'}^{(i)}+1}kP(d_{n',l'}^{(i)}=k)\right\} \tag{6-28}
$$

$$
- p_{l'}^{(i)}\left\{b_{n',l'}^{(i)}[1-F_{n',l'}^{(i)}b_{n',l'}^{(i)}]+\sum_{k=0}^{b_{n',l'}^{(i)}}kP(d_{n',l'}^{(i)}=k)\right\}
$$

由于 $1-F_{n',l'}^{(i)}(b_{n',l'}^{(i)}+1)=1-F_{n',l'}^{(i)}b_{n',l'}^{(i)}-P(D_{n',l'}^{(i)}=b_{n',l'}^{(i)}+1)$ ，则式(6-28)可表示为如下

形式：

$$
\Delta_{b_{n',l'}^{(i)}}R = R(b+e_{n',l'}^{(i)}) - R(b)
$$

$$
= p_{l'}^{(i)}\left\{\begin{array}{l}(b_{n',l'}^{(i)}+1)[1-F_{n',l'}^{(i)}(b_{n',l'}^{(i)}+1)]+\sum_{d_{n',l'}^{(i)}\leqslant b_{n',l'}^{(i)}}d_{n,l}^{(i)}P(D_{n',l'}^{(i)}=d_{n',l'}^{(i)})\\ +(b_{n',l'}^{(i)}+1)P(D_{n',l'}^{(i)}=b_{n',l'}^{(i)}+1)\end{array}\right\} \tag{6-29}
$$

$$
- p_{l'}^{(i)}\left\{b_{n',l'}^{(i)}[1-F_{n',l'}^{(i)}b_{n',l'}^{(i)}]+\sum_{d_{n',l'}^{(i)}\leqslant b_{n',l'}^{(i)}}d_{n,l}^{(i)}P(D_{n',l'}^{(i)}=d_{n',l'}^{(i)})\right\}
$$

$$
= p_{l'}^{(i)}[1-F_{n',l'}^{(i)}b_{n',l'}^{(i)}]\geqslant 0
$$

因此当 $\dfrac{\Delta_{b_{n,l}^{(1)}}R}{\Delta_{b_{n,l}^{(2)}}R}=\dfrac{p_l^{(1)}[1-F_{n,l}^{(1)}b_{n,l}^{(1)}]}{p_l^{(2)}[1-F_{n,l}^{(2)}b_{n,l}^{(2)}]}\geqslant 1$ 时，即当 $\dfrac{p_l^{(1)}}{p_l^{(2)}}\geqslant\dfrac{1-F_{n,l}^{(2)}b_{n,l}^{(2)}}{1-F_{n,l}^{(1)}b_{n,l}^{(1)}}$ 时，平台在库存

剩余的前提下更愿意将产品租赁给好顾客。同理可得，当 $\dfrac{p_l^{(1)}}{p_l^{(2)}}<\dfrac{1-F_{n,l}^{(2)}b_{n,l}^{(2)}}{1-F_{n,l}^{(1)}b_{n,l}^{(1)}}$ 时，平

台更愿意将产品租赁给坏顾客。

2. 考虑不同类型顾客需求服从独立同分布的情形

在此情况下，根据上一情形，可以得到同一产品在不同类型顾客之间的分配

策略：若 $\dfrac{p_l^{(1)}}{p_l^{(2)}}\geqslant\dfrac{1-F_{n,l}b_{n,l}^{(2)}}{1-F_{n,l}b_{n,l}^{(1)}}$ ，则分配给好顾客。当 $p_l^{(1)}\geqslant p_l^{(2)}$ ，必有 $p_l^{(1)}[1-F_{n,l}b_{n,l}]\geqslant$

$p_l^{(2)}[1-F_{n,l}b_{n,l}]$ ，即相同预订限下，好顾客的边际收益总是高于坏顾客的边际收益。

因此在此情况下，平台总会优先考虑将产品分配给好顾客，从而使得 $b_{n,l}^{(1)}\geqslant b_{n,l}^{(2)}$ ，

反之也成立。

■命题 6-4 证明：

由 $\Delta_{b_{n',l'}^{(i)}}R = p_{l'}^{(i)}[1-F_{n',l'}^{(i)}b_{n',l'}^{(i)}]$ ，有 $\Delta_{b_{n',l'}^{(i)}+1}R = p_{l'}^{(i)}[1-F_{n',l'}(b_{n',l'}^{(i)}+1)]$ ，显然有

$$
\Delta_{b_{n',l'}^{(i)}}R - \Delta_{b_{n',l'}^{(i)}+1}R = p_{l'}^{(i)}[1-F_{n',l'}b_{n',l'}^{(i)}] - p_{l'}^{(i)}[1-F_{n',l'}(b_{n',l'}^{(i)}+1)] \tag{6-30}
$$

由于分布函数是单调不减函数，所以 $\Delta_{b_{n',r}^{(i)}} R - \Delta_{b_{n',r}^{(i)}+1} R \geqslant 0$ ，即随着预订限的增加所能带来的边际收益将越来越少。

■**命题 6-5 证明：**

根据式（6-15），当 $nF(\pi)G(w) \leqslant a-p$ 时，司机被匹配的概率 φ 为 1，当 $a-p \leqslant nF(\pi)G(w)$ 时，司机被匹配的概率 φ 是小于 1 的。因此在接下来的讨论中，我们分 $nF(\pi)G(w) \leqslant a-p$ 和 $a-p < nF(\pi)G(w)$ 两种情况。

1. 当 $nF(\pi)G(w) \leqslant a-p$ 时

由式（6-16）和式（6-15）可得平台效用为

$$U_{A1} = (p-w)\frac{nw^3}{2c_1c_2^2} \tag{6-31}$$

由式（6-31）可知，平台效用 U_{A1} 随着价格 p 的增加而单调递增，由于 $nF(\pi)G(w) \leqslant a-p$ ，故有最优价格为

$$p_{A1}^* = a - \frac{nw^3}{2c_1c_2^2} \tag{6-32}$$

将式（6-32）代入式（6-31），有

$$U_{A1} = \frac{nw^3(2ac_1c_2^2 - 2c_1c_2^2 w - nw^3)}{4c_1^2c_2^2} \tag{6-33}$$

由式（6-33），对 U_{A1} 求关于 w 的一阶偏导数有

$$\frac{\partial U_{A1}}{\partial w} = \frac{Nw^2(3ac_1c_2^2 - 4c_1c_2^2 w - 3nw^3)}{2c_1^2c_2^2} \tag{6-34}$$

令 $B = \left(27ac_1c_2^2n^2 + \sqrt{256c_1^3c_2^6n^3 + 729a^2c_1^2c_2^4n^4}\right)^{1/3}$ 。由式（6-34）可知，若 $w \leqslant \frac{1}{3}\left(\frac{B}{\sqrt[3]{2}n} - \frac{4 \times \sqrt[3]{2}c_1c_2^2}{B}\right)$ ，则有 $\frac{\partial U_{A1}}{\partial w} \geqslant 0$ ，从而得到最优薪酬为

$$w^* = \frac{1}{3}\left(\frac{B}{\sqrt[3]{2}n} - \frac{4 \times \sqrt[3]{2}c_1c_2^2}{B}\right)$$

若 $w > \frac{1}{3}\left(\frac{B}{\sqrt[3]{2}n} - \frac{4 \times \sqrt[3]{2}c_1c_2^2}{B}\right)$ ，则有 $\frac{\partial U_{A1}}{\partial w} \leqslant 0$ ，从而得到最优薪酬为

$$w^* = \frac{1}{3}\left(\frac{B}{\sqrt[3]{2}n} - \frac{4 \times \sqrt[3]{2}c_1c_2^2}{B}\right)$$

因此，最优薪酬为

$$w_{A1}^* = \frac{1}{3}\left(\frac{B}{\sqrt[3]{2}n} - \frac{4 \times \sqrt[3]{2}c_1c_2^2}{B}\right)$$

将 w_{A1}^* 代入式(6-32)有最优价格为

$$p_{A1}^* = a - \frac{n}{54c_1c_2^2}\left(\frac{B}{\sqrt[3]{2}n} - \frac{4\times\sqrt[3]{2}c_1c_2^2}{B}\right)^3$$

从而得到平台最优效用为

$$U_{A1}^* = \left[a - \frac{n}{54c_1c_2^2}\left(\frac{B}{\sqrt[3]{2}n} - \frac{4\times\sqrt[3]{2}c_1c_2^2}{B}\right)^3 - \frac{1}{3}\left(\frac{B}{\sqrt[3]{2}n} - \frac{4\times\sqrt[3]{2}c_1c_2^2}{B}\right)\right]$$

$$\frac{n}{54c_1c_2^2}\left(\frac{B}{\sqrt[3]{2}n} - \frac{4\times\sqrt[3]{2}c_1c_2^2}{B}\right)^3$$

2. 当 $a-p \leqslant nF(\pi)G(w)$ 时

由式(6-15)可得供给方被匹配的概率为

$$\varphi^4 = \frac{2c_1c_2^2(a-p)}{nw^3} \tag{6-35}$$

将式(6-35)代入式(6-16)，平台效用为

$$U_{B1} = (p-w)(a-p) \tag{6-36}$$

由式(6-36)易知平台效用 U_{B1} 随薪酬 w 的增加而单调递减。由于 $a-p \leqslant nF(\pi)G(w)$，故而 $w \geqslant \sqrt[3]{\frac{2c_1c_2^2(a-p)}{n}}$。因此，最优薪酬为

$$w_{B1}^* = \sqrt[3]{\frac{2c_1c_2^2(a-p)}{n}} \tag{6-37}$$

将式(6-37)代入式(6-36)有

$$U_{B1} = \left[p - \sqrt[3]{\frac{2c_1c_2^2(a-p)}{n}}\right](a-p) \tag{6-38}$$

对式(6-38)求关于价格 p 的一阶和二阶偏导数，得到：

$$\frac{\partial U_{B1}}{\partial p} = -2p + a + \frac{4}{3}\sqrt[3]{\frac{2c_1c_2^2(a-p)}{n}} \tag{6-39}$$

$$\frac{\partial^2 U_{B1}}{\partial p^2} = -2 - \frac{4\times\sqrt[3]{2}\left[\frac{c_1c_2^2(a-p)}{n}\right]^{1/3}}{9(a-p)} \tag{6-40}$$

由于 $a>p$，$c_1>0$，$c_2>0$ 以及 $n>0$，易知 $\frac{\partial^2 U_{B1}}{\partial p^2}<0$。由式(6-36)，令

$$C = \left(\frac{27ac_1c_2^2 + \sqrt{\dfrac{256c_1^3c_2^6}{n} + 729a^2c_1^2c_2^4}}{n} \right)^{1/3} , \quad 即 \ C = \frac{B}{n}, \ 有最优价格为$$

$$p_{B1}^* = \frac{1}{2}a + \frac{\sqrt[3]{2^2}B^2 - \sqrt[3]{2} \times 8nc_1c_2^2}{9nB}$$

将最优价格 p_{B1}^* 代入式(6-37)，得到最优薪酬：

$$w_{B1}^* = \sqrt[3]{\frac{c_1c_2^2\left[\sqrt[3]{2} \times 16c_1c_2^2 n + B\left(9na - \sqrt[3]{2^2} \times 2B\right)\right]}{9n^2B}}$$

因此，得到平台最优效用为

$$U_{B1}^* = \left\{ \frac{1}{2}a + \frac{\sqrt[3]{2^2}B^2 - \sqrt[3]{2} \times 8nc_1c_2^2}{9nB} - \sqrt[3]{\frac{c_1c_2^2\left[\sqrt[3]{2} \times 16c_1c_2^2 n + B\left(9na - \sqrt[3]{2^2} \times 2B\right)\right]}{9n^2B}} \right\}$$
$$\left(\frac{1}{2}a - \frac{\sqrt[3]{2^2}B^2 - \sqrt[3]{2} \times 8nc_1c_2^2}{9nB} \right)$$

命题 6-6、命题 6-8、命题 6-9、命题 6-10 证明与命题 6-5 的证明过程类似，证明从略。

■命题 6-7 证明：

(1) 当 $\dfrac{a}{2} > \dfrac{E}{\sqrt[3]{3^2}n\lambda^3} - \dfrac{2c_1c_2^2}{\sqrt[3]{3}E}$ 时，固定佣金合约平台最优效用为

$$U_1^* = \left[a - \frac{n}{54c_1c_2^2}\left(\frac{B}{\sqrt[3]{2}n} - \frac{4 \times \sqrt[3]{2}c_1c_2^2}{B} \right)^3 - \frac{1}{3}\left(\frac{B}{\sqrt[3]{2}n} - \frac{4 \times \sqrt[3]{2}c_1c_2^2}{B} \right) \right]$$
$$\frac{n}{54c_1c_2^2}\left(\frac{B}{\sqrt[3]{2}n} - \frac{4 \times \sqrt[3]{2}c_1c_2^2}{B} \right)^3$$

其中，$B = \left(27ac_1c_2^2n^2 + \sqrt{256c_1^3c_2^6n^3 + 729a^2c_1^2c_2^4n^4}\right)^{1/3}$。

变动佣金合约平台最优效用为

$$U_2^* = \frac{n}{2c_1c_2^2}(1-\lambda)\lambda^3\left(\frac{E}{\sqrt[3]{3^2}n\lambda^3} - \frac{2c_1c_2^2}{\sqrt[3]{3}E} \right)^4$$

其中，$E = (9ac_1c_2^2n^2\lambda^6 + \sqrt{3}\sqrt{8c_1^3c_2^6n^3\lambda^9 + 27a^2c_1^2c_2^4n^4\lambda^{12}})^{1/3}$。

令 $O_1 = \left[27ac_1c_2^2n^2 + \sqrt{c_1^2c_2^4n^3(256c_1c_2^2 + 729an^2)} \right]^{1/3}$。

$$U_1^* - U_2^* = \frac{n}{54c_1c_2^2} \cdot \frac{\sqrt[3]{3}(\lambda-1)\left(\left\{9ac_1c_2^2n^2\lambda^6 + \sqrt{3\left[c_1^2c_2^4n^3\lambda^9(8c_1c_2^2 - 27an\lambda^3)\right]}\right\}^{2/3} - 2c_1c_2^2n^2\lambda^6 \right)}{n^4\lambda^9\left\{9ac_1c_2^2n^2\lambda^6 + \sqrt{3\left[c_1^2c_2^4n^3\lambda^9(8c_1c_2^2 - 27an\lambda^3)\right]}\right\}^{4/3}}$$

$$-\frac{\left(4O_1^2-8\times\sqrt[3]{2}c_1c_2^2 n\right)\left[4nO_1^2-144\times\sqrt[3]{2}c_1^2c_2^4 n^2+2c_1c_2^2\left(54anO_1+36O_1^2-4\times\sqrt[3]{2}n^2\right)\right]}{864c_1c_2^2 n^4 O_1^4}$$

$$(6\text{-}41)$$

令 $O_2=\sqrt{c_1^2c_2^4 n^3\lambda^9\left(8c_1c_2^2+27an\lambda^3\right)}$ ，由式(6-40)，对 $U_1^*-U_2^*$ 求关于 λ 的一阶偏导数有

$$\begin{aligned}\frac{\partial(U_1^*-U_2^*)}{\partial\lambda}=&-\left\{\left[\left(9ac_1c_2^2 n^2\lambda^6+\sqrt{3}O_2\right)^{2/3}-2c_1c_2^2 n\lambda^3\right]^3 16\sqrt{3}c_1^3c_2^6 n^2(3-2\lambda)\lambda^6\right.\\&-9aO_2\left(9ac_1c_2^2 n^2\lambda^6+\sqrt{3}O_2\right)^{2/3}-9ac_1c_2^2 n\lambda^3 8\lambda O_2-10O_2\\&\left.+3\sqrt{3}n\lambda^3 O_2\left(9ac_1c_2^2 n^2\lambda^6+\sqrt{3}O_2\right)^{2/3}\right\}\\&+\frac{2\sqrt{3}c_1^2c_2^4 n\lambda^3\left[27an^2(5-4\lambda)\lambda^6+4(2\lambda-3)\left(9ac_1c_2^2 n^2\lambda^6+\sqrt{3}O_2\right)^{2/3}\right]}{18\times\sqrt[3]{3^2}n\lambda^4 O_2\left(9ac_1c_2^2 n^2\lambda^6+\sqrt{3}O_2\right)^{7/3}}\end{aligned}$$

$$(6\text{-}42)$$

当 $\dfrac{\partial(U_1^*-U_2^*)}{\partial\lambda}=0$ 时有

$$\lambda_0=\frac{1}{a-\dfrac{n}{2c_1c_2^2}\left(\dfrac{2\times\sqrt[3]{2^2}2c_1c_2^2}{3nE}-\dfrac{E}{3\times\sqrt[3]{2^2}}\right)^3}\left(\frac{2\times\sqrt[3]{2^2}2c_1c_2^2}{3nE}-\frac{E}{3\times\sqrt[3]{2^2}}\right),$$

当 $\lambda<\lambda_0$ 时，式(6-42)小于零；当 $\lambda>\lambda_0$ 时，式(6-42)大于零。由此可知，当 $\lambda=\lambda_0$ 时，有 $U_1^*-U_2^*$ 的最小值，将

$$\lambda_0=\frac{1}{a-\dfrac{n}{2c_1c_2^2}\left(\dfrac{2\times\sqrt[3]{2^2}2c_1c_2^2}{3nE}-\dfrac{E}{3\times\sqrt[3]{2^2}}\right)^3}\left(\frac{2\times\sqrt[3]{2^2}2c_1c_2^2}{3nE}-\frac{E}{3\times\sqrt[3]{2^2}}\right)$$

代入式(6-41)，有 $U_1^*-U_2^*=0$ 。因此有，当 $\lambda<\lambda_0$ 时，$U_1^*-U_2^*>0$ ；当 $\lambda>\lambda_0$ 时，$U_1^*-U_2^*>0$ 。

综上所述，得到 $U_1^*\geqslant U_2^*$ 。因此，当 $\dfrac{a}{2}>\dfrac{E}{\sqrt[3]{3^2}n\lambda^3}-\dfrac{2c_1c_2^2}{\sqrt[3]{3E}}$ 时，为获得最大效用，平台选择的最优佣金合约为固定佣金合约。

(2) 当 $\dfrac{a}{2}<\dfrac{E}{\sqrt[3]{3^2}n\lambda^3}-\dfrac{2c_1c_2^2}{\sqrt[3]{3E}}$ 时，固定佣金合约平台最优效用为

$$U_1^* = \left[a - \frac{n}{54c_1c_2^2}\left(\frac{B}{\sqrt[3]{2}n} - \frac{4\times\sqrt[3]{2}c_1c_2^2}{B} \right)^3 - \frac{1}{3}\left(\frac{B}{\sqrt[3]{2}n} - \frac{4\times\sqrt[3]{2}c_1c_2^2}{B} \right) \right]$$

$$\frac{n}{54c_1c_2^2}\left(\frac{B}{\sqrt[3]{2}n} - \frac{4\times\sqrt[3]{2}c_1c_2^2}{B} \right)^3$$

其中，$B = \left(27ac_1c_2^2n^2 + \sqrt{256c_1^3c_2^6n^3 + 729a^2c_1^2c_2^4n^4} \right)^{1/3}$。

变动佣金合约平台最优效用为

$$U_2^* = (1-\lambda)\frac{a^2}{4}$$

当 $0 < \lambda < 1 - \dfrac{4n}{54c_1c_2^2a^2}\left[a - \dfrac{n}{54c_1c_2^2}\left(\dfrac{B}{\sqrt[3]{2}n} - \dfrac{4\times\sqrt[3]{2}c_1c_2^2}{B} \right)^3 - \dfrac{1}{3}\left(\dfrac{B}{\sqrt[3]{2}n} - \dfrac{4\times\sqrt[3]{2}c_1c_2^2}{B} \right) \right]$

$\left(\dfrac{B}{\sqrt[3]{2}n} - \dfrac{4\times\sqrt[3]{2}c_1c_2^2}{B} \right)^3$ 时，有 $U_1^* < U_2^*$。此时，为获得最大效用，平台的最优选择策略是采用比例佣金合约。

当 $1 - \dfrac{4n}{54c_1c_2^2a^2}\left[a - \dfrac{n}{54c_1c_2^2}\left(\dfrac{B}{\sqrt[3]{2}n} - \dfrac{4\times\sqrt[3]{2}c_1c_2^2}{B} \right)^3 - \dfrac{1}{3}\left(\dfrac{B}{\sqrt[3]{2}n} - \dfrac{4\times\sqrt[3]{2}c_1c_2^2}{B} \right) \right]$

$\left(\dfrac{B}{\sqrt[3]{2}n} - \dfrac{4\times\sqrt[3]{2}c_1c_2^2}{B} \right)^3 < \lambda < 1$ 时，有 $U_1^* > U_2^*$。此时，为获得最大效用，平台的最优选择策略是采用固定佣金合约。

索　引